高职高专网络技术专业岗位能力构建系列教程

高级路由交换技术

田庚林 张少芳 徐晓昭 编著

清华大学出版社
北京

内 容 简 介

本书是介绍计算机网络高级路由交换技术的教材,是计算机网络技术、专业组网技术的专业课程。

按照高职高专"面向工作过程,项目驱动、任务引领,做中学、学中做"的教学模式,本书以一个模拟网络工程为主线,以工程项目模式组织教学内容。

本书共分7章:第1章介绍企业网络规划;第2章介绍规划企业网络 IP 地址;第3章介绍企业网络交换技术;第4章介绍企业网络路由技术;第5章介绍企业网络广域网连接;第6章介绍企业网络热点区域无线覆盖;第7章介绍企业网络设备管理与维护。

本书可以作为网络工程技术人员和本科院校学生参考用书。

本书封面贴有清华大学出版社防伪标签,无标签者不得销售。
版权所有,侵权必究。举报:010-62782989,beiqinquan@tup.tsinghua.edu.cn。

图书在版编目(CIP)数据

高级路由交换技术/田庚林,张少芳,徐晓昭编著.--北京:清华大学出版社,2014(2020.12重印)
高职高专网络技术专业岗位能力构建系列教程
ISBN 978-7-302-34155-0

Ⅰ.①高… Ⅱ.①田… ②张… ③徐… Ⅲ.①计算机网络—信息交换机—高等职业教育—教材 ②计算机网络—路由选择—高等职业教育—教材 Ⅳ.①TN915.05

中国版本图书馆 CIP 数据核字(2013)第 243414 号

责任编辑:张 弛
封面设计:刘艳芝
责任校对:李 梅
责任印制:吴佳雯

出版发行:清华大学出版社
网　　址:http://www.tup.com.cn,http://www.wqbook.com
地　　址:北京清华大学学研大厦 A 座　　邮　编:100084
社 总 机:010-62770175　　邮　购:010-62786544
投稿与读者服务:010-62776969,c-service@tup.tsinghua.edu.cn
质量反馈:010-62772015,zhiliang@tup.tsinghua.edu.cn
课件下载:http://www.tup.com.cn,010-62795764

印 装 者:北京国马印刷厂
经　　销:全国新华书店
开　　本:185mm×260mm　　印　张:17.75　　字　数:405 千字
版　　次:2014 年 1 月第 1 版　　印　次:2020 年 12 月第 11 次印刷
定　　价:59.00 元

产品编号:054919-02

出版说明

信息技术是当今世界社会经济发展的重要驱动力,网络技术对信息社会发展的重要性更是不言而喻。随着互联网技术的普及和推广,人们日常学习和工作越来越依赖于网络。目前,各行各业都处在全面网络化和信息化建设进程中,对网络技能型人才的需求也与日俱增,计算机网络行业已成为技术人才稀缺的行业之一。为了培养适应现代信息技术发展的网络技能型人才,高职高专院校网络技术及相关专业的课程建设与改革就显得尤为重要。

近年来,众多高职高专院校对人才培养模式、专业建设、课程建设、师资建设、实训基地建设等进行了大量的改革与探索,以适应社会对高技能人才的培养要求。在网络专业建设中,从网络工程、网络管理岗位需求出发进行课程规划和建设,是网络技能型人才培养的必由之路。基于此,我们组织高校教育教学专家、专业负责人、骨干教师、企业管理人员和工程技术人员对相应的职业岗位进行调研、剖析,并成立教材编写委员会,对课程体系进行重新规划,编写本系列教程。

本系列教程的编写委员会成员由从事高职高专教育的专家,高职院校主管教学的院长、系主任、教研室主任等组成,主要编撰者都是院校网络专业负责人或相应企业的资深工程师。

本系列教程采用项目导向、任务驱动的教学方法,以培养学生的岗位能力为着眼点,面向岗位设计教学项目,融教、学、做为一体,力争做到学得会、用得上。在讲授专业技能和知识的同时,也注重学生职业素养、科学思维方式与创新能力的培养,并体现新技术、新工艺、新标准。本系列教程对应的岗位能力包括计算机及网络设备营销能力、计算机设备的组装与维护能力、网页设计能力、综合布线设计与施工能力、网络工程实施能力、网站策划与开发能力、网络安全管理能力及网络系统集成能力等。

为了满足教师教学的需要,我们免费提供教学课件、习题解答、素材库等,以及其他辅助教学的资料。

后续,我们会密切关注网络技术和教学的发展趋势,以及社会就业岗位的新需求和变化,及时对系列教程进行完善和补充,吸纳新模式、适用的课程教材。同时,非常欢迎专家、教师对本系列教程提出宝贵意见,也非常欢迎专家、教师积极参与我们的教材建设,群策群力,为我国高等职业教育提供优秀的、有鲜明特色的教材。

高职高专网络技术专业岗位能力构建系列教程编写委员会
清华大学出版社
2011 年 4 月

前 言

本书是一本面向高等职业教育的教材,是"计算机网络技术"专业系列教材之一,是在介绍网络通信基本原理、定长子网掩码地址规划、静态路由、默认路由、简单动态路由和VLAN交换技术的基础上介绍网络系统设计、高级IP地址规划技术、高级路由交换技术的教材。

按照高职高专"面向工作过程,项目驱动、任务引领,做中学、学中做"的教学模式,本书以一个模拟的网络工程为主线,按照任务需要,介绍必备的知识,从而完成逐项工程任务。本书还包含大量的实训任务,使学生在完成实训项目的过程中能够学习网络技能。

本书主要根据H3C设备介绍设备配置,同时在一些特殊点上注明了CISCO设备的配置方法。本书共分7章:第1章介绍企业网络规划,包括用户需求、网络设计、设备选型;第2章介绍规划企业网络IP地址,包括VLSM、DHCP等IP地址节约技术;第3章介绍企业网络交换技术,包括链路聚合和生成树技术;第4章介绍企业网络路由技术,包括RIPv2、OSPF以及路由引入和VRRP技术;第5章介绍企业网络广域网连接,主要介绍PPP协议及认证配置;第6章介绍企业网络热点区域无线覆盖,主要介绍无线网络接入、安全认证、无线网络勘测及无线接入设备配置;第7章介绍企业网络设备管理与维护。

本书由田庚林主持编写,具体章节由张少芳、徐晓昭编写完成。其中田庚林主要参与了内容的组织策划和统稿审订工作;第1章、第2章、第3章、第7章和附录部分由徐晓昭编写完成,第4~6章由张少芳编写完成。

由于计算机网络技术发展更新较快,对内容的理解可能有不足之处,望广大读者给予指出和批评。作者 E-mail:tiangl163@163.com

田庚林

2013年9月

目 录

第1章 企业网络规划 ··· 1

1.1 用户需求分析 ·· 1
    1.1.1 用户单位基本信息 ··· 1
    1.1.2 用户总体需求 ·· 2
1.2 网络功能分析 ·· 2
1.3 网络拓扑设计 ·· 4
    1.3.1 局域网分层网络设计 ··· 4
    1.3.2 网络的可用性和高性能保证 ·· 6
1.4 网络设备选择 ·· 9
    1.4.1 交换机的技术参数和特性 ··· 9
    1.4.2 分层网络对交换机功能的要求 ··· 11
    1.4.3 其他因素 ·· 13
1.5 企业网络设计方案 ·· 14
    1.5.1 局域网络拓扑结构 ·· 14
    1.5.2 局域网络设备选择 ·· 15
1.6 小结 ·· 18
1.7 习题 ·· 18
1.8 实训 ·· 18
    1.8.1 紧缩核心型网络的实现 ·· 18
    1.8.2 三层交换网络的实现 ··· 21

第2章 规划企业网络 IP 地址 ·· 25

2.1 IP 地址规划项目介绍 ·· 25
2.2 路由聚合技术 ·· 26
    2.2.1 IP 地址与路由 ··· 26
    2.2.2 无类别域间路由 ··· 26
    2.2.3 超网 ·· 28
2.3 变长子网划分 ·· 29

2.3.1 可变长子网掩码 ………………………………………………………… 29
2.3.2 有类别和无类别路由选择协议 ………………………………………… 31
2.4 使用私有 IP 地址 ……………………………………………………………… 31
2.4.1 末梢网络使用私有 IP 地址 …………………………………………… 32
2.4.2 串行链路使用私有 IP 地址 …………………………………………… 32
2.5 动态 IP 地址分配技术 ………………………………………………………… 33
2.5.1 DHCP 报文格式 ………………………………………………………… 33
2.5.2 DHCP 运行步骤 ………………………………………………………… 35
2.5.3 DHCP 的配置和验证 …………………………………………………… 37
2.5.4 DHCP 的中继 …………………………………………………………… 39
2.6 企业网络 IP 地址规划实现 …………………………………………………… 42
2.7 小结 …………………………………………………………………………… 45
2.8 习题 …………………………………………………………………………… 45
2.9 实训 动态 IP 地址配置实训 ………………………………………………… 45

第 3 章 企业网络交换技术 …………………………………………………………… 49

3.1 企业网络交换技术项目介绍 ………………………………………………… 49
3.2 链路带宽聚合技术 …………………………………………………………… 50
3.2.1 E126A 的链路带宽聚合 ………………………………………………… 50
3.2.2 S3610 的链路带宽聚合 ………………………………………………… 53
3.3 生成树协议 …………………………………………………………………… 55
3.3.1 冗余带来的问题 ………………………………………………………… 55
3.3.2 生成树协议概述 ………………………………………………………… 56
3.3.3 RSTP …………………………………………………………………… 61
3.3.4 MSTP …………………………………………………………………… 62
3.4 企业网络交换技术实现 ……………………………………………………… 72
3.5 小结 …………………………………………………………………………… 74
3.6 习题 …………………………………………………………………………… 74
3.7 实训 …………………………………………………………………………… 74
3.7.1 链路带宽聚合实训 ……………………………………………………… 74
3.7.2 生成树协议实训 ………………………………………………………… 77

第 4 章 企业网络路由技术 …………………………………………………………… 82

4.1 企业网络路由项目介绍 ……………………………………………………… 82
4.2 RIPv2 …………………………………………………………………………… 83
4.2.1 路由优先级 ……………………………………………………………… 83
4.2.2 RIPv2 的概念 …………………………………………………………… 83
4.2.3 RIPv2 的配置和验证 …………………………………………………… 84

4.2.4　抑制接口 …………………………………………………………… 88
　　　4.2.5　RIP 报文定点传送 …………………………………………………… 89
　　　4.2.6　手工路由汇总 ………………………………………………………… 90
　　　4.2.7　RIPv2 的认证 ………………………………………………………… 92
　　　4.2.8　传播默认路由 ………………………………………………………… 94
　4.3　OSPF …………………………………………………………………………… 94
　　　4.3.1　OSPF 基础 …………………………………………………………… 95
　　　4.3.2　单区域 OSPF ………………………………………………………… 102
　　　4.3.3　多区域 OSPF ………………………………………………………… 113
　4.4　路由引入技术 …………………………………………………………………… 127
　　　4.4.1　路由引入命令 ………………………………………………………… 127
　　　4.4.2　路由引入的应用 ……………………………………………………… 128
　4.5　VRRP …………………………………………………………………………… 133
　　　4.5.1　VRRP 基础 …………………………………………………………… 134
　　　4.5.2　VRRP 的配置和验证 ………………………………………………… 136
　　　4.5.3　VRRP 的认证 ………………………………………………………… 141
　　　4.5.4　VRRP 监视指定接口 ………………………………………………… 143
　　　4.5.5　VRRP 的负载分担 …………………………………………………… 144
　4.6　企业网络路由技术实现 ………………………………………………………… 146
　4.7　小结 ……………………………………………………………………………… 149
　4.8　习题 ……………………………………………………………………………… 149
　4.9　实训 ……………………………………………………………………………… 150
　　　4.9.1　RIPv2 配置和验证实训 ……………………………………………… 150
　　　4.9.2　RIPv2 路由汇总和认证实训 ………………………………………… 153
　　　4.9.3　单区域 OSPF 配置和验证实训 ……………………………………… 155
　　　4.9.4　OSPF 控制 DR 选举和传播默认路由实训 ………………………… 157
　　　4.9.5　多区域 OSPF 配置和路由汇总实训 ………………………………… 159
　　　4.9.6　OSPF 认证和末梢区域配置实训 …………………………………… 162
　　　4.9.7　路由引入实训 ………………………………………………………… 166
　　　4.9.8　VRRP 配置实训 ……………………………………………………… 169

第 5 章　企业网络广域网连接 ……………………………………………………… 174

　5.1　企业网络广域网连接项目介绍 ………………………………………………… 174
　5.2　HDLC …………………………………………………………………………… 174
　　　5.2.1　HDLC 帧结构 ………………………………………………………… 174
　　　5.2.2　HDLC 的配置 ………………………………………………………… 175
　5.3　PPP ……………………………………………………………………………… 177
　　　5.3.1　PPP 基础 ……………………………………………………………… 177

5.3.2　PPP 的配置 ··· 179
5.4　企业网络广域网连接配置 ·· 185
5.5　小结 ··· 185
5.6　习题 ··· 185
5.7　实训　PPP 身份验证实训 ·· 186

第 6 章　企业网络热点区域无线覆盖 ······································ 189

6.1　企业网络无线覆盖项目介绍 ·· 189
6.2　IEEE 802.11 ··· 189
　　6.2.1　IEEE 802.11 ·· 190
　　6.2.2　IEEE 802.11a ·· 190
　　6.2.3　IEEE 802.11b ·· 190
　　6.2.4　IEEE 802.11g ·· 191
　　6.2.5　IEEE 802.11n ·· 191
6.3　无线网络拓扑 ··· 191
　　6.3.1　BSS ·· 191
　　6.3.2　ESS ·· 192
6.4　无线接入过程 ··· 193
　　6.4.1　扫描 ·· 193
　　6.4.2　认证 ·· 194
　　6.4.3　关联 ·· 196
6.5　无线设备介绍 ··· 196
　　6.5.1　无线接入点 ·· 196
　　6.5.2　天线 ·· 197
　　6.5.3　无线控制器 ·· 199
　　6.5.4　无线网卡 ··· 200
6.6　无线网络勘测与设计 ·· 200
　　6.6.1　无线网络勘测设计流程 ····································· 200
　　6.6.2　无线网络勘测设计总体原则 ······························· 202
　　6.6.3　室内覆盖勘测设计原则 ····································· 203
　　6.6.4　室外覆盖勘测设计原则 ····································· 206
6.7　无线网络设备配置 ··· 206
　　6.7.1　Fat AP 基本配置 ··· 207
　　6.7.2　WEP 配置 ·· 210
　　6.7.3　WPA/WPA2 配置 ·· 212
6.8　企业网络无线覆盖实现 ··· 214
6.9　小结 ·· 214
6.10　习题 ·· 214

	6.11	实训 Fat AP 配置实训	215

第 7 章 企业网络设备管理与维护 218

	7.1	企业网络设备管理与维护项目介绍	218
	7.2	H3C 设备基础	218
		7.2.1 H3C 命令行级别	219
		7.2.2 H3C 的文件系统	219
	7.3	配置文件管理	220
		7.3.1 配置文件管理常用命令	220
		7.3.2 配置文件的备份和恢复	224
	7.4	Comware 管理	226
	7.5	网络设备的远程管理	230
		7.5.1 密码验证方式	230
		7.5.2 用户名/密码验证方式	232
	7.6	企业网络设备管理与维护方案	232
	7.7	小结	233
	7.8	习题	233
	7.9	实训	234
		7.9.1 网络设备系统安装实训	234
		7.9.2 网络设备远程管理实训	237

附录 A 习题参考答案 239

附录 B BGP 协议介绍 245

附录 C IPv6 基础知识介绍 259

参考文献 272

第 1 章

企业网络规划

在当今高度信息化的社会中,对于一个企业而言,无论其企业性质及其企业经营方向存在什么区别,信息化都是其战略投资中必不可少的一部分,而信息化的核心则是起到支撑作用的企业网络。一个企业从创建伊始就需要构建自己的网络,而随着企业规模的扩大,企业网络的规模也会随之变大,以支撑整个企业的信息化。对于一个具备相当规模的企业而言,其网络也会具备一定的复杂度,需要各个层次上的多种不同协议协同工作才能保障网络通信的正常进行。为使读者能够了解网络中各种常用协议的配置以及各个协议之间的关系,进而掌握企业网络规划和设计的知识,本书将首先给出一个完整的企业网络规划,并通过网络功能分析将其拆解为多个项目,然后依次完成各个项目并最终完成整个网络的构建。

在企业网络的选择上,本书将选择一个高职学院的网络作为例子。选择依据主要为以下两点:首先,在高职学院中一般会有各个职能处室、教学系部等数十个部门,这些部门存在于办公楼、教学楼、图书馆等多栋不同的建筑中,而且很多高职学院还会有多个处于不同地域的校区,因此网络具有足够的复杂度,是中型企业网络中的典型代表;其次,以高职学院的网络为例能够使学生与自己学院实际的网络联系起来,更好地理解网络中的相关知识。

1.1 用户需求分析

在进行网络规划之前,首先需要与用户进行沟通,了解用户单位的具体情况以及用户的需求,包括该高职学院有几个校区、每个校区内的建筑情况以及具体的部门分布等信息,以作为网络规划的依据。

1.1.1 用户单位基本信息

经过与用户沟通,了解到用户所在的高职学院基本信息如下。

该高职学院由 3 个处于不同地域的校区组成,包括一个主校区和两个分校区。

学院由 30 余个部门组成,包括教务处、学生处、人事处等职能处室,计算机系、电信系、邮政通信管理系等教学系部以及中驿软件技术有限公司和惠远邮电设计公司两个院属公司。每个部门工作人员数量 10~50 人不等。

学院主校区有教学楼、图科楼、绿苑大厦、鸿雁宾馆以及体育馆等数栋建筑。其中,教学楼和图科楼均为6层,每层有信息点15~20个,共有信息点250个左右;绿苑大厦共有18层,每层有信息点30~35个,共有信息点630个左右;鸿雁宾馆共有6层,每层有信息点30~35个,共有信息点210个左右;体育馆共有信息点10~15个。

以上给出的只是与本书内容相关的部分信息,在实际与用户沟通的过程中,还需要详细了解并描述用户单位的组织机构、业务情况、各个组织机构的员工情况,以及用户单位的地理位置分布等信息。

1.1.2 用户总体需求

对于学院而言,其希望通过一次投入,建设起完善的校园内部网络,并且要求网络能够满足学校的不断发展和员工不断增多的需要,具体的需求如下。

学院的各个部门分散在多栋建筑中,一个部门可能有多个处于不同楼层的办公地点,而同一楼层可能有多个部门的办公室。要求按照部门进行网段的划分和路由,为学院的每一个员工分配一个静态IP地址,使所有员工均能连接网络,同时还需保证部门间的广播隔离。

要求所有的教室均可以连接网络,以保证教师上课时可以通过互联网进行资料查询或远程到办公室的计算机上进行操作。

在网络带宽需求方面,要求信息点的接入带宽达到主流的100Mbps,上游主干链路带宽达到1000Mbps。对于个别对带宽需求较高的部门要求能够提供高于100Mbps的带宽,以避免出现网络通信的瓶颈。

在学院的局域网内部,对于网络可靠性要求比较高的部门其网络必须要有冗余机制,以避免因为单点故障而导致断网事件的发生。而这种冗余机制对用户要求透明,即不能为了提高网络可用性而增加终端用户的使用难度。

为方便教师和学生的网络接入,在为教师办公室提供固定接入的同时,要求对校园内的热点区域(例如教学楼内的大厅等位置)进行无线网络的覆盖,使教师和学生使用笔记本电脑、智能手机等能够方便地接入网络。出于安全的考虑,必须要对无线网络的接入进行认证和加密,以避免诸如驾驶攻击等非法侵入攻击。

要求学院的网络在出现网络震荡或故障时能够及时被发现并能够快速修复故障,恢复网络服务。

对于网络规划和设计人员,与之进行沟通的企业代表往往是非网络专业人员,甚至是非计算机专业人员,因此用户基本上都是从实际的应用效果和实现效果角度提出需求。而网络规划和设计人员需要将这些需求进行专业的分析和归类,以确定网络中涉及的技术协议,从而给出网络的设计方案。

1.2 网络功能分析

结合用户单位的信息以及用户的需求信息进行分析,即可确定网络应具备的功能以及涉及的协议,具体如下。

1. 网络拓扑设计和设备选择

由于学院有多个校区,因此在各个校区之间必然会存在广域网的连接。

在每个校区内部的局域网中,由于要将处于不同楼层的同一个部门办公室划分到一个网段中,还需要实现多个建筑之间的连接,因此必然会涉及接入、汇聚和核心的三层网络拓扑结构设计,并且在接入交换机上进行 VLAN 的划分、汇聚交换机上进行 VLAN 间的路由以实现按部门进行的逻辑划分和路由。

为满足网络带宽的需求,接入交换机必须要具备 1000Mbps 的上连端口,而汇聚和核心交换机则应该是全千兆的端口。

2. IP 地址规划

由于要按照部门进行逻辑网段的划分,而每个部门中的员工数量并不相同,因此要求必须使用可变长子网掩码(Variable Length Subnet Mask,VLSM)技术进行子网的划分。一方面确保了子网的大小能够符合相应部门或连接对 IP 地址的数量要求;另一方面又能尽量避免 IP 地址的浪费。

而为了减少路由表中的路由条目,同一栋建筑中的多个部门使用的子网 IP 地址应尽量连续,以确保其可以在汇聚交换机上使用无类别域间路由(Classless Inter-Domain Routing,CIDR)技术进行路由的聚合。

对于教室,考虑到一般不会出现所有的教室同时使用的情况,而且教室也没有对 IP 地址长期持有的需求,因此可以使用动态主机配置协议(Dynamic Host Configuration Protocol,DHCP)对其进行 IP 地址的动态分配,在减少了地址分配工作量的同时还可以实现 IP 地址的节约。

3. 交换技术

对于有较高带宽需求的部门,为确保其上行链路的带宽能够满足需求,可以考虑使用链路聚合控制协议(Link Aggregation Control Protocol,LACP)将多条物理链路聚合成一条逻辑链路,以增加上行链路的带宽。

对于网络的可靠性要求比较高的部门,可以在数据链路层引入冗余链路并运行生成树协议(Spanning Tree Protocol,STP)。在主链路正常工作的情况下,逻辑上断开备份链路,而一旦主链路出现故障,备份链路将被启用以保障网络的连通性。

4. 路由技术

由于在 IP 地址规划中采用了 VLSM 技术,因此必须要选择无类别的路由选择协议进行不同网段之间的路由。在各个校区的局域网内部可以运行第二代路由信息协议(Routing Information Protocol version 2,RIPv2)来实现局域网内部各网段之间的路由;而在各个校区之间可以考虑运行开放式最短路径优先(Open Shortest Path First,OSPF)协议,以保证网络的快速收敛。

对于网络的可靠性要求比较高的部门,可以在网络层引入冗余设备和冗余链路并运行虚拟路由器冗余协议(Virtual Router Redundancy Protocol,VRRP),使多台物理网关设备虚拟成一台逻辑网关设备,即使某一台物理网关设备出现故障,其他的物理网关设备依然可以保障网络的连通性。

5. 广域网技术

由于在多个校区之间需要使用到广域网的连接，因此可以在广域网连接上配置高级数据链路控制（High-level Data Link Control，HDLC）协议或者点到点协议（Point-to-Point Protocol，PPP）以进行数据链路层的封装，而且在采用 PPP 协议时还可以进行认证的配置以确保对端设备的可靠。

6. 无线热点覆盖

对于校园内的热点区域进行无线覆盖时，由于热点区域相对分散且没有太多的覆盖设计需求，可以考虑在接入交换机下连接 Fat AP 进行覆盖，并使用 Wi-Fi 网络安全接入（Wi-Fi Protected Access，WPA）技术对无线网络的接入进行认证和加密。

7. 网络设备管理与维护

为保证网络设备出现故障时能够快速地修复，要求所有的网络设备必须能够远程登录进行配置管理。同时，必须对所有的网络设备上的操作系统以及配置文件进行备份，以备设备上的系统文件出现故障时的恢复。

通过对网络应该具备的功能进行分析，即可依据这些功能进行网络的设计并逐项实现相应的功能。

1.3 网络拓扑设计

对于学院网络而言，其包括广域网和局域网两部分，广域网部分通过租用联通或者电信的线路即可，不会涉及网络拓扑的设计，因此本节的重点是讨论局域网的设计。

1.3.1 局域网分层网络设计

1. 分层网络设计模型

使用自备通信线路时，地理覆盖范围较小的一个单位内部网络一般都使用局域网技术实现。当一个局域网内部信息点较多时（例如给出的学院网络中的信息点达到了上千个），局域网的设计一般采用分层网络设计方法。同 ISO/OSI 模型的理念类似，分层网络设计模型把网络逻辑结构的设计这一复杂的网络问题分解为多个小的、更容易管理的问题。它将网络分成互相分离的层，且每层提供特定的功能，而这些功能界定了该层在整个网络中扮演的角色。通过对网络的各种功能进行分离，可以实现模块化的网络设计，从而提高网络的可扩展性和性能。典型的分层网络设计模型可分为 3 层，即接入层、汇聚层和核心层，如图 1-1 所示。

在局域网分层网络设计模型中各层网络设备通常使用包转发速率较高的以太网交换机实现。

(1) 接入层

接入层负责将终端设备，如 PC、服务器、打印机等连接到网络中，其主要目的是提供一种将设备连接到网络并控制允许网络中的哪些设备进行通信的方法。根据网络接入方式的不同，接入层设备一般是较低档次的以太网交换机或无线接入设备，而且所有的最终用户均由接入层连接到网络中。

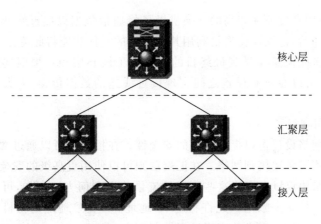

图 1-1　分层网络设计模型

（2）汇聚层

汇聚层位于接入层和核心层之间，先汇聚接入层发送的数据，再将其传输到核心层，并最终发送到目的地。其通过定义通信策略控制网络中的通信流，尤其是进入核心层的通信，用以提供边界的定义，通过通信策略控制将核心层和网络的其他部分区分开，以达到禁止不必要的流量进入核心层的目的。汇聚层设备一般使用具有较高包转发速率和路由功能的三层交换机，在汇聚层交换机上除了完成较高速率的数据转发之外，还需要为下层交换机提供 VLAN 之间的路由。

（3）核心层

核心层是局域网分层网络中的高速主干，它是局域网分层网络设计模型中的一个层次定义，而不是指整个网络系统的核心骨干网络。局域网分层网络设计中的核心层主要用于汇聚所有下层设备发送的流量，进行大量数据的快速转发。核心层不承担任何访问控制、数据加密等影响快速交换的任务。其设备通常需要具备极高的数据转发速率。

需要注意的是，局域网分层网络设计模型只是一个概念上的框架，实际的网络设计结构会因网络的具体情况而异。这 3 层可能位于清晰明确的物理实体中，也可能不是。在很多规模较小的网络中通常采用紧缩核心型的网络设计，即将核心层和汇聚层合二为一，形成一个"接入层＋核心层"的两层结构。

2. 分层网络设计的优点

（1）可扩展性好

分层网络具有很好的可扩展性。由于采用了模块化的设计，并且同一层中实例设计的一致性，当网络需要扩展时，可以很方便地将某一部分的设计直接进行复制。例如，如果网络设计中为每 8 台接入层交换机配备了 2 台汇聚层交换机，则在网络接入点增多时，可以不断地向网络中增加接入层交换机，直到有 8 台接入层交换机交叉连接到 2 台汇聚层交换机上为止。如果网络接入点继续增多，则可以重复上述过程，通过增加汇聚层交换机和接入层交换机来确保网络的可扩展性。

（2）网络通信性能高

改善通信性能的方法是避免数据通过低性能的中间设备传输。在局域网分层网络设计中,一般通过使用转发速率较高的交换机设备将通信数据以接近线速的速度从接入层发送到汇聚层。随后,汇聚层交换机利用其高性能的交换功能将此流量上传到核心层,再由核心层交换机将此流量发送到最终目的地。由于核心层和汇聚层选用高性能的交换机,因此数据报文可以在所有设备之间实现接近线速的数据传递,大大提高网络的通信性能。

(3) 安全性高

局域网分层网络设计可以提高网络的安全性。在接入层可以通过端口安全选项的配置来控制允许哪些设备连接到网络。在汇聚层则可以使用更高级的安全策略来定义在网络上部署哪些通信协议以及允许这些协议的流量传送到何方。例如,可以在接入层交换机上通过端口绑定技术来限制只允许特定 IP 地址和 MAC 地址的主机接入网络。在汇聚层交换机上则可以通过定义并应用访问控制列表(Access Control List,ACL)来限制允许或禁止特定高层协议(如 IP、ICMP、TCP、HTTP 等)数据流量的通过。

接入层交换机一般只在第 2 层执行安全策略,即使某些接入层交换机支持第 3 层功能。第 3 层的安全策略通常由汇聚层交换机来执行,因为汇聚层交换机处理的效率要比接入层交换机高很多。而在核心层不必定义任何的安全策略。

(4) 易于管理和维护

由于局域网分层网络设计的每一层都执行特定的功能,并且整层执行的功能都相同,因此分层网络更容易管理。如果需要更改接入层交换机的功能,则可在该网络中的所有接入层交换机上重复此更改,因为所有的接入层交换机在该层上执行的功能都相同。由于几乎无须修改即可在同层不同交换机之间复制配置,因此还可简化新交换机的部署,即可利用同一层各交换机之间的一致性,实现快速恢复并简化故障排除。当然,也可能因为网络的特殊需求造成两台同层交换机之间的配置的不一致,此时一定要妥善记录这些配置,以避免出现管理上的混乱。

另外,在局域网分层网络设计中,每层交换机的功能并不相同。因此,可以在接入层上使用较便宜的交换机,而在汇聚层和核心层上使用较昂贵的交换机来实现高性能的网络,从而实现成本上的控制。

1.3.2 网络的可用性和高性能保证

1. 网络可用性保证

在网络系统设计中,通常引入冗余机制来提高网络的可用性。冗余机制通过在网络中提供冗余设备和冗余链路来保障网络的可靠运行。在实际网络设计中,网络中的某一部分可能会要求比较高的可用性,例如某一部分网络不允许出现通信中断故障,为了保证部分网络的安全畅通,可以通过冗余机制设计来实现。

冗余机制包括增加冗余设备和增加冗余通信链路。增加冗余设备是为了保障当网络中某些设备出现故障时网络的可用性;增加冗余链路是为了保障网络中某些链路出现故障时网络的可用性。实际上冗余设备和冗余链路往往是同时存在的,使用了冗余设备就需要使用冗余链路连接。冗余机制能够在网络出现故障时确保网络的可用性,而在网络正常运行时,网络层的冗余链路和冗余设备还可以实现网络通信流量的负载分担功能。

冗余机制设计如图1-2所示，在PC1的上行链路上采用了冗余机制设计。当汇聚层、核心层的某个交换机出现故障，或者汇聚层、核心层的某一条链路出现故障时，都不会影响PC1的网络通信。

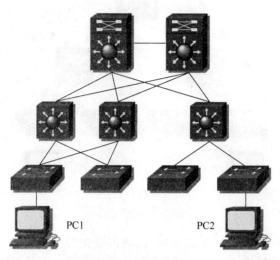

图1-2　冗余机制设计

考虑到成本和接入层流量较少、终端设备功能有限等问题，一般不会在接入层采用冗余机制，在汇聚层和核心层也不会去做整个网络的完全冗余，而是根据需要只做可用性要求较高的那一部分。在较大型的网络中，对于可用性要求比较高的部分会增加汇聚层设备，并在接入层和汇聚层之间增加冗余链路；而在核心层往往会采用"双核心"，即使用两台核心层设备，且汇聚层设备和两个核心层设备之间均有链路连接，两台核心层设备互为备份并进行负载的分担。

冗余机制在提高网络可用性的同时也造成了网络中数据链路层环路的存在，从而可能引起广播风暴等一系列问题。此类问题解决方法为在交换机上运行生成树协议，使网络的数据链路层在逻辑上形成一个树形结构，具体的解决方法详见3.3节的生成树协议。

2．网络高性能保证

要保证网络的高性能传输，一方面需要尽可能减少信源和信宿之间经过的设备数量，以降低数据的传输延时；另一方面需要在逻辑上增大某些链路的带宽，以避免出现数据传输的瓶颈。

（1）网络直径

在进行分层网络设计中，网络直径是指网络中任意两台终端之间进行通信需要经过的网络设备数目的最大值，而不是指通信的最大距离。如图1-3所示，PC1和PC2之间进行通信至多可能经过5台交换机，即网络直径为5。

在进行分层网络设计时，应该尽可能降低网络直径的值，因为数据在经过网络设备时都会产生延时，而网络直径越大，积累的延时就越大。例如，数据帧在经过交换机时，交换机需要确定帧的目的MAC地址，从"端口—MAC地址映射表"中查找转发端口，再将数据帧转发到相应的端口上。这个过程虽然只有几分之一秒的延时，但如果数据帧要经过

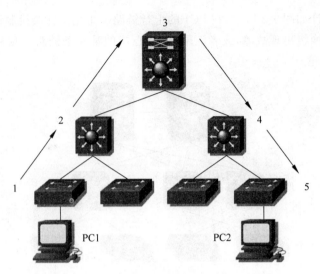

图 1-3 网络直径

许多交换机，则累加后的延时将不容忽视，而数据报文经过路由器的延时将会更长。因此，将网络直径保持在较低的水平是提高网络传输性能的一个重要因素。

在分层网络设计中，网络直径总是源设备和目的设备之间的跳数，而跳数是可预测的。在局域网中，即使网络采用冗余技术，在汇聚层和核心层引入了冗余设备和冗余链路，网络直径也会被控制在 6 之内，但是在涉及广域网的大型网络中，网络直径往往会较大，因此在网络设计中应该尽量降低网络直径。

（2）通信链路带宽设计

在网络设计中，各个部分之间的通信链路往往有着不同的需求，因此在通信链路设计中需要分别设计各条通信链路带宽。在分层网络的核心层、汇聚层一般要求较高带宽的通信链路，而接入层一般需要的通信链路带宽较低。一般情况下，局域网连接可以设计较高的链路带宽，例如几百兆位每秒、千兆位每秒，但是在广域网线路中，链路带宽设计需要兼顾通信线路费用。但无论如何，在通信链路设计中，都必须满足用户的链路带宽需求。

在有些情况下，网络中的某一部分通信链路可能会对带宽有比较高的要求。例如，在图 1-4 中，学院的人事处和教务处之间由于经常有较大的通信量，所以可能要求接入层和汇聚层之间的链路带宽要高于 100Mbps；汇聚层和核心层之间的通信链路也需要高于 100Mbps 的带宽。

在通信链路需要的带宽大于网络设备接口提供的最高带宽时，可以使用链路聚合技术来解决问题。链路聚合技术是将多个网络设备端口链路组合在一起，在逻辑上形成单个高带宽链路，从而在低带宽通信接口之间实现高速数据传输的技术。

在图 1-4 中，人事处主机和教务处主机之间需要较高的带宽，而网络中使用的交换机端口速率只有 100Mbps。因此将它们进行通信经过的接入交换机—汇聚交换机、汇聚交换机—核心交换机之间的链路使用链路聚合技术，通过使用两条通信链路来达到链路带宽要求。

在链路聚合中，同一逻辑链路中的物理链路成员彼此互为冗余，共同完成数据通信并

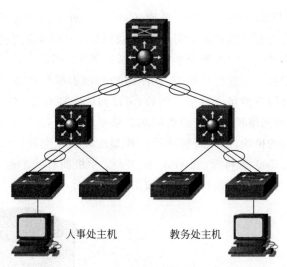

图 1-4 链路聚合

相互备份。只要还存在能够正常工作的物理链路成员,整个逻辑链路就不会失效,因此链路聚合技术在增加链路带宽的同时也提高了链路的可用性。

1.4 网络设备选择

如何为网络中的每一层选择合适的网络设备是一个非常复杂的问题,在给出的学院网络环境中,实际上包含了两部分网络。一部分是各校区之间的广域网连接,使用的网络设备为路由器,对于不同的应用需求需要向网络服务提供商(Internet Server Provider, ISP)租用不同的广域网链路,并添加相应的路由器模块。另一部分是各校区内部的局域网连接,使用的设备为交换机,在这里主要讨论局域网设备即交换机的选型。

在进行局域网设备选型时不但要了解交换机的各种技术参数和特性、分层网络中每一层对交换机功能的要求,还需要考虑网络中的某些部分对网络的特定要求。下面就分别对以上几点进行介绍。

1.4.1 交换机的技术参数和特性

1. 交换机的物理特性

在选择交换机时,首先需要考虑的就是交换机的物理特性,包括交换机的物理尺寸、是否可以进行模块的扩展等。

在实际网络中,网络设备包括路由器、交换机等,它们往往会被集中放置在配线间和设备间的机柜中,因此在选择交换机时,物理尺寸成为一个需要考虑的因素。一般交换机的设计宽度为 48.26cm(19in)或 58.42cm(23in),而高度则是使用"机架单元"即"U"来进行衡量,1U 的高度大约等于 4.445cm。交换机的高度均为 U 的整数倍,大部分低端的接入层、汇聚层交换机高度为 1U,而高端核心层交换机会达到 18U 甚至更高。

从是否可以进行物理扩展上划分可以将交换机分为固定配置交换机和模块化交换机,固定配置交换机即在出厂时物理配置就已经固定,不能够再为交换机增加出厂配置以外的功能或配件，如 H3C S3100、S3600 系列、Catalyst 2960、3560 系列交换机等。不过一般同一型号的交换机会有不同的配置可供选择，如 H3C S3600 系列就有 24 口、48 口两种不同端口数量的交换机。固定配置交换机的外形如图 1-5 所示。

模块化交换机则拥有开放性的插槽，在网络规模增大时可以通过向空闲插槽添加相应的网络模块来提高网络的接入容量。例如，可以向原本拥有 24 端口的模块化交换机上再添加一个 24 端口的网络模块使交换机的端口数量增加到 48 个。另外还可以根据具体的网络需求选择不同的模块，如光纤模块等。典型的模块化交换机有 H3C S7500、S9500 系列、Catalyst 4500、6500 系列等，如 H3C S7506 交换机拥有 6 个业务插槽，即最多可以支持 6 个网络模块。模块化交换机的外形如图 1-6 所示。

图 1-5　固定配置交换机　　　　　图 1-6　模块化交换机

相比较而言，固定配置交换机的成本较低，而模块化交换机的可扩展性更好。对于一个企业或单位而言，网络会随着业务的发展而不断增大，因此在网络建设的初期就需要考虑到网络的日后扩展。如果网络前期建设采用了固定配置交换机，则当网络需要扩展时就需要新增交换机，这样不但会造成连接线路的复杂度增高，还会因为每台交换机都需要独立管理造成管理成本的增加。而如果采用模块化交换机就可以很好地解决网络扩展的问题，但是另外一个问题是模块化交换机往往价格比较高。所以在早期解决网络可扩展性的成本较低的方法是采用可堆叠的交换机。

可堆叠交换机可以使用专用的背板电缆将多个交换机连接起来当作一台交换机使用，当网络需要扩展时增加堆叠交换机的个数即可，而在管理上仍然作为一台交换机。如 Cisco 公司的 StackWise 技术允许最多将 9 台交换机进行堆叠。但堆叠需要交换机的支持，并不是所有的交换机都支持堆叠。但随着模块化交换机成本的降低以及固定配置交换机端口的增加，交换机的堆叠技术越来越少地被使用。

2. 交换机的端口密度

端口密度是指一台交换机上可用的端口数。通常一台固定配置交换机设备最多支持 48 个端口，部分机型还提供 2 个或 4 个附加端口用于连接小型可插拔（SFP）设备。在空间和电源接口有限的情况下，较高的端口密度可以更有效地利用这些资源。例如，两台 24 口交换机，最多可以支持 46 台设备，因为每台交换机都至少要有一个端口用于将交换机本身连接到网络的其他部分，而且还需要两个电源插座。但是，一台 48 口交换机则可支持47台设备,只需要使用一个端口将交换机本身连接到网络的其他部分即可,并且只需要一个电源插座来为交换机供电。

对于大型企业的网络而言,在某一物理点如配线间、设备间,可能有数量庞大的网络接入需求。如果使用端口密度较低的交换机,一方面需要配置大量的交换机,占用许多电源插座和大量的空间;另一方面为解决交换机间链路的带宽问题,还需要额外占用大量的端口来提供交换机之间的链路聚合。而使用端口密度较高的交换机则不存在上述问题。一般模块化交换机都可以通过增加网络模块来提高交换机的端口密度,如一台 Catalyst 6500 交换机最多可以支持1000个端口。

3. 交换机的转发速率

转发速率是指交换机每秒能够处理的数据量,它用来定义交换机的数据处理能力。转发速率越高则交换机的数据处理能力越好,最佳情况是交换机的转发速率可以支持其所有端口之间实现全线速的通信。线速是指交换机上每个端口能够达到的数据传输速率,如100Mbps、1000Mbps等,所谓全线速通信即所有端口之间都可以进行完全无阻塞的数据交换。例如,一台48端口的千兆交换机全线速运行时能够产生48Gbps的流量,如果要实现全线速的通信,则该交换机的转发速率需要至少达到48Gbps。但是考虑到成本的原因,很多的低端交换机并不支持全线速通信。

在分层网络中,一方面部分终端用户流量较少,另一方面受到通往汇聚层的上行链路的限制,接入层交换机通常不需要全线速运行,因此在进行设备选择时,在接入层就可以选择转发速率较低,同时成本也较低的交换机,而在汇聚层和核心层由于数据流量大,则需要选择成本较高且支持全线速运行的交换机。

4. 交换机的3层功能

提到交换机自然会想到其工作层次为数据链路层,即二层交换机。但是,在实际应用中为实现不同广播域之间的路由,往往需要交换机具有第三层的功能。典型的三层设备为路由器,但是由于路由器通过软件来实现数据报文的路由,延时时间长,往往成为网络通信中的瓶颈。而交换机通过增加路由模块就可以实现第三层路由,并且突破了路由器的速率限制。另外,由于三层交换机可以提供更多的端口并且成本比路由器要低,因此在局域网中通常使用三层交换机来实现路由功能。

当然,三层交换机并不能完全取代路由器,因为路由器对于一些高级路由协议有着更好的支持,并且路由器在支持广域网接入方面更加灵活。因此,路由器依然是广域网连接的首选设备,在某些情况下甚至是唯一的设备。

1.4.2 分层网络对交换机功能的要求

在了解了交换机的部分技术参数和特性后,还需要了解分层网络中每一层对交换机功能的要求,从而可以依据具体要求来为每一层选择适合的交换机。

1. 接入层交换机的功能

接入层交换机负责将终端节点设备连接到网络。它们需要支持端口安全功能、VLAN 和链路聚合等功能,还要根据终端用户的具体需求支持相应的端口速度和转发速率。

端口安全功能允许交换机决定允许多少设备或哪些设备连接到交换机。它通过在交换机的端口下绑定接入设备的 MAC 地址来实现。如果为某一个交换机端口分配了安全 MAC 地址,那么当数据包的源地址不是已定义地址组中的地址时,端口不会转发这些数据包。端口安全功能应用于接入层,作为保护网络的第一道重要防线。

对于 VLAN 的支持也是对接入层交换机的基本要求。在实际的网络中,通常存在不同部门的终端设备连接到同一台接入层交换机上或者同一部门的终端设备连接到不同接入层交换机上的情况,而同一部门的终端设备一般划分到一个子网中。因此,要求接入层交换机必须能够进行广播域即 VLAN 的划分。

在选择接入层交换机时还需考虑交换机的端口速度。端口速度必须能够满足网络的性能需求。在网络中,不同的终端设备可能对于带宽有着不同的需求。对于大多数终端设备的数据流量来说,快速以太网端口(100Mbps)已经足够,但是部分终端设备如应用服务器等可能需要千兆以太网端口(1000Mbps)。与仅支持快速以太网端口的交换机相比较而言,千兆以太网端口交换机可以大大提高数据传输的速度,提高用户的工作效率,但是千兆以太网端口交换机的成本也比仅支持快速以太网端口的交换机高出很多。

链路聚合是大多数接入层交换机所共有的另一项功能,接入层交换机通过链路聚合可以增加接入层交换机到汇聚层交换机上行链路的带宽。

由于通信的瓶颈通常出现在接入层交换机和汇聚层交换机之间的链路上,因此接入层交换机对转发速率的要求并不太高。一般的接入层交换机都不能达到而且也不需要达到所有端口全线速的通信,它们仅需要处理来自终端设备的流量并将其转发到汇聚层交换机。

2. 汇聚层交换机的功能

汇聚层交换机负责收集所有接入层交换机发来的数据并将其转发到核心层交换机。它们需要具有第三层的功能,支持安全策略、链路聚合,并具有一定的冗余和较高的转发速率。

在接入层交换机上实施了 VLAN 的划分,而在汇聚层交换机上则需要实现其下连接的接入层交换机上的 VLAN 之间的路由,以实现同一汇聚层交换机下不同 VLAN 之间的通信,因此要求汇聚层交换机需要具有第三层的功能。不同汇聚层交换机下的 VLAN 之间的通信需要由核心层交换机来实现,但核心层交换机需要学习到各个汇聚层交换机下 VLAN 的路由,这就要求在核心层交换机和汇聚层交换机之间运行路由选择协议。因此,要求汇聚层交换机必须支持至少一种动态路由选择协议,如路由选择信息协议(Routing Information Protocol,RIP)等。

汇聚层为网络中的流量应用高级安全策略以控制流量如何在网络上传输,因此要求汇聚层交换机必须支持安全策略的应用。典型的安全策略为访问控制列表(Access Control List,ACL),但使用 ACL 需要占用大量的处理资源,因为交换机需要检查每个数据包并查看该数据包是否与交换机上定义的 ACL 的某个规则匹配,这也就要求汇聚层交换机具有强大的数据处理能力。

汇聚层交换机同样需要支持链路聚合功能。通常,接入层交换机使用多条链路连接到汇聚层交换机来确保为接入层上产生的流量提供足够的带宽。而由于汇聚层交换机要接收多个接入层交换机发送的流量,并且需要尽快将所有流量转发到核心层交换机上,因此汇聚层交换机还需要回连核心层交换机的高带宽聚合链路。

另外一个需要考虑的是汇聚层交换机的冗余功能。由于汇聚层交换机是所有接入层流量的必经之路,因此一旦汇聚层交换机出现故障将会严重影响到网络的其他部分。为确保网络的可用性,汇聚层交换机通常成对使用,互为冗余,并且在每一台汇聚层交换机上都应该有一部分冗余端口,同时汇聚层交换机还应该支持多个可热插拔电源,以确保在其中某个电源出现故障时,交换机仍可继续运行。

与接入层交换机相比,汇聚层交换机要求更高的转发速率和更高的可用性。通常汇聚层交换机的端口速度都要达到1000Mbps。

3. 核心层交换机的功能

核心层交换机负责汇聚所有下层交换机发送的流量,并实现高速的数据交换。它们需要具有第三层的功能,支持链路聚合,并且需要高度的冗余和极高的转发速率。

核心层交换机用来实现整个网络的数据路由,因此需要具有第三层功能,并且支持动态路由选择协议。

核心层交换机通过链路聚合功能增加汇聚层交换机到核心层交换机上行链路的带宽。

核心层交换机必须具备高度的冗余,因为一旦核心层交换机出现故障将可能导致整个网络的瘫痪。一般核心层都会采用比汇聚层更加完善的冗余,甚至是完全冗余,即包括设备、线路以及设备组件的冗余。另外,由于核心层交换机的传输负载很高,所以它运行时的温度通常比接入层或汇聚层交换机的温度更高,因此应该配备更完善的冷却方案。

在整个分层网络体系中,核心层交换机应该具有最高的数据转发速率,以实现整个网络的高速运转。通常核心层交换机的端口速度至少要达到1000Mbps,甚至达到10000Mbps。

1.4.3 其他因素

实际上,在进行交换机的选型时,还需要考虑到网络的具体情况和要求,并对其进行分析。一般需要进行用户群分析、流量分析、服务器分析等,以选择适合某些特定要求和应用的交换机,保障网络的可扩展性和可用性。

通过用户群分析可以确定各类用户群体对网络性能的影响和需求。通常将一个职能部门划分为一个用户群,因为相同职能的用户所需访问的资源和应用程序也大体相同。在进行用户群分析时,要考虑不同用户群的不同需求,对于人员增长可能比较快的用户群,要选择端口密度较大的交换机,以确保有足够多的闲置交换机端口用来扩展;对于流量较大的用户群,要选择转发速率较高的交换机,以避免产生数据传输的瓶颈。

通过流量分析可以了解网络中各部分的流量大小,确定其对带宽的具体需求,以选择合适的交换机。实际上,流量分析更多地用于网络投入运行后,用来测量网络带宽的使用率,以确定是否需要调整和升级网络。

另外需要考虑的是各种应用服务器和数据存储服务器,一般服务器的数据流量总是很大,因此要选择转发速率较高的交换机,并且应该具备高度的冗余,以确保可用性。

在逻辑上，对于经常访问服务器的用户群应该尽量的靠近服务器，以减少用户通信的网络直径，提高网络传输效率。

1.5 企业网络设计方案

学院网络中的广域网部分直接租用 ISP 的服务即可，在此不进行讨论。而学院局域网部分以主校区为例进行网络的设计。

1.5.1 局域网络拓扑结构

对于学院主校区的网络，可以采用分层网络的设计，由接入层、汇聚层、核心层 3 层构成。其拓扑结构如图 1-7 所示。

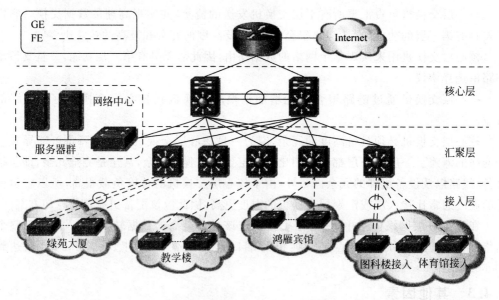

图 1-7 学院主校区网络拓扑结构

在汇聚层交换机上进行 VLAN 的创建，并在接入层交换机上通过将接入端口指定到相应的 VLAN 中来按部门划分广播域，由汇聚层交换机实现其下的接入层各 VLAN 之间的路由。在汇聚层交换机和核心层交换机之间运行动态路由选择协议，由核心层交换机实现整个局域网的路由。

在链路带宽上，接入层交换机和汇聚层交换机之间采用了 100Mbps 的快速以太网连接，介质为超五类双绞线；汇聚层交换机和核心层交换机之间采用了 1000Mbps 的千兆以太网连接，介质为多模光纤。

为满足位于绿苑大厦的人事处和位于图科楼的教务处主机对带宽的需求，分别在其接入层交换机与汇聚层交换机之间的链路上进行链路聚合，将两条带宽为 100Mbps 的物理链路聚合成一条带宽为 200Mbps 的逻辑链路。

为保障网络的可用性，对教学楼的汇聚层交换机进行了冗余，并使用 VRRP 技术保障教学楼的终端接入不会因为某一台汇聚层交换机出现故障而导致网络中断。在核心层网络采用了双核心的设计,并在汇聚层和核心层之间采用线路的完全冗余,使用两台完全相同的核心层交换机互为备份并进行负载的均衡。

对于需要进行无线热点覆盖的区域,在相应的接入交换机下连接 Fat AP 进行覆盖,并通过 WPA-PSK 对无线网络进行安全防护。

考虑到终端用户对服务器的访问流量较大,为避免产生网络瓶颈,将各个服务器通过一台端口带宽为 1000Mbps 的接入层交换机直接连接到核心层交换机上。一方面,1000Mbps 的带宽可以确保流量的高速传输;另一方面,可以减少终端用户访问服务器的网络直径,提高网络传输效率。

1.5.2 局域网络设备选择

在确定了网络的拓扑结构以后,开始对网络中的交换机进行选型。在选型时应尽量选择同一厂家的设备,以保证技术上的兼容性。在这里,以 H3C 公司交换机为例进行选型。

1. 接入层交换机选型

对于学院的教学楼和图科楼,每层有信息点 15~20 个,需为每一层配备一台接入层交换机;体育馆共有信息点 10~15 个,需配备一台接入层交换机。教学楼和图科楼分别有 6 层,加上体育馆共需要 13 台交换机。选择交换机为 H3C E126A,该款交换机为 H3C 公司推出的一款教育网交换机,详细参数如表 1-1 所示。

表 1-1 H3C E126A 交换机详细参数表

产品类型	企业级二层可网管交换机
交换容量	19.2Gbps,所有端口支持线速转发
交换模式	存储转发模式(Store and Forward)
接口类型/数目	24 个 10/100Base-TX 以太网端口,2 个 10/100/1000Base-T 以太网端口和 2 个复用的 1000Base-X SFP 千兆以太网端口
VLAN	支持基于端口的 VLAN(4k 个) 支持 VLAN VPN(QinQ) 支持 GVRP
链路聚合	支持 LACP 支持手工汇聚 支持最大 13/8 个聚合组,每个聚合组支持 8 个端口汇聚
堆叠	最大支持 16 台设备堆叠
最大功率	17W
外形尺寸	440mm×160mm×43.6mm
重量	≤3kg

对于鸿雁宾馆和绿苑大厦,每层有信息点 30~35 个,分别为 6 层和 18 层,需为每层配备一台接入层交换机,共 24 台交换机,选择交换机为 H3C E152。该款交换机的参数与 H3C E126A 的基本相同,只是 10/100Mbps 端口有 48 个,以满足每层 30~35 个信息点接入的需求。

对于网络中心的服务器配备一台接入层交换机,选择交换机为 H3C S5120-28P-SI,该款交换机为全千兆以太网交换机,详细参数如表 1-2 所示。

表1-2 H3C S5120-28P-SI 交换机详细参数表

产品类型	企业级三层以太网管交换机
交换容量	192Gbps
接口类型/数目	24 个 10/100/1000 Base-T 以太网端口,4 个 1000Base-X SFP 千兆以太网端口
VLAN	支持基于端口的 VLAN(4k 个)
链路聚合	支持 LACP
堆叠	支持通过标准以太网接口进行堆叠、支持本地堆叠和远程堆叠
最大功率	31.5W
外形尺寸	440mm×160mm×43.6mm
重量	<3kg

2. 汇聚层交换机选型

对于绿苑大厦、鸿雁宾馆和图科楼分别配备一台汇聚层交换机,教学楼配备两台汇聚层交换机,体育馆由于只有一台接入层交换机,因此不再配备汇聚层交换机,而是将其接入层交换机连接到邻近的图科楼汇聚层交换机上。选择交换机型号为 H3C S3610-28P,详细参数如表 1-3 所示。其中快速以太网端口(100Mbps)用来连接接入层交换机,而千兆以太网端口(1000Mbps)用来上连核心层交换机。

表1-3 H3C S3610-28P 交换机详细参数表

产品类型	盒式路由交换机
交换容量	32Gbps
接口类型/数目	24 个 10/100Base-TX 以太网端口,4 个 1000Base-X SFP 千兆以太网端口
VLAN	支持端口 VLAN(4094 个) 支持协议 VLAN 基于 IPv4 子网 VLAN 支持 Voice VLAN 支持 GARP/GVRP 支持 VLAN VPN(QinQ),灵活 QinQ 支持 VLAN Translation
链路聚合	支持 LACP 支持手工聚合 支持最大聚合组:端口数/2,每个聚合组支持最大 8FE/4GE
堆叠	支持 IRF LITE 堆叠技术 最大支持堆叠 16 台
IP 路由	支持静态路由和默认路由 支持 RIPv1/v2,RIPng 支持 OSPFv1/v2,OSPFv3 支持 IS-IS,IS-ISv6 支持 BGP,BGP4+ for IPv6 支持策略路由,等价路由 支持 VRRP/VRRPv3
最大功率	35W
外形尺寸	440mm×260mm×43.6mm
重量	3.6kg

3. 核心层交换机选型

核心层选择的交换机为 H3C S7503，H3C S7500 系列交换机是 H3C 公司推出的高端多业务路由交换机，H3C S7503 是其中可以提供 3 个业务插槽和 1 个主控插槽的一款，该款交换机的详细参数如表 1-4 所示。

表 1-4　H3C S7503 交换机详细参数表

产品类型	高端多业务路由交换机
交换容量	96Gbps/384Gbps/768Gbps
槽位数量	4
业务槽位	3
冗余设计	电源冗余
VLAN 数量	4k
链路聚合	支持，每组最大支持 8 个 GE 口或 8 个 FE 口捆绑，支持跨板端口聚合
IP 路由	支持 IP、TCP、UDP、ICMP 协议 支持 IPX 协议 支持 OSPF 支持 RIP1/2 支持静态路由 支持 IS-IS 支持 BGP4 支持策略路由 支持等价路由 支持 VRRP
最大功率	350W
外形尺寸	436mm×480mm×352.8mm
重量	≤50kg

H3C S7503 作为一款模块化交换机，实际上只是一个可以提供 4 个模块化插槽的交换机机箱，还需要另外配置主控模块和业务模块才能够运行。为交换机配置主控模块（即交换路由处理板）"S7500-交换路由模块-Salience Ⅲ 384G"，并配置一块"4 端口千兆以太网电口＋12 端口千兆以太网 SFP 光口业务板"的业务接口模块，用来实现其与汇聚层交换机以及接入路由器之间的连接。

经过选型，最终确定学院主校区网络设备需求情况如表 1-5 所示。

表 1-5　学院主校区网络设备需求情况表

设 备 名 称	数量(台)
H3C E126A	13
H3C E152	24
H3C S5120-28P-SI	1
H3C S3610-28P	5
H3C S7503	2
S7500-交换路由模块-Salience Ⅲ 384G	2
4 端口千兆以太网电口＋12 端口千兆以太网 SFP 光口业务板	2

两个分校区的局域网与主校区类似,但网络规模相对较小,因此可以采用"接入层+核心层"的两层网络设计,具体在此不再赘述。

1.6 小结

本章首先进行了用户的需求分析,并根据用户需求分析确定了一个模拟的高职学院网络需要具备的网络功能。基于网络功能需求以及局域网络的分层设计原则最终给出了学院主校区网络的拓扑设计和网络设备的选择。本章是后续章节的基础和铺垫,通过对本章给出的主校区网络的拓扑结构和网络功能进行分解,可以得到一个个的网络项目并在后续的章节中逐个完成这些项目。

1.7 习题

1. 典型的分层网络设计模型可以分成哪几层?每一层的功能是什么?
2. 什么是网络直径?在网络设计中为什么要尽量降低网络直径?
3. 简述分层网络设计的优点。
4. 网络设备的高度使用的计量单位是什么?如何与标准长度计量单位进行换算?
5. 简述分层网络设备选型需要考虑的问题。
6. 假设学院某分校区对网络的要求与主校区类似,但不需要考虑网络的可用性问题,并且信息点的数量也相对较少,请尝试给出一个紧缩核心型的网络拓扑,并简单描述其功能实现。

1.8 实训

1.8.1 紧缩核心型网络的实现

实验学时:2学时;每实验组学生人数:3人。

1. 实验目的

掌握紧缩核心型网络的搭建;理解紧缩核心型网络中核心层和接入层的功能;复习并掌握 VLAN 划分、VLAN 间路由等知识。

2. 实验环境

(1) 安装有 TCP/IP 通信协议的 Windows 系统 PC:4 台。

(2) H3C 三层交换机:1 台。

(3) H3C 二层交换机:2 台。

(4) 超五类 UTP 电缆:7 条。

(5) Console 电缆:3 条。

保持所有的交换机为出厂配置。

3. 实验内容

(1) 搭建紧缩核心型网络。

(2) 创建 VLAN。

(3) 核心层交换机虚接口 IP 配置和默认路由配置。

4. 实验指导

(1) 网络搭建

按照图 1-8 所示的网络拓扑结构以及表 1-6 所示的网络实验设备端口连接表搭建紧缩核心型网络，完成网络连接。

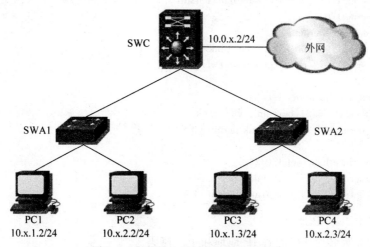

图 1-8 紧缩核心型网络实验拓扑结构

表 1-6 紧缩核心型网络实验设备连接表

SWC：E1/0/1	SWA1：E1/0/24	SWA1：E1/0/2	PC2
SWC：E1/0/2	SWA2：E1/0/24	SWA2：E1/0/1	PC3
SWC：E1/0/24	外网	SWA2：E1/0/2	PC4
SWA1：E1/0/1	PC1		

(2) 创建 VLAN 并分配端口

在 3 台交换机上分别创建 VLAN10 和 VLAN20，VLAN 名称使用系统默认名称。在接入层交换机 SWA1 和 SWA2 上分别将端口 E1/0/1 指定给 VLAN10，将端口 E1/0/2 指定给 VLAN20，参考命令如下。

[SWC]vlan 10
[SWC-vlan10]quit
[SWC]vlan 20

[SWA1]vlan 10
[SWA1-vlan10]port Ethernet 1/0/1
[SWA1-vlan10]quit
[SWA1]vlan 20
[SWA1-vlan20]port Ethernet 1/0/2

```
[SWA2]vlan 10
[SWA2-vlan10]port Ethernet 1/0/1
[SWA2-vlan10]quit
[SWA2]vlan 20
[SWA2-vlan20]port Ethernet 1/0/2
```

（3）将核心层交换机和接入层交换机之间的链路配置成 Trunk 模式

其参考命令如下。

```
[SWC]interface Ethernet 1/0/1
[SWC-Ethernet1/0/1]port link-type trunk
[SWC-Ethernet1/0/1]port trunk permit vlan all
[SWC-Ethernet1/0/1]quit
[SWC]interface Ethernet 1/0/2
[SWC-Ethernet1/0/2]port link-type trunk
[SWC-Ethernet1/0/2]port trunk permit vlan all

[SWA1]interface Ethernet 1/0/24
[SWA1-Ethernet1/0/24]port link-type trunk
[SWA1-Ethernet1/0/24]port trunk permit vlan all

[SWA2]interface Ethernet 1/0/24
[SWA2-Ethernet1/0/24]port link-type trunk
[SWA2-Ethernet1/0/24]port trunk permit vlan all
```

（4）配置 PC 的 IP 地址

根据图 1-8 为各个 PC 配置 IP 地址和子网掩码。

（5）网络连通性测试

在 PC 的"命令提示符"窗口下用 ping 命令测试跨接入层交换机同 VLAN 主机之间的连通性和同接入层交换机下不同 VLAN 主机之间的连通性，并思考原因。

（6）配置核心层交换机的虚接口以及默认路由

为核心层交换机的 VLAN10 和 VLAN20 虚接口分别配置 IP 地址，以实现 VLAN 间的路由，参考命令如下。

```
[SWC]interface vlan-interface 10
[SWC-vlan-interface10]ip address 10.x.1.1/24
[SWC-vlan-interface10]quit
[SWC]interface vlan-interface 20
[SWC-vlan-interface20]ip address 10.x.2.1/24
```

为核心层交换机的 Ethernet 1/0/24 接口配置 IP 地址，并配置去往外部网络的默认路由，参考命令如下。

```
[SWC]interface Ethernet 1/0/24
[SWC-Ethernet1/0/24]port link-mode route
[SWC-Ethernet1/0/24]ip address 10.0.x.2/24
[SWC-Ethernet1/0/24]quit
[SWC]ip route-static 0.0.0.0 0 10.0.x.1
```

(7) 配置 PC 的网关

为各个 PC 配置相应的虚接口地址作为网关。

(8) 网络连通性测试

在 PC 的"命令提示符"窗口下用 ping 命令测试同接入层交换机下不同 VLAN 主机之间的连通性,并思考原因。

5. 实验报告

填写如表 1-7 所示实验报告。

表 1-7 实训 1.8.1 实验报告

	主机	IP 地址	子网掩码	默认网关	连接端口
PC TCP/IP 属性配置	PC1				
	PC2				
	PC3				
	PC4				
创建 VLAN 并分配端口	SWC				
	SWA1				
	SWA2				
Trunk 链路设置	SWC				
	SWA1				
	SWA2				
连通性测试 1	跨接入层交换机同 VLAN 主机测试结果				
	原因				
	同接入层交换机下不同 VLAN 主机测试结果				
	原因				
核心层交换机虚接口及默认路由配置					
连通性测试 2	同接入层交换机下不同 VLAN 主机测试结果				
	原因				

1.8.2 三层交换网络的实现

实验学时:2 学时;每实验组学生人数:6 人。

1. 实验目的

掌握三层交换网络的搭建;理解三层网络中核心层、汇聚层和接入层的功能;复习并掌握 VLAN 划分、VLAN 间路由、RIP 协议等知识。

2. 实验环境

(1) 安装有 TCP/IP 通信协议的 Windows 系统 PC:8 台。

(2) H3C S3610 系列交换机:3 台。

(3) H3C E126A 系列交换机:4 台。

(4) 超五类 UTP 电缆:15 条。

(5) Console 电缆:7 条。

保持所有的交换机为出厂配置。

3. 实验内容

（1）搭建三层交换网络。

（2）创建 VLAN。

（3）汇聚层交换机虚接口 IP 配置。

（4）动态路由选择协议 RIP 配置。

4. 实验指导

本次实验是在 1.8.1 小节的基础上进行扩展，将 1.8.1 小节中的两组实验环境（如图 1-9 虚线框中所示）使用一台三层交换机进行连接来实现。

（1）网络搭建

按照图 1-9 所示的网络拓扑结构以及表 1-8 所示的网络实验设备端口连接表搭建网络，完成网络连接。

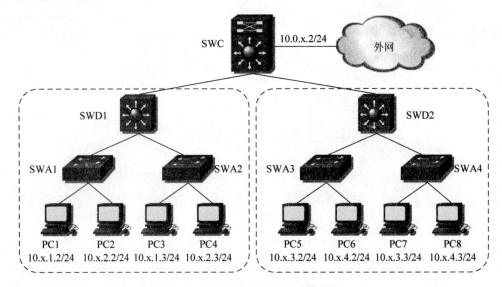

图 1-9　三层交换网络实验拓扑结构

表 1-8　三层交换网络实验设备连接表

SWC：E1/0/1	SWD1：E1/0/24	SWA2：E1/0/2	PC4
SWC：E1/0/2	SWD2：E1/0/24	SWD2：E1/0/1	SWA3：E1/0/24
SWC：E1/0/24	外网	SWD2：E1/0/2	SWA4：E1/0/24
SWD1：E1/0/1	SWA1：E1/0/24	SWA3：E1/0/1	PC5
SWD1：E1/0/2	SWA2：E1/0/24	SWA3：E1/0/2	PC6
SWA1：E1/0/1	PC1	SWA4：E1/0/1	PC7
SWA1：E1/0/2	PC2	SWA4：E1/0/2	PC8
SWA2：E1/0/1	PC3		

(2) VLAN、虚接口、PC 机配置

汇聚层和接入层交换机所涉及的 VLAN 配置、虚接口配置以及 PC 的配置除 IP 地址外均与 1.8.1 节配置完全相同。其中 SWD2 的 VLAN10 虚接口的 IP 地址为 10.x.3.1/24，SWD2 的 VLAN20 虚接口的 IP 地址为 10.x.4.1/24。

(3) 核心层与汇聚层交换机连接端口、核心层交换机与外网连接端口的配置

核心层交换机在此作为多以太口路由器使用，核心层交换机和汇聚层交换机之间连接端口以及核心层交换机与外部网络连接端口的工作模式设置为路由模式，并进行 IP 地址的配置。IP 地址配置如表 1-9 所示。

表 1-9 核心层与汇聚层交换机连接地址表

端口	IP 地址	端口	IP 地址
SWC：E1/0/1	10.x.5.1/24	SWD1：E1/0/24	10.x.5.2/24
SWC：E1/0/2	10.x.6.1/24	SWD2：E1/0/24	10.x.6.2/24
SWC：E1/0/24	10.0.x.2/24		

其参考命令如下。

```
[SWC]interface Ethernet 1/0/1
[SWC-Ethernet1/0/1]port link-mode route
[SWC-Ethernet1/0/1]ip address 10.x.5.1/24
[SWC-Ethernet1/0/1]quit
[SWC]interface Ethernet 1/0/2
[SWC-Ethernet1/0/2]port link-mode route
[SWC-Ethernet1/0/2]ip address 10.x.6.1/24
[SWC-Ethernet1/0/2]quit
[SWC]interface Ethernet 1/0/24
[SWC-Ethernet1/0/24]port link-mode route
[SWC-Ethernet1/0/24]ip address 10.0.x.2/24

[SWD1]interface Ethernet 1/0/24
[SWD1-Ethernet1/0/24]port link-mode route
[SWD1-Ethernet1/0/24]ip address 10.x.5.2/24

[SWD2]interface Ethernet 1/0/24
[SWD2-Ethernet1/0/24]port link-mode route
[SWD2-Ethernet1/0/24]ip address 10.x.6.2/24
```

(4) RIP 协议配置

在核心层交换机和汇聚层交换机上运行 RIP 协议，实现整个网络的路由，参考命令如下。

```
[SWC]rip
[SWC-rip-1]network 10.0.0.0

[SWD1]rip
[SWD1-rip-1]network 10.0.0.0
```

[SWD2]rip
[SWD2-rip-1]network 10.0.0.0

(5) 默认路由配置

在核心层交换机和汇聚层交换机上配置默认路由,以实现局域网内所有网段与外部网络的连通性,参考命令如下。

[SWC]ip route-static 0.0.0.0 0 10.0.x.1
[SWD1]ip route-static 0.0.0.0 0 10.x.5.1
[SWD2]ip route-static 0.0.0.0 0 10.x.6.1

(6) 网络连通性测试

在 PC 的"命令提示符"窗口下用 ping 命令测试不同汇聚层交换机下主机之间的连通性,并思考原因。

5．实验报告

填写如表 1-10 所示实验报告。

表 1-10　实训 1.8.2 实验报告

	主机	IP 地址	子网掩码	默认网关	连接端口
PC TCP/IP 属性配置	PC1				
	PC2				
	PC3				
	PC4				
	PC5				
	PC6				
	PC7				
	PC8				
创建 VLAN 并分配端口	SWD1/2				
	SWA1/3				
	SWA2/4				
汇聚层交换机虚接口配置	SWD1				
	SWD2				
核心层与汇聚层交换机连接端口的配置	SWC				
	SWD1				
	SWD2				
RIP 协议配置	SWC				
	SWD1				
	SWD2				
连通性测试	不同汇聚层交换机下主机测试结果				
	原因				

第 2 章

规划企业网络 IP 地址

在确定了网络的拓扑,构建起物理网络以后,第一步需要解决的就是为各个部门按照其规模大小和对 IP 地址的需求情况进行子网的划分,在确定了具体的子网后,才能进行网络设备的逻辑配置以实现网络的逻辑连通性。

2.1 IP 地址规划项目介绍

本项目要求为学院网络中的各个部门划分逻辑网段,并为网络中的终端分配固定或非固定的 IP 地址,以满足终端连接网络的需求。

作为一个具有上千个终端的中大型局域网络,申请到的合法 IP 地址肯定不能满足为所有终端均分配一个合法固定 IP 地址的需要,因此如何合理和充分地利用 IP 地址以解决网络终端的通信需求是该项目的一个非常重要的任务,而且需要考虑到很多方面的问题,具体如下。

(1) 满足各部门对 IP 地址的需求。在学院网络中,一般要求为每一位教职工分配一个合法固定的 IP 地址,但教职工分别隶属于不同的部门,因此子网以部门为单位进行划分。而且不同部门可能在规模上存在差异,因此对 IP 地址数量的需求也就有所区别。如果采用简单的定长子网划分的方式,一方面会在规模较小的部门造成 IP 地址的浪费;另一方面可能无法满足较大部门对 IP 地址的需求。为合理利用 IP 地址,在子网的划分上需要采用变长子网划分的技术,为各个部门尽量分配大小合适的子网,以避免 IP 地址的浪费。

(2) 满足计算机机房对 IP 地址的需求。在学院网络中,一个计算机机房一般会有数十台到上百台的计算机以供学生实验使用,如果为每一台计算机均分配一个合法固定 IP 地址的话,学院的 IP 地址远远无法满足需求。因此对计算机机房需要在机房内部使用私有 IP 地址,而在出口处使用唯一的合法固定 IP 地址来满足所有计算机连接外部网络的需要。

(3) 满足多媒体教室对 IP 地址的需求。为方便教师通过网络进行授课,所有的多媒体教室均应能够连接外部网络。考虑到所有的教室不会被同时使用,对于多媒体教室的计算机一般不会为其分配合法固定的 IP 地址,而是采用动态 IP 地址分配技术以实现 IP

地址的节约。

（4）降低上游路由表条目的数量。在路由器上一般为每一个逻辑网络维护一条路由，由于在学院局域网内部进行了大量的子网的划分，因此会导致上游路由器的路由表变得非常庞大，以至于影响路由效率。此时可采用路由聚合技术，聚合连续路由，有效减少路由条目。

要解决上述的各种问题并完成学院网络的 IP 地址规划，需要掌握 IP 地址规划中涉及的多种技术，下面的各节将对这些技术进行详细介绍。

2.2 路由聚合技术

2.2.1 IP 地址与路由

在 IPv4 编址中，IP 地址类别的定义决定了各类 IP 地址所占地址空间的大小，如图 2-1 所示。A 类地址和 B 类地址占总 IP 地址空间的 75%，但由于网络位长度的限制，只有少于 17000 个组织或公司能够分配到一个 A 类或 B 类网络。事实上，A 类地址和 B 类地址早已分配完，即使获得它们的组织或公司有大量的 IP 地址尚未使用，这些地址也不能再次被分配给其他组织，从而造成大量的 IP 地址的浪费。目前只剩下 C 类地址可以分配给有 IP 地址需求的新组织。C 类地址仅占总 IP 地址空间的 12.5%，但它可以提供更多的网络号，以满足网络中不断增加的新组织对 IP 地址的需求。

随着互联网规模的爆炸性增长，C 类地址的使用越来越多。在核心路由器中是不能使用默认路由的，每个网络地址在核心路由器中都

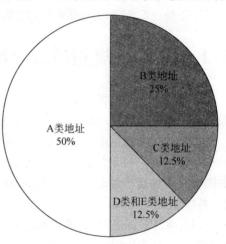

图 2-1 IP 地址空间分配

要对应一个路由表项，而多达 221 个 C 类网络地址的使用使核心路由器的路由表急剧增大，导致路由器的处理能力和路由效率降低。所以在使用较多的 C 类 IP 网络地址和有较多的子网划分时，路由器的处理能力和路由效率是必须考虑的问题，需要尽量降低路由表的数量，即尽量减少下级网络中的逻辑网络数量。但是逻辑网络数量一般是不能任意减少的，因此解决这个问题的办法就是让多个逻辑网络在高层路由器中使用一条路由，这就是路由聚合技术。

2.2.2 无类别域间路由

无类别域间路由(Classless Inter-Domain Routing，CIDR)是用于缓解 IP 地址空间减小和解决路由表增大问题的一项技术。它的基本思想是取消 IP 地址的分类结构，而使用网络前缀(位掩码)来标识 IP 地址中的网络位部分位数，使 IP 地址的网络位部分和主机位部分不再受完整的 8 位组的限制，CIDR 可以根据具体的应用需求分配 IP 地址块，以提高 IPv4 的可扩展性和利用率，还可以将多个地址块聚合在一起形成一个更大的网络，

减少路由表中的路由条目，完成路由聚合功能，减少路由通告的数量。

例如石家庄邮电职业技术学院共有 8 个 C 类网段，如表 2-1 所示。

表 2-1　石家庄邮电职业技术学院网络地址

网络地址	第一字节	第二字节	第三字节	第四字节
202.207.120.0	11001010	11001111	01111000	00000000
202.207.121.0	11001010	11001111	01111001	00000000
202.207.122.0	11001010	11001111	01111010	00000000
202.207.123.0	11001010	11001111	01111011	00000000
202.207.124.0	11001010	11001111	01111100	00000000
202.207.125.0	11001010	11001111	01111101	00000000
202.207.126.0	11001010	11001111	01111110	00000000
202.207.127.0	11001010	11001111	01111111	00000000

在有类别路由选择中，路由器基于有类别规则的网络号判断有 8 个不同的网络，并为每一个网络创建一条路由选择表项。因此，教育网河北分中心的路由器会为石家庄邮电职业技术学院维护 8 条路由选择表项。而实际上，由于 8 个 C 类网段连续并且前 21b 相同，因此就可以使用一个长为 21b 的网络前缀来汇总这些路由信息，将这 8 个网络汇总为 202.207.120.0/21，从而有效减少路由选择表项的条数。

需要注意的是，如果通过路由聚合来覆盖多个网络的路由，则要求被覆盖的网络是连续的，并且网络地址的数目是 2 的幂次数。这是因为如果非连续的网络被汇总，会导致汇总路由覆盖了本不存在或不在本地的网络，产生路由黑洞。如图 2-2 所示，由于汇总后的路由 202.207.120.0/22 覆盖了本不在本地的网络 202.207.122.0/24，如果外部网络有发送到网络 202.207.122.0/24 的数据时，会导致产生错误的路由，使数据无法到达目的地。而之所以要求网络地址的数目是 2 的幂次数，是因为路由聚合后的网络前缀与子网掩码类似，都是二进制掩码，所以路由聚合必须发生在二进制的边界线上。如果地址不是 2 的幂次数，就需要把地址分组并分别进行汇总。

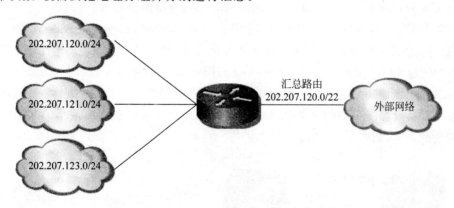

图 2-2　非连续网络的路由聚合

通过路由聚合，网络和子网大小不同的复杂分层体系通过共享的网络前缀在各点进行汇总，有效地减少了上级路由器的路由选择表项，减轻了上级路由器的负担。如果没有路由聚合，Internet 骨干路由在 1997 年以前就已经崩溃了。

路由聚合的另外一个功能是能够将下游路由器的拓扑变动隔离开。如果在下游路由器中某一条链路发生了翻动（路由器的接口在 Up 和 Down 状态之间快速变换），汇总路由并不会发生变化，因此上游路由器也就不会察觉到翻动而修改自己的路由表。

路由器的接口发生故障或者介质连接接触不良时都有可能导致路由翻动（Route Flapping），使接口在 Up 和 Down 状态之间快速变换。在没有使用路由聚合的情况下，如果某一台路由器的某个接口 Down 了，该路由器就会在路由表中删除通过该接口的路由表项，同时向它的上游方向的下一台路由器发送关于取消某条路由的触发更新。同样，下一台路由器在更新自身路由的同时向其上游的下一台路由器发送触发更新，以此类推。而可能几秒钟后，Down 掉的接口又会恢复 Up，又开始进行路由表的更新和触发更新信息的发布。而进行这些工作都需要消耗路由器的 CPU 时间，从而导致路由器性能的削弱。

如果配置了路由聚合，即使某一个网络的路由丢失，并不会影响到汇总后的路由。这样，只是发生路由翻动的路由器去处理自己的翻动问题，而不会影响到上游的路由器，从而将路由翻动问题有效地隔离开。

2.2.3 超网

超网和路由聚合是同一方法的不同名称，即通过路由聚合使用一个 IP 地址和网络前缀的组合来表示多个网络的路由，实质上就是将多个网络聚合成了一个大的单一的网络。聚合后的网络被称为超网。

引入超网后，在 IP 地址的分配上，根据对 IP 地址的实际需求量采用连续地址块的分配方式。从而一方面实现 IP 地址的节约，另一方面实现路由表的减小。

假设某公司需要 900 个 IP 地址，如果在有类别的寻址系统中，一种情况是申请一个 B 类 IP 地址段，如此一来将会造成数以万计的 IP 地址的浪费；另一种情况是申请 4 个 C 类 IP 地址段，这样该公司就必须在自己内部的逻辑网络之间进行路由选择，而且上游路由器需要为其维护 4 条路由选择表项而不是一条，使路由表增大。

在无类别的寻址系统中，当某公司向服务提供商（Internet Service Provider，ISP）申请地址时，服务提供商会根据该公司对 IP 地址的实际需求，从自己的大 CIDR 地址块中划分出一个连续的地址块给该公司，并为其保存一条超网路由（汇总路由），如 202.207.120.0/22。服务提供商的地址块是从它的上一级管理机构或服务提供商处获得，其上一级同样也只为该服务提供商保存一条超网路由，如 202.207.0.0/16，这样就彻底减小了互联网上路由选择表的大小，如图 2-3 所示。

图 2-3 超网的地址分配

超网与子网是相对的概念,超网是将多个有类的网络聚合成一个大的网络,即使网络前缀(位掩码)左移,借用了部分网络位作为主机位。而子网是将一个有类的网络划分成多个小的网络,即使网络前缀(位掩码)右移,借用了部分主机位作为网络位。两者都可以起到节约 IP 地址的作用。

2.3 变长子网划分

在网络规划中,一般按照部门来进行子网的划分。而在一个单位中,每个部门的员工数量、拥有的主机数量均不相同,甚至差异很大。如果采用网络基础课程中的定长子网 IP 地址规划方法就会造成大量 IP 地址的浪费,甚至无法完成子网的划分。因此,在实际的网络应用中一般不会采用定长子网的划分,而是采用变长子网划分的方式。

2.3.1 可变长子网掩码

可变长子网掩码(Variable Length Subnet Mask,VLSM)是一种产生不同大小子网的 IP 地址分配机制。它允许在同一个网络地址空间里使用多个长度不同的子网掩码,可以实现将子网继续划分为子网,以提高 IP 地址空间的利用率,克服单一子网掩码所造成的固定数目、固定大小子网的局限。

在传统的定长子网划分中,只能采用一个子网掩码,一旦子网掩码的长度确定,子网的数量和每个子网中可用 IP 地址的数量都就确定了。而在实际的网络规划中,每个子网的大小要求往往并不相同,如果采用定长子网掩码,则可能造成大量 IP 地址的浪费,甚至无法完成子网的划分。

例如,某公司的网络拓扑结构如图 2-4 所示。

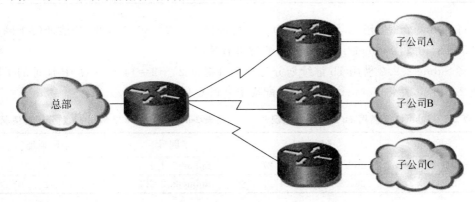

图 2-4 某公司网络拓扑结构

公司总部和各子公司的主机数量如表 2-2 所示。

表 2-2 某公司各部门主机数量

部门	主机数量	部门	主机数量
总部	100	子公司 B	20
子公司 A	50	子公司 C	10

现为该公司分配了一个 C 类网段 202.207.120.0/24，要求将公司总部和各个子公司分别划分到不同的子网中。

分析可知，该公司总部和各子公司需要的 IP 地址总数为 180 个，加上广域网链路和路由器以太网接口的 IP 地址需求，总共不超过 200 个。而一个 C 类网段可以提供 $2^8-2=254$ 个有效的 IP 地址，完全可以满足该公司对 IP 地址的需求。但实际上，如果采用定长子网掩码来划分子网根本无法实现。

从图 2-4 的网络拓扑结构中可以看出，该公司共需要划分出包括总部、各子公司的 4 个子网和 3 个广域网链路共 7 个子网，其中最大的子网需要至少 100 个有效的 IP 地址，而广域网链路子网只需要两个有效的 IP 地址即可。如果采用定长子网掩码来划分子网，为满足最大子网对 IP 地址数量的要求，只能借用 1b 来划分子网，共可划分出 2 个子网，且每个子网可用 IP 地址为 $2^7-2=126$ 个，如表 2-3 所示。但此方法有两方面缺点，一方面是划分出的大的逻辑子网分配给小的物理网络造成的 IP 地址的浪费；另一方面是子网划分数量的不足。要解决这个问题，只能采用 VLSM 来实现。

由于 VLSM 允许多个长度不同的子网掩码，在此可以首先借用 1b 划分出 2 个子网，如表 2-3 所示，并将子网 Subnet1 分配给该公司的总部使用。而将 Subnet2 借用 1b 继续划分为 2 个可提供 $2^6-2=62$ 个有效 IP 地址的子网，如表 2-4 所示，并将 Subnet2.1 分配给子公司 A 使用。

表 2-3　借用 1b 划分子网情况

子网号	子网地址
Subnet1	202.207.120.0/25
Subnet2	202.207.120.128/25

表 2-4　Subnet2 借用 1b 划分子网情况

子网号	子网地址
Subnet2.1	202.207.120.128/26
Subnet2.2	202.207.120.192/26

将 Subnet2.2 借用 1b 继续划分为 2 个可提供 $2^5-2=30$ 个有效 IP 地址的子网，如表 2-5 所示，并将 Subnet2.2.1 分配给子公司 B 使用。

将 Subnet2.2.2 借用 1b 继续划分为 2 个可提供 $2^4-2=14$ 个有效 IP 地址的子网，如表 2-6 所示，并将 Subnet2.2.2.1 分配给子公司 C 使用。

表 2-5　Subnet2.2 借用 1b 划分子网情况

子网号	子网地址
Subnet2.2.1	202.207.120.192/27
Subnet2.2.2	202.207.120.224/27

表 2-6　Subnet2.2.2 借用 1b 划分子网情况

子网号	子网地址
Subnet2.2.2.1	202.207.120.224/28
Subnet2.2.2.2	202.207.120.240/28

将 Subnet2.2.2.2 借用 2b 继续划分为 4 个可提供 $2^2-2=2$ 个有效 IP 地址的子网，如表 2-7 所示，并将其中的 3 个子网分配给广域网链路使用，最终完成子网的划分。

表 2-7　Subnet2.2.2.2 借用 2b 划分子网情况

子网号	子网地址	子网号	子网地址
Subnet2.2.2.2.1	202.207.120.240/30	Subnet2.2.2.2.3	202.207.120.248/30
Subnet2.2.2.2.2	202.207.120.244/30	Subnet2.2.2.2.4	202.207.120.252/30

在上面的例子中,共存在 25、26、27、28、30 五种不同网络前缀(位掩码)的子网,并最终完成了定长子网掩码无法实现的子网划分,提高了 IP 地址的利用率,实现了对于 IP 地址的节约。当然,无论该公司内部如何进行子网的划分、划分出多少个子网,对于其上游路由器而言,为其保存的路由只有一条,即 202.207.120.0/24。

在使用 VLSM 时,需要注意的是只有尚未被使用的子网才可以进行进一步的划分,如果某个子网中的地址已经被使用,则这个子网不能再被进一步划分。

2.3.2 有类别和无类别路由选择协议

无论是对于 CIDR 还是 VLSM,由于它们都是使用普遍的网络前缀(位掩码)来标识网络的规模,因此为使路由器能够正确地识别网络,要求在路由更新消息中必须要发送掩码信息。如果在路由更新消息中不包含掩码信息,则路由器将只识别主类网络,不会识别超网和子网。而路由更新消息中是否携带掩码信息是由路由选择协议所决定的,只有忽略了地址类别的无类别路由选择协议才能够支持 CIDR 和 VLSM,有类别路由选择协议只能够支持主类网络的路由选择。常用的有类别和无类别路由选择协议如表 2-8 所示。

以上路由选择协议中,需要注意的是 RIPv2,虽然 RIPv2 在路由更新消息中携带了掩码信息,但是它只能支持长度大于等于主类网络掩码长度的掩码,即它虽然支持 VLSM,但是由于掩码长度的限制,RIPv2 只能将路由汇总到主类网络的边缘,并不支持 CIDR。

表 2-8 有类别和无类别路由选择协议

有类别路由选择协议	无类别路由选择协议
RIPv1	RIPv2
IGRP	EIGRP
EGP	OSPF
BGP3	IS-IS
	BGP4

2.4 使用私有 IP 地址

私有 IP 地址是由 RFC1918 定义的供私有网络和内部网络使用的 IP 地址。引入私有地址的目的是为了节约合法的 IP 地址,缓解 IP 地址紧张的问题。目前,越来越多的组织或公司在基于 TCP/IP 组建自己的私有网络,这要求私有网络中的每一个节点都要获得一个 IP 地址。实际上,只有组织或公司的私有网络连接到 Internet 时才需要全球唯一的合法 IP 地址,而对于不需要连接到 Internet 的私有网络中的主机可以使用任意的有效 IP 地址,只要它在该私有网络中唯一即可。当然,由于众多的私有网络与公网共存,因此建议私有网络不要随意使用 IP 地址,以避免因内外网 IP 地址重叠造成不必要的麻烦。

RFC1918 预留了 3 个 IP 地址块供私有网络和内部网络使用,如表 2-9 所示。

表 2-9 RFC1918 定义地址

地址类别	地址范围	CIDR 前缀
A	10.0.0.0~10.255.255.255	10.0.0.0/8
B	172.16.0.0~172.31.255.255	172.16.0.0/12
C	192.168.0.0~192.168.255.255	192.168.0.0/16

2.4.1 末梢网络使用私有 IP 地址

末梢网络(Stub Network)是指只有一条到外部网络的连接的网络。一般一个组织或公司的私有网络都是末梢网络。对于末梢网络,为节约 IP 地址,往往为末梢网络内部的主机分配私有 IP 地址,且末梢网络内部通信均由私有 IP 地址来实现。当末梢网络内部主机需要与 Internet 进行通信时,由于私有 IP 地址不能在 Internet 上被路由,因此必须在末梢网络的边界网关路由器上将内部主机的私有 IP 地址转换为可以在 Internet 上被路由的合法 IP 地址,如图 2-5 所示。

图 2-5 末梢网络使用私有 IP 地址

网络地址转换(Network Address Translation,NAT)中的端口地址转换(Port Address Translation,PAT)技术允许将多个内部私有 IP 地址转换到同一个合法 IP 地址上。这样通过在末梢网络中使用私有 IP 地址,并在边界网关路由器上使用 PAT 技术,可以实现将上百台私有网络内部主机通过一个合法 IP 地址连接到 Internet 网络中,从而实现对合法 IP 地址的节约。一般小型企业网络以及计算机机房等均使用这种方法实现。

2.4.2 串行链路使用私有 IP 地址

在 VLSM 的实现中,为节约 IP 地址,对于点对点的串行链路分配了一个网络前缀(位掩码)为 30b 的子网。这种方法虽然可以起到一定的节约作用,但仍然消耗掉了一个可以用于未来扩展的子网。一个更加节约的方案是使用私有 IP 地址来为串行链路编址。如图 2-6 所示,对路由器之间连接的点对点串行链路均使用私有 IP 地址来实现。

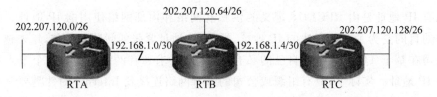

图 2-6 串行链路使用私有 IP 地址

路由器之间使用分配了私有 IP 地址的串行接口进行路由信息的交换和数据流的转发。对于上游的路由器而言,只会看到数据报文的源 IP 地址和目的 IP 地址,而并不知道在数据传输过程中是否经过了使用私有 IP 地址的串行链路。实际上,许多的网络服务提供商在他们网络的核心都是用私有 IP 地址,以避免消耗合法 IP 地址。

在点对点串行链路上使用私有 IP 地址会带来一定的限制。例如,路由器的串行接口不能作为目的地是 Internet 的数据流的信源,也不能作为来自 Internet 的数据流的信宿。这种限制会影响到网络管理员使用 ICMP 协议进行排障、穿过 Internet 对路由器进行远程管理等操作。在这些情况下,路由器只能通过它的 LAN 接口的合法的 IP 地址进行寻址。

在点对点串行链路上使用私有 IP 地址带来的另一个问题是会产生不连续的子网。不连续的子网是指属于同一主类网络但是被属于不同主类网络的网段分隔开的子网。在图 2-6 中，路由器 RTA、RTB 和 RTC 所连接的以太网段均属于同一个主类网络 202.207.120.0/24，但是它们被 192.168.1.0/30 和 192.168.1.4/30 分隔开，成为不连续的子网。

不连续的子网在路由时可能会出现问题：对于有类别的路由选择协议，如 RIPv1，由于在路由更新中不携带掩码信息，RTA 接收到的 RTB 发送的路由更新中是关于网络 202.207.120.0/24 而不是网络 202.207.120.64/26 的路由，而 RTA 判断 202.207.120.0/24 是自己直连的网络，因此会忽略掉 RTB 发送的路由更新，最终导致的结果是 RTA 不会学习到关于到达另外两个不连续子网的路由。对于无类别的路由选择协议，如果默认在主类网络的边缘进行路由聚合，同样也会存在以上问题，如 RIPv2。

需要注意的是，不论是在末梢网络还是在串行链路上使用私有 IP 地址，都应该在相应的路由器上对数据报文和路由更新进行过滤，以避免造成私有 IP 地址在 Internet 上的泄露。

2.5 动态 IP 地址分配技术

在 IP 地址规划中，为网络中的每台主机固定分配一个 IP 地址的静态 IP 地址分配方法在大型网络地址分配工作量较大，而且当可用的 IP 地址少于网络中的主机数量时将无法完成 IP 地址的分配。因此，可以考虑使用动态主机配置协议（Dynamic Host Configuration Protocol，DHCP）来完成 IP 地址的动态分配，其在减少了地址分配工作量的同时还可以实现 IP 地址的节约。

DHCP 是用来为客户端主机动态分配 IP 地址的协议。在一个网络中，对于路由器、交换机等网络设备以及服务器等关键节点通常需要一个特定的 IP 地址，但对于大量的客户主机而言，往往只要能够连接网络即可，并不需要固定为某一个 IP 地址，尤其对于经常变化位置的客户主机，使用固定 IP 地址甚至会带来很多麻烦。另外，所有的客户主机并不会在某一个时间段同时在线，但使用固定 IP 地址必须为每一个客户主机分配一个 IP 地址，从而造成 IP 地址的浪费。

DHCP 采用 C/S 模式，允许客户主机从一台 DHCP 服务器上动态地获得它的 IP 地址、子网掩码和默认网关等 TCP/IP 属性配置，从而方便用户使用、减轻 IP 地址管理的工作量，并且可以起到节约 IP 地址的作用。

2.5.1 DHCP 报文格式

DHCP 报文格式如图 2-7 所示。

DHCP 报文中各参数说明如下。

（1）Message type：操作码，指定通用消息类型。1 表示请求消息，2 表示回复消息。其长度为 1 字节。

（2）Hardware type：硬件类型，表明底层网络的硬件类型。例如，1 表示以太网，20 表示串行链路等。其长度为 1 字节。

8	16	24	32
Message type	Hardware type	Hardware address length	Hops
Transaction ID			
Seconds elapsed		Bootp flags	
Client IP address			
Your IP address			
Next server IP address			
Relay agent IP address			
Client MAC address			
Server host name			
Boot file name			
Options			

图 2-7　DHCP 报文格式

（3）Hardware address length：硬件地址长度，例如，6 表示硬件地址长度为 6 字节，即以太网的 MAC 地址。其长度为 1 字节。

（4）Hops：跳数，表示当前的 DHCP 报文经过的中继的数目。客户端在传送请求之前将它设置为 0，每经过一个 DHCP 中继，跳数加 1。当跳数大于 4 时，DHCP 报文将被丢弃。

（5）Transaction ID：交易标识符，由客户端在发送 DHCP 请求时产生的随机数，用来匹配从 DHCP 服务器接收到的回复报文。其长度为 4 字节。

（6）Seconds elapsed：从客户端开始尝试获取或更新租用以来经过的秒数。当有多个客户端请求未得到处理时，DHCP 服务器使用秒数来排定回复的优先顺序。其长度为 2 字节。

（7）Bootp flags：标志字段，只使用左边最高位，代表广播标志。客户端在发送请求时，并不知道自己的 IP 地址，如果此标志设置为 1，则收到请求的 DHCP 服务器或中继代理应当用广播来发送回复；如果设置为 0，则用单播来发送回复。其长度为 2 字节。

（8）Clients IP address：客户端主机的 IP 地址，当且仅当客户端有一个有效的 IP 地址且处在绑定状态，即客户端已确认并在使用该 IP 地址时，客户端才将自己的 IP 地址放在这个字段中，否则客户端设置此字段为 0。其长度为 4 字节。

（9）Your IP address：由 DHCP 服务器分配的客户端主机的 IP 地址。其长度为 4 字节。

（10）Next server IP address：在 Bootstrap 过程的下一步骤中客户端应当使用的服务器地址，它既可能是发送回复的服务器地址，也可能不是。发送服务器始终会把自己的 IP 地址放在称作"服务器标识符"的 DHCP 选项字段中。其长度为 4 字节。

(11) Relay agent IP address：涉及 DHCP 中继代理时，路由 DHCP 消息的 IP 地址。网关地址可以帮助位于不同子网或网络的客户端与服务器之间传输 DHCP 请求和 DHCP 回复。其长度为 4 字节。

(12) Client MAC address：客户端的物理层地址。其长度为 16 字节。

(13) Server host name：服务器的名称，服务器可以选择性地将自己的名称放置到回复报文的该字段中，可以是简单的文字别名或 DNS 域名。其长度为 64 字节。

(14) Boot file name：客户端选择性地在 DHCP 请求消息中使用它来请求特定类型的启动文件。DHCP 服务器在回复中使用它来完整指定启动文件目录和文件名。其长度为 128 字节。

(15) Options：容纳 DHCP 选项，包括基本 DHCP 运作所需的几个参数，如 DHCP 消息类型、地址租用期限、子网掩码等。此字段的长度不定。

网络中实际的 DHCP 报文如图 2-8 所示。

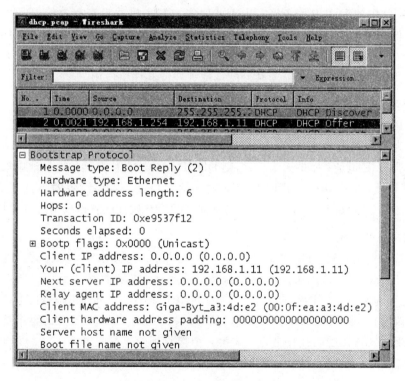

图 2-8　网络中实际的 DHCP 报文

2.5.2　DHCP 运行步骤

DHCP 要求客户端要向 DHCP 服务器发出 DHCP 请求来申请 IP 地址，然后由 DHCP 服务器出租一个 IP 地址给客户端使用。DHCP 在传输层使用 UDP 协议实现，客户端通过 UDP 的 68 端口向服务器发送消息，服务器通过 UDP 的 67 端口向客户端发送消息。具体的运行步骤如图 2-9 所示。

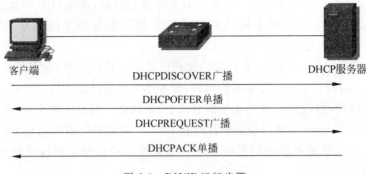

图 2-9 DHCP 运行步骤

1. 发现

在客户端主机启动后，首先向网络中发送一个称为 DHCPDISCOVER 的广播报文，用来查找网络中的 DHCP 服务器。由于此时客户端主机并没有有效的 IP 地址，因此该广播报文的源 IP 地址为 0.0.0.0。在 DHCPDISCOVER 报文的选项中包含一个 Requested IP Address 字段，该字段的 IP 地址为客户端主机以前使用的静态 IP 地址，即客户端主机希望 DHCP 服务器为其分配该地址并使其保留使用。

2. 提供

DHCP 服务器接收到 DHCPDISCOVER 报文后，首先判断是否可以为其提供服务。如果可以为该请求提供服务，则 DHCP 服务器会首先满足客户端在 DHCPDISCOVER 报文中请求的 IP 地址；如果无法满足，则 DHCP 服务器会从自己的地址池中取出第一个可用的 IP 地址，并用 DHCPOFFER 报文发送给客户端。需要注意的是，DHCPOFFER 提供的只是一个建议配置，内容会包括建议的 TCP/IP 属性配置以及地址的租期等信息。

3. 请求

客户端主机接收到 DHCPOFFER 报文后，如果接受其给出的建议配置，则发送广播报文 DHCPREQUEST，用来向 DHCP 服务器明确地请求该配置参数。之所以采用广播的方式，是因为网络中可能存在不止一台的 DHCP 服务器。如果有多台 DHCP 服务器提供了建议配置，则 DHCPREQUEST 广播可以告诉所有的 DHCP 服务器谁提供的建议配置被接受了。被接受的往往是客户端第一个接收到的建议配置。

4. 确认

DHCP 服务器接收到 DHCPREQUEST 报文后，正式将建议配置分配给客户端主机，并给客户端主机发送一个 DHCPACK 报文进行确认。需要注意的是，DHCP 服务器有可能将建议配置信息临时租用给了其他客户，此时将不再为客户端主机发送 DHCPACK 报文。客户端主机接收到 DHCPACK 报文后，会首先对所分配的 IP 地址进行 ARP 请求，如果没有收到任何关于该地址的 ARP 响应，则证明该地址有效并开始使用。

通过发现、提供、请求、确认 4 个步骤，DHCP 服务器会动态地为客户端主机分配一个 IP 地址。一般被分配的 IP 地址并不能永远被客户端使用，而是有一个地址的租用期限。一旦租期届满,DHCP 服务器就会将地址收回。IP 地址的租用期限由网络管理员在配置 DHCP 服务器时设定,一般默认是 1 天。客户端主机会在租期过去 50% 时,向 DHCP 服务器发送 DHCPREQUEST 报文以请求继续租用当前地址。如果请求失败,则会在租期过去 87.5% 时再请求一次,如果仍然失败,则在租期到达后释放 IP 地址。

如果客户端主机不再需要分配给它的 IP 地址,则客户端主机会向 DHCP 服务器发送一个 DHCPRELEASE 报文释放 IP 地址。

2.5.3 DHCP 的配置和验证

DHCP 配置和验证主要是针对 DHCP 服务器,安装有 Windows/Unix/Linux 操作系统的计算机、路由器/交换机等网络设备均可以作为 DHCP 服务器。在这里,只讨论网络设备作为 DHCP 服务器时的配置和验证,计算机作为 DHCP 服务器的具体实现方法在此不再涉及。

1. DHCP 的配置

在路由器和交换机上配置 DHCP 服务器的命令和方法完全相同,在此以路由器为例进行介绍。在 H3C 设备上,DHCP 服务配置涉及的命令如下。

[H3C]dhcp enable

默认情况下,DHCP 服务处于关闭状态,所以要通过该命令启用设备上的 DHCP 服务。

[H3C]dhcp server forbidden-ip *low-ip-address* [*high-ip-address*]

从 DHCP 地址池中排除不可分配给客户端主机的特殊 IP 地址,如网关地址等。

[H3C]dhcp server ip-pool *pool-name*

创建一个地址池并为其命名,将命令行置于 DHCP 地址池配置视图下。

[H3C-dhcp-pool-zsf]network *network-address* [*mask-length* | mask *mask*]

定义地址池中可供租借的 IP 地址范围,注意对于掩码部分可以使用掩码长度(如 24 位),也可使用子网掩码(如 255.255.255.0)来表示。

[H3C-dhcp-pool-zsf]gateway-list *ip-address*

为 DHCP 客户端主机指定默认网关。

[H3C-dhcp-pool-zsf]dns-list *ip-address*

为 DHCP 客户端主机指定 DNS 服务器地址。

[H3C-dhcp-pool-zsf]expired {day *day* [hour *hour* [minute *minute*]] | unlimited}

定义 IP 地址的租用期限。

一般前 5 条命令是必须要进行配置的,即必须要启用 DHCP 服务、创建一个地址池来定义可以为客户端主机分配的 IP 地址范围,并且要为客户端主机指定默认网关,使其可以访问外部网络。其他的命令为可选配置项,例如如果有域名解析的需求,就要为客户端主机指定 DNS 服务器的地址。

假设存在如图 2-10 所示的网络,要求将路由器作为 192.168.1.0/24 网段的 DHCP 服务器,并且该网段的前 10 个地址不能被用来动态分配。

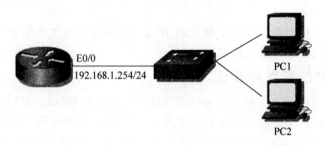

图 2-10 DHCP 配置

路由器的配置如下。

[H3C]dhcp enable
[H3C]dhcp server forbidden-ip 192.168.1.1 192.168.1.10
[H3C]dhcp server forbidden-ip 192.168.1.254
[H3C]dhcp server ip-pool zsf
[H3C-dhcp-pool-zsf]network 192.168.1.0/24
[H3C-dhcp-pool-zsf]gateway-list 192.168.1.254

在配置完成后,将客户端主机的 TCP/IP 属性设置为自动获得 IP 地址,然后在命令行下使用 ipconfig 命令,可以看到客户端主机已经通过 DHCP 获得了 IP 地址。

2. DHCP 的验证

在配置 DHCP 后,需要验证 DHCP 是否可以正常工作以及查看当前的工作状态。最简单的方式就是在客户端主机查看是否获得了 IP 地址。而从管理和故障排除的角度而言,更多的是在 DHCP 服务器上通过相应的命令进行检查和验证。

(1) display dhcp server ip-in-use

display dhcp server ip-in-use {all|pool *pool-name*|ip *ip-address*}命令用来查看指定地址池或指定地址的使用情况。在图 2-10 中的路由器上执行该命令,显示结果如下。

[H3C]display dhcp server ip-in-use all
Pool utilization: 0.82%
IP address   Client-identifier/   Lease expiration   Type
                  Hardware address
192.168.1.12   90fb-a63b-7832   Aug 21 2010 09:55:34   Auto:COMMITTED
192.168.1.11   90fb-a63b-78d7   Aug 21 2010 09:55:39   Auto:COMMITTED
--- total 2 entry ---

从上面的显示结果可以看出,共有两个地址 192.168.1.11 和 192.168.1.12 被使用,客户端的 MAC 地址分别是 90fb-a63b-7832 和 90fb-a63b-78d7,地址池的使用率为 0.82%。

(2) display dhcp server free-ip

display dhcp server free-ip 命令用来查看当前 DHCP 服务器上可以进行分配的 IP 地址。在图 2-10 中的路由器上执行该命令,显示结果如下。

[H3C]display dhcp server free-ip
IP Range from 192.168.1.13   to   192.168.1.253

(3) display dhcp server forbidden-ip

display dhcp serverforbidden-ip 命令用来查看当前 DHCP 服务器上禁止分配的 IP 地址范围。在图 2-10 中的路由器上执行该命令,显示结果如下。

[H3C]display dhcp server forbidden-ip
Global:
IP Range from 192.168.1.1   to   192.168.1.10
IP Range from 192.168.1.254   to   192.168.1.254

(4) display dhcp server statistics

display dhcp server statistics 命令用来显示 DHCP 服务器统计和发送、接收消息的各种计数信息。在图 2-10 中的路由器上执行该命令,显示结果如下。

[H3C]display dhcp server statistics
    Global Pool:
        Pool Number: 1
        Binding:
            Auto: 2
            Manual: 0
            Expire: 0
        BOOTP Request: 7
            DHCPDISCOVER: 4
            DHCPREQUEST: 3
            DHCPDECLINE: 0
            DHCPRELEASE: 0
            DHCPINFORM: 0
            BOOTPREQUEST: 0
        BOOTP Reply: 6
            DHCPOFFER: 3
            DHCPACK: 3
            DHCPNAK: 0
            BOOTPREPLY: 0
    Bad Messages: 0

2.5.4 DHCP 的中继

已知客户端主机通过广播的方式来寻找 DHCP 服务器并请求 IP 地址。但在实际的网络中,可能存在客户端主机和 DHCP 服务器处于不同子网的情况,由于广播报文被限制在了子网内部,因此可能导致客户端主机无法正确获得 IP 地址。对于该问题的解决办法有两种:一种解决办法是在所有的子网内均配置一台 DHCP 服务器,但会带来很多额外的开销和管理工作量;另一种解决办法就是通过配置 DHCP 的中继,使中间网络设备可以对接收到的客户端主机的 DHCP 请求报文进行转发。

在 H3C 设备上，DHCP 中继配置涉及的命令如下。

[H3C]dhcp enable

同样需要在进行 DHCP 中继的设备上启用 DHCP 服务，只有启用了 DHCP 服务，其他相关的 DHCP 配置才能生效。

[H3C]dhcp relay server-group *group-id* ip *ip-address*

创建一个 DHCP 服务器组并指定服务器组中 DHCP 服务器的 IP 地址。可以在一个网络中设置多台 DHCP 服务器，并将其放置到同一个 DHCP 服务器组中，当中继接口与 DHCP 服务器组关联后，会将客户端发来的 DHCP 请求转发给服务器组中的所有服务器，以提高 DHCP 服务的可靠性。

[H3C-Ethernet0/1]dhcp select relay

默认情况下，接口工作在 DHCP 服务器模式，通过该命令使接口工作在 DHCP 中继模式。

[H3C-Ethernet0/1]dhcp relay server-select *group-id*

将中继接口与 DHCP 服务器组相关联，从而使中继接口接收到来自 DHCP 客户端的 DHCP 请求后向 DHCP 服务器组中的 DHCP 服务器进行转发。

假设存在如图 2-11 所示的网络，要求在路由器上配置 DHCP 中继以实现 DHCP 服务器进行跨网段的 IP 地址分配。

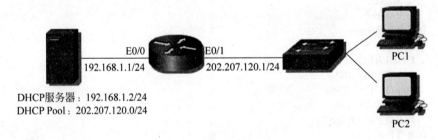

图 2-11　DHCP 中继的配置

路由器的配置如下。

[H3C]dhcp enable
[H3C]dhcp relay server-group 1 ip 192.168.1.2
[H3C-Ethernet0/1]dhcp select relay
[H3C-Ethernet0/1]dhcp relay server-select 1

在配置完成后，将客户端主机的 TCP/IP 属性设置为自动获得 IP 地址，然后在命令行下使用 ipconfig 命令，可以看到客户端主机已经通过 DHCP 获得了 IP 地址。

在 DHCP 中继配置完成后，可以在网络设备上通过命令来查看当前中继的一些信息。下面介绍常用的命令。

1. display dhcp relay {all|interface interface-type interface-number}

display dhcp relay {all|interface interface-type interface-number}命令用来显示接口对应的 DHCP 服务器组的信息。在图 2-11 中的路由器上执行该命令,显示结果如下。

```
[H3C]display dhcp relay all
    Interface name                          Server-group
    Ethernet 0/1                            1
```

2. display dhcp relay server-group {group-id|all}

display dhcp relay server-group {group-id|all}命令用来显示 DHCP 服务器组中 DHCP 服务器的 IP 地址。在图 2-11 中的路由器上执行该命令,显示结果如下。

```
[H3C]display dhcp relay server-group all
    Server-group          Group IP
    1                     192.168.1.2
```

3. display dhcp relay statistics

display dhcp relay statistics 命令用来显示 DHCP 中继的相关报文统计信息。在图 2-11 中的路由器上执行该命令,显示结果如下。

```
[H3C]display dhcp relay statistics
    Bad packets received:                       0
    DHCP packets received from clients:         2
        DHCPDISCOVER packets received:          1
        DHCPREQUEST packets received:           1
        DHCPINFORM packets received:            0
        DHCPRELEASE packets received:           0
        DHCPDECLINE packets received:           0
        BOOTPREQUEST packets received:          0
    DHCP packets received from servers:         2
        DHCPOFFER packets received:             1
        DHCPACK packets received:               1
        DHCPNAK packets received:               0
        BOOTPREPLY packets received:            0
    DHCP packets relayed to servers:            2
        DHCPDISCOVER packets relayed:           1
        DHCPREQUEST packets relayed:            1
        DHCPINFORM packets relayed:             0
        DHCPRELEASE packets relayed:            0
        DHCPDECLINE packets relayed:            0
        BOOTPREQUEST packets relayed:           0
    DHCP packets relayed to clients:            2
        DHCPOFFER packets relayed:              1
        DHCPACK packets relayed:                1
        DHCPNAK packets relayed:                0
        BOOTPREPLY packets relayed:             0
    DHCP packets sent to servers:               0
```

```
        DHCPDISCOVER packets sent:            0
        DHCPREQUEST packets sent:             0
        DHCPINFORM packets sent:              0
        DHCPRELEASE packets sent:             0
        DHCPDECLINE packets sent:             0
        BOOTPREQUEST packets sent:            0
DHCP packets sent to clients:                 0
        DHCPOFFER packets sent:               0
        DHCPACK packets sent:                 0
        DHCPNAK packets sent:                 0
        BOOTPREPLY packets sent:              0
```

2.6 企业网络 IP 地址规划实现

假设学院各个部门和机构的信息点的数量如表 2-10 所示。

表 2-10 信息点数量表

部门	信息点数量	部门	信息点数量
党办 院办	20	组织部 人事处	16
宣传部	10	纪检审办公室	8
工会 离退休职工管理处	10	学工部 学生处 团委	15
计划财务处	10	基建处	12
后勤处	25	保卫处	16
教务处	16	培训部	26
科技产业处	23	中驿软件技术有限公司	20
中国邮政网络大学工作组	20	成人教育部	18
邮政通信管理系	35	速递物流系	20
计算机系	50	网络综合实验室	20
金融系	20	外语系	18
基础部	18	人文与社会科学系	20
电信工程系	50	经济系	30
惠远邮电设计公司	40	培训服务保障部	50
图书馆	35	职鉴办公室	16
信息网络中心	25		

学院拥有教育网合法地址块 202.207.120.0/21，为满足表 2-10 中各个部门对于 IP 地址数量的需求，可采用 VLSM 的方法进行子网的划分。参考划分结果如表 2-11 所示。

在表 2-11 给出的 IP 地址规划中，需要注意某些部门分配的 IP 地址段。例如，对于基建处而言，分配一个网络前缀为 28 的网络就可以满足该部门当前的 IP 地址数量需求，但是考虑到以后部门的可扩展性，为其分配了一个网络前缀为 27 的网段。也就是说，对于未来可能会有较多人员增加或部门规模增大的部门（在此只是以基建处做例子）一定要为其留有充足的 IP 地址余量用于以后的扩展。对于经济系则必须要分配一个网络前缀为 26 的网段，因为虽然该部门有 30 个信息点，但是实际的 IP 地址需求至少是 30+1（网关 IP 地址）=31 个 IP 地址，而网络前缀为 27 的网段无法满足需求。对于这种处于网络 IP 地址需求临界点的网络一定要特别注意。

表 2-11 IP 地址规划表

部 门	IP 网络	可用 IP 地址数量
党办 院办	202.207.120.0/27	30
组织部 人事处	202.207.120.32/27	30
宣传部	202.207.120.64/28	14
纪检审办公室	202.207.120.80/28	14
工会 离退休职工管理处	202.207.120.96/28	14
学工部 学生处 团委	202.207.120.128/27	30
计划财务处	202.207.120.112/28	14
基建处	202.207.120.160/27	30
后勤处	202.207.120.192/27	30
保卫处	202.207.120.224/27	30
教务处	202.207.121.0/27	30
培训部	202.207.121.32/27	30
科技产业处	202.207.121.64/27	30
中驿软件技术有限公司	202.207.121.96/27	30
中国邮政网络大学工作组	202.207.121.128/27	30
成人教育部	202.207.121.160/27	30
邮政通信管理系	202.207.121.192/26	62
速递物流系	202.207.122.64/27	30
计算机系	202.207.122.0/26	62
网络综合实验室	202.207.122.96/27	30
金融系	202.207.122.128/27	30
外语系	202.207.122.160/27	30
基础部	202.207.122.192/27	30
人文与社会科学系	202.207.122.224/27	30
电信工程系	202.207.123.0/26	62
经济系	202.207.123.64/26	62
惠远邮电设计公司	202.207.123.128/26	62
培训服务保障部	202.207.123.192/26	62
图书馆	202.207.124.0/26	62
职鉴办公室	202.207.124.64/27	30
信息网络中心	202.207.124.96/27	30

按照表 2-11 中的 IP 地址规划，好像学院只需要 5 个 C 类网段就可以满足需求，而实际上学院网络的 IP 地址规划比表 2-11 要复杂得多。表 2-11 只是给出了理想模拟网络下的简单划分案例而已，实际的学院网络在进行 IP 地址规划的时候需要考虑各个方面的问题。下面简单罗列其中的一部分。

（1）在进行 IP 地址规划时必须要考虑 CIDR 的问题。如果学院网络采用了三层网络结构，则 IP 地址规划必须要考虑处于同一个建筑中（即同一台汇聚层交换机之下）的各个部门的子网是连续的,以方便在汇聚层交换机上进行路由汇总,减少核心层交换机上路由表中的路由条目。

(2) 由于学院历史沿革等原因,部门不断地进行调整,而 IP 地址规划也要随之变化。例如,通信系拆分成邮政通信管理系和电信工程系,邮政通信管理系又拆分出速递物流系;校园网中心从计算机系划归到信息网络中心,电教中心从教务处划归到信息网络中心;部分部门在多个校区之间搬迁等。随着部门的调整,学院网络的 IP 地址规划需要及时地做出更改响应,这也导致学院网络的实际 IP 地址规划非常复杂、管理工作量很大。

(3) 除了表 2-10 列出的各个部门的 IP 地址需求外,还有很多其他方面的 IP 地址需求。例如:

① 学院网络中的所有网络设备都需要进行远程的管理,因此每一个网络设备都至少需要配置一个管理用的 IP 地址。而且为保证网络设备的安全,网络设备管理 IP 地址必须是独立的一个网段。

② 学院的各种服务器,包括学院的网站服务器、电子邮件服务器、教务处的网站和数据库服务器、各个教学系部的教学服务器等都需要 IP 地址。这些服务器大都放置在学院网络中心机房中,通过高速的接入交换机连接到核心交换机上,或直接连接到核心交换机上。

③ 如果采用三层网络结构,则在汇聚层交换机和核心层交换机之间的连接链路上也有 IP 地址的需求。此时,可以将交换机看做多以太接口的路由器,而交换机之间的连接链路由于只需要两个有效 IP 地址,因此一般为其分配一个网络前缀为 30 的网段。

④ 对于一些实验室,由于实验的需求可能需要不止一个公网 IP 地址。大部分的纯计算机实验室(即计算机机房)一般在内部使用 192.168.1.0/24 的私有 IP 地址段,而在实验室出口的路由器上进行基于 PAT 的地址转换,将所有的内部主机私有 IP 地址转换到一个公网地址即可。但是有些实验室(例如网络综合实验室等)由于其实验性质的原因,必须要有多个公网 IP 地址才可以实现,此时就需要为其分配一个相应规模的子网段。

⑤ 所有的多媒体教室都存在 IP 地址的需求。对于有些课程,教师在上课时经常需要在教室的计算机上远程登录到办公室计算机或特定的服务器上进行讲解。这就要求教室的计算机必须能够连接网络。关于多媒体教室的 IP 地址分配一般采用 DHCP 的方式,即只有该教室有课并且主机处于开启状态时才为其动态分配一个 IP 地址,当教室主机关闭时 IP 地址自动释放,达到节约 IP 地址的目的。DHCP 服务器放置在学院网络中心机房,可以通过中继的方式为处于不同建筑的所有多媒体教室主机进行动态 IP 地址的分配。

⑥ 机动 IP 地址需求。由于学院经常会举办或承担一些大型的赛事或模拟赛事,例如全国的邮政类职业技能大赛、全国职业院校技能大赛三网融合与网络优化赛前模拟环境等,这些赛事往往会有阶段性的 IP 地址需求。这就需要学院网络必须保留有部分机动的 IP 地址段,用来为各种赛事或临时性的一些地址需求提供 IP 地址。

一个实际的网络工程中,IP 地址规划是一个非常复杂的任务,需要考虑到方方面面的甚至是特殊的一些需求,但涉及的知识基本上就是本章所介绍的 CIDR、VLSM 和 DHCP 等技术,因此需要同学们多加练习,熟练掌握。

2.7 小结

随着互联网规模的不断增长,一方面核心路由表急剧增大,造成路由效率降低,甚至可能导致网络崩溃;另一方面可分配 IP 地址数量出现严重的不足,制约了网络的发展。本章简要介绍了 IP 地址危机的问题以及其解决方法,包括减少路由表条目数量的无类别域间路由技术,以及缓解 IP 地址紧张的可变长子网掩码技术、私有 IP 地址的应用技术以及动态主机配置协议等的原理及实现。并在最后给出了企业网络 IP 地址规划方案。

2.8 习题

1. 简述无类别域间路由的基本思想。
2. 简述多条路由进行路由聚合的要求。
3. 已知存在 172.16.0.0/24、172.16.1.0/24、172.16.2.0/24、172.16.3.0/24、172.16.4.0/24、172.16.5.0/24、172.16.6.0/24、172.16.7.0/24 共 8 条路由,请给出路由聚合后的汇总路由。
4. 已知某单位网络如图 2-12 所示,各部门主机数量如表 2-12 所示,该单位从 ISP 处申请到 IP 地址段 202.207.120.0/24,请进行子网划分以满足该单位对 IP 地址的需求。

图 2-12 某单位网络拓扑图

表 2-12 总公司各部门 IP 地址规划表

部 门	主机数量
财务处	100
人事处	50
工会	20

5. 简述 DHCP 的运行步骤。
6. 简述 DHCP 中继的工作原理。

2.9 实训 动态 IP 地址配置实训

实验学时:2 学时;每实验组学生人数:4 人。

1. 实验目的

掌握 DHCP 服务的配置方法;掌握 DHCP 中继的配置方法。

2. 实验环境

（1）安装有 TCP/IP 通信协议的 Windows 系统 PC：4 台。
（2）交换机/集线器：2 台。
（3）路由器：2 台。
（4）V.35 背对背电缆：1 条。
（5）UTP 电缆：7 条。
（6）Console 电缆：2 条。
保持所有的交换机、路由器为出厂配置。

3. 实验内容

（1）DHCP 服务的配置。
（2）DHCP 中继的配置。

4. 实验指导

（1）按照图 2-13 所示的网络拓扑结构搭建网络，完成网络连接。

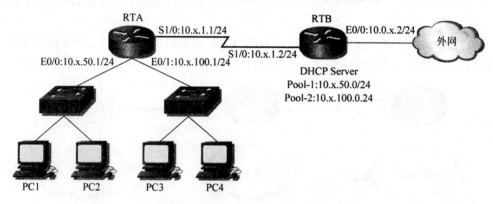

图 2-13　动态 IP 地址配置实训网络拓扑结构

（2）按照图 2-13 所示为路由器的以太口、串口配置 IP 地址，参考命令如下。

[RTA]interface Ethernet 0/0
[RTA-Ethernet0/0]ip address 10.x.50.1/24
[RTA-Ethernet0/0]quit
[RTA]interface Ethernet 0/1
[RTA-Ethernet0/1]ip address 10.x.100.1/24
[RTA-Ethernet0/1]quit
[RTA]interface Serial 1/0
[RTA-Serial1/0]ip address 10.x.1.1/24

[RTB]interface Ethernet 0/0
[RTB-Ethernet0/0]ip address 10.0.x.2/24
[RTB-Ethernet0/0]quit
[RTB]interface Serial 1/0
[RTB-Serial1/0]ip address 10.x.1.2/24

(3) 在路由器上配置有类别路由选择协议 RIPv1 和静态路由，确保网络的连通性，参考命令如下。

[RTA]rip
[RTA-rip-1]network 10.0.0.0
[RTA-rip-1]quit
[RTA]ip route-static 0.0.0.0 0 10.x.1.2

[RTB]rip
[RTB-rip-1]network 10.0.0.0
[RTB-rip-1]quit
[RTB]ip route-static 0.0.0.0 0 10.0.x.1

(4) 在路由器 RTB 上配置 DHCP 服务，创建两个地址池：Pool-1 和 Pool-2，参考命令如下。

[RTB]dhcp enable
[RTB]dhcp server forbidden-ip 10.x.50.1
[RTB]dhcp server forbidden-ip 10.x.100.1
[RTB]dhcp server ip-pool Pool-1
[RTB-dhcp-pool-pool-1]network 10.x.50.0/24
[RTB-dhcp-pool-pool-1]gateway-list 10.x.50.1
[RTB-dhcp-pool-pool-1]quit
[RTB]dhcp server ip-pool Pool-2
[RTB-dhcp-pool-pool-2]network 10.x.100.0/24
[RTB-dhcp-pool-pool-2]gateway-list 10.x.100.1
[RTB-dhcp-pool-pool-2]quit

(5) 在路由器 RTA 上配置 DHCP 中继，参考命令如下。

[RTA]dhcp enable
[RTA]dhcp relay server-group 1 ip 10.x.1.2
[RTA]interface Ethernet 0/0
[RTA-Ethernet0/0]dhcp select relay
[RTA-Ethernet0/0]dhcp relay server-select 1
[RTA-Ethernet0/0]quit
[RTA]interface Ethernet 0/1
[RTA-Ethernet0/1]dhcp select relay
[RTA-Ethernet0/1]dhcp relay server-select 1

(6) 在 PC 的"TCP/IP 属性"中，设置为"自动获得 IP 地址"。然后通过 Wireshark 工具捕获 DHCP 数据报文并对内容进行分析。

(7) 在 PC 的"命令提示符"窗口下用 ipconfig 命令查看是否获得 IP 地址，正常情况下，PC1 和 PC2 应该获得 10.x.50.0/24 网段的 IP 地址，PC3 和 PC4 应该获得 10.x.100.0/24 网段的 IP 地址。此时所有 PC 均可访问外部网络。

5. 实验报告

填写如表 2-13 所示实验报告。

表 2-13 实训 2.9 实验报告

DHCP Server 配置	Forbidden-ip				
	Pool-1				
	Pool-2				
DHCP 中继配置	创建服务器组				
	RTA Ethernet 0/0				
	RTA Ethernet 0/1				
DHCP 报文内容（任选一台 PC 捕获报文即可）		Client IP address	Your IP address	Relay Agent IP address	Requested IP address
	DISCOVER				
	OFFER				
	REQUEST				
	ACK				
PC 的 IP 地址		PC1	PC2	PC3	PC4

第 3 章

企业网络交换技术

在 IP 地址规划完成后,就可以为学院网络中所有的网络设备以及终端节点分配 IP 地址,但网络通信依然需要依赖于二层交换和三层路由来实现。其中二层交换技术是处于三层路由技术之下的基础,很多保障网络的可用性和提高网络性能的技术均在数据链路层实现。

3.1 企业网络交换技术项目介绍

交换技术关注的是网络中的第二层,即数据链路层的技术。在数据链路层中不同的子网以 VLAN 的形式存在,可以通过 VLAN 的划分将不同的部门划入不同的子网络中。在数据链路层中通信的数据被封装成数据帧,并通过 IEEE 802.1Q 的封装来标识其所属的 VLAN。

关于 VLAN 的概念,在网络基础课程中已经有过介绍,在此不再赘述。在本项目中要关注的是在数据链路层实现的对网络的性能和可用性进行优化的技术,具体如下。

(1) 在数据链路层增加链路的逻辑带宽以满足用户高带宽的需求。按照主流设计,学院网络在接入层和汇聚层之间的带宽为 100Mbps,汇聚层与核心层之间的带宽为 1000Mbps,这样的上行链路带宽已经可以满足大部分的网络通信带宽需求。但是随着一些大型的基于网络的办公应用系统的使用,某些特定的部门之间在某些时刻可能会有大量数据传输需求,在这种情况下,接入层和汇聚层之间的 100Mbps 链路就会成为网络通信的瓶颈。由于这种通信需求只是偶尔出现并且不会持续太长时间,因此没有必要通过升级设备来增加带宽。比较普遍的做法是通过链路带宽聚合技术将多条物理链路在逻辑上聚合成一条链路,这样既解决了问题,也不会增加网络投入。

(2) 在数据链路层提供冗余以保障网络的可用性。由于网络设备需要长时间持续运行,而物理链路往往会跨楼层甚至跨建筑布放,因此在网络的实际运行过程中难免会出现故障。为了防止单点故障而导致网络中的部分终端无法连接网络,一般都会在网络中引入冗余机制。在数据链路层一般会通过在交换机之间增加冗余链路来提高网络的可用性,但在物理上提供冗余链路的同时还需要在逻辑上保证数据链路层不存在环路,以免引起广播风暴等网络问题。这就需要在数据链路层运行生成树协议使网络保持树形结构,以避免环路的产生。

3.2 链路带宽聚合技术

在网络中，不同的 VLAN 可能对带宽有不同的需求，而且同一 VLAN 的带宽需求也可能是变化的。对于带宽需求较高的 VLAN，一种办法是进行硬件的升级以满足其需求，但这会带来额外的成本；而另一种可行性较高的办法是通过链路带宽聚合技术聚合多条平行链路来增加带宽。链路带宽聚合技术又称为端口汇聚技术，其基本原理是将两台设备间的多条物理链路捆绑在一起形成一条逻辑链路，从而达到增加带宽的目的，如将 4 条全双工 100Mbps 的快速以太网链路聚合在一起可以形成一条 800Mbps 的逻辑链路。

链路带宽聚合技术在增加带宽的同时还提高了链路的可用性。在逻辑链路中的各个物理链路互为冗余，如果某一条物理链路失效，则通过该链路传输的数据流将自动被转移到其他的可用物理链路上，只要还存在能够正常工作的物理链路成员，整个逻辑链路就不会失效。

在使用链路带宽聚合技术进行物理链路聚合时，要求所有捆绑的端口必须有相同的速度和双工设置，相同的生成树设置。如果做接入链路，则要求所有捆绑的端口必须属于同一个 VLAN；如果是做中继链路，则要求所有捆绑的端口必须都处于中继模式、具有相同的 PVID 并且穿越同一组 VLAN。

链路带宽聚合技术使用由 IEEE802.3ad 定义的链路聚合控制协议（Link Aggregation Control Protocol，LACP）来实现。由于交换机的操作系统版本等问题，H3C 不同型号的交换机在进行链路带宽聚合配置时有所不同。下面分别以 E126A 和 S3610 为例，介绍 H3C 交换机上链路带宽聚合的具体配置。

3.2.1 E126A 的链路带宽聚合

1. E126A 链路带宽聚合的种类

在 E126A 交换机上，链路带宽聚合可以分为 3 类，分别如下。

(1) 手工汇聚

手工汇聚由用户手工配置，不允许系统自动添加或删除汇聚组中的端口，而且汇聚组中必须至少包含一个端口。当汇聚组只有一个端口时，只能通过删除汇聚组的方式将该端口从汇聚组中删除。手工汇聚端口的 LACP 协议为关闭状态，禁止用户开启手工汇聚端口的 LACP 协议。

(2) 静态 LACP 汇聚

静态 LACP 汇聚由用户手工配置，不允许系统自动添加或删除汇聚组中的端口，而且汇聚组中必须至少包含一个端口。当汇聚组只有一个端口时，只能通过删除汇聚组的方式将该端口从汇聚组中删除。静态汇聚端口的 LACP 协议为开启状态，当一个静态汇聚组被删除时，其处于 Up 状态的成员端口将形成一个或多个动态 LACP 汇聚，并保持 LACP 开启。禁止用户关闭静态汇聚端口的 LACP 协议。

(3) 动态 LACP 汇聚

动态 LACP 汇聚是一种系统自动创建或删除的汇聚，动态汇聚组内端口的添加和删除是 LACP 协议自动完成的。只有基本配置相同、速率和双工属性相同、连接到同一个设备、并且对端端口也满足以上条件时，才能被动态汇聚在一起。即使只有一个端口也可以创建动态汇聚，此时为单端口汇聚。动态汇聚中，端口的 LACP 协议处于开启状态。

2. E126A 链路带宽聚合的配置

在此只对手工汇聚和静态 LACP 汇聚进行介绍，由于动态 LACP 汇聚由系统自动进行端口的添加和删除，实际应用较少，在此不做介绍，具体涉及的配置命令如下。

[H3C]link-aggregation group *agg-id* mode [manual|static]
[H3C]interface *interface-type interface-number*
[H3C-Ethernet1/0/1]port link-aggregation group *agg-id*

首先，创建一个链路汇聚组并指定其类型为手工汇聚还是静态 LACP 汇聚，然后将相应的端口加入汇聚组中。需要注意的是，如果要在两台交换机之间配置链路聚合，应尽量保持两台交换机之间相连端口的一致性（即端口 Ethernet 1/0/1 与对端的 Ethernet 1/0/1 相连，端口 Ethernet 1/0/2 与对端的 Ethernet 1/0/2 相连），如果进行交叉连接则可能会出现丢包现象。

假设存在如图 3-1 所示的网络，要求将交换机 SWA 和交换机 SWB 之间的两条物理链路通过链路带宽聚合的配置聚合成一条逻辑链路。

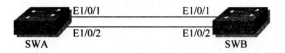

图 3-1　E126A 链路带宽聚合配置

（1）手工汇聚的配置
交换机 SWA 的配置如下。

[SWA]link-aggregation group 1 mode manual
[SWA]interface Ethernet 1/0/1
[SWA-Ethernet1/0/1]port link-aggregation group 1
Can not specify a loopback-detection enable port as aggregation group member !

系统提示不能将一个启用了端口环回监测功能的端口加入链路汇聚组中。交换机 SWA 是空配启动的，即在交换机 SWA 上没有进行任何配置，怎么会启用了端口环回监测功能呢？实际上，如果交换机是以出厂默认配置文件（config.def）启动的，则全局的端口环回监测功能处于开启状态；如果是以空配置文件启动的，则该功能处于关闭状态。而 E126A 交换机本身存在默认配置文件 config.def，所以交换机上自然就启用了端口环回监测功能。解决的方法很简单，将它关掉就 OK 了。然后继续进行交换机 SWA 的配置。

[SWA-Ethernet1/0/1]undo loopback-detection enable
[SWA-Ethernet1/0/1]port link-aggregation group 1
[SWA-Ethernet1/0/1]quit
[SWA]interface Ethernet 1/0/2
[SWA-Ethernet1/0/2]undo loopback-detection enable
[SWA-Ethernet1/0/2]port link-aggregation group 1

交换机 SWB 的配置与交换机 SWA 类似,在此不再赘述。

配置完成后,在交换机 SWA 上执行 display link-aggregation summary 命令,显示结果如下。

[SWA]display link-aggregation summary

Aggregation Group Type:D -- Dynamic, S -- Static, M -- Manual
Loadsharing Type: Shar -- Loadsharing, NonS -- Non-Loadsharing
Actor ID: 0x8000, 3ce5-a60b-3165

AL ID	AL Type	Partner ID	Select Ports	Unselect Ports	Share Type	Master Port
1	M	none	2	0	Shar	Ethernet 1/0/1

从上面的显示结果可以看出,该链路汇聚组的 ID 是 1,汇聚方式是手工汇聚,组中包含了 2 个 Select 状态的端口,汇聚组工作在负载分担模式下,汇聚组的主端口为 Ethernet 1/0/1。E126A 以太网交换机在进行负载分担时,对于 IP 报文,系统将根据源 IP 地址和目的 IP 地址进行负载分担;对于非 IP 报文,则根据源 MAC 地址进行负载分担。

(2) 静态 LACP 汇聚的配置

交换机 SWA 的配置如下。

[SWA]link-aggregation group 1 mode static
[SWA]interface Ethernet 1/0/1
[SWA-Ethernet1/0/1]undo loopback-detection enable
[SWA-Ethernet1/0/1]port link-aggregation group 1
[SWA-Ethernet1/0/1]quit
[SWA-Ethernet1/0/2]undo loopback-detection enable
[SWA-Ethernet1/0/2]port link-aggregation group 1

交换机 SWB 的配置与交换机 SWA 类似,在此不再赘述。

配置完成后,在交换机 SWA 上执行 display link-aggregation summary 命令,显示结果如下。

[SWA]dis link-aggregation summary

Aggregation Group Type:D -- Dynamic, S -- Static, M -- Manual
Loadsharing Type: Shar -- Loadsharing, NonS -- Non-Loadsharing
Actor ID: 0x8000, 3ce5-a60b-3165

AL ID	AL Type	Partner ID	Select Ports	Unselect Ports	Share Type	Master Port
1	S	0x8000,3ce5-a60b-31a1	2	0	Shar	Ethernet 1/0/1

从上面显示的结果可以看出,该链路汇聚组的 ID 是 1,汇聚方式是静态 LACP 汇聚,组中包含了 2 个 Select 状态的端口,汇聚组工作在负载分担模式下,汇聚组的主端口为 Ethernet 1/0/1。由于静态 LACP 汇聚是通过两台交换机之间通过 LACPDU 协商完成的,因此在显示的结果中可以看到对端交换机的设备 ID。设备 ID 由"系统优先级+设备 MAC 地址"组成,系统优先级默认为 32768(16 进制表示为 0x8000)。上面显示结果中的 Partner ID:0x8000,3ce5-a60b-31a1 就是交换机 SWB 的设备 ID。

3.2.2 S3610 的链路带宽聚合

1. S3610 链路带宽聚合的种类

在 S3610 交换机上,链路带宽聚合可以分为两类,分别如下。

(1) 静态聚合模式

即手工汇聚模式,静态聚合模式的 LACP 协议为关闭状态,禁止用户开启静态聚合端口的 LACP 协议。

(2) 动态聚合模式

即静态 LACP 汇聚模式,动态聚合模式的 LACP 协议为开启状态,禁止用户关闭动态聚合端口的 LACP 协议。

2. S3610 链路带宽聚合的配置

在 S3610 上进行链路带宽聚合的配置涉及的命令如下。

```
[H3C]interface bridge-aggregation interface-number
[H3C-bridge-aggregation1]link-aggregation mode dynamic
[H3C]interface interface-type interface-number
[H3C-Ethernet1/0/1]port link-aggregation group agg-id
```

首先,创建一个二层的聚合端口。在创建二层聚合端口后,系统会自动生成二层聚合组,且聚合组工作在静态聚合模式下。如果要配置为动态聚合模式,则需要在聚合端口视图下配置 link-aggregation mode dynamic 命令。在创建完聚合端口后,将多个物理端口加入聚合组中。对于动态聚合模式而言,还可以通过配置系统的 LACP 协议优先级和端口的 LACP 协议优先级来影响动态聚合组成员的 Select 和 Unselect 状态,具体在此不再介绍,感兴趣的读者可自行查阅相关资料。

在此依然使用图 3-1 所示的网络,要求将交换机 SWA 和交换机 SWB 之间的两条物理链路通过链路带宽聚合的配置聚合成一条逻辑链路。

(1) 静态聚合的配置

交换机 SWA 的配置如下。

```
[SWA]interface bridge-aggregation 1
[SWA-bridge-aggregation1]quit
[SWA]interface Ethernet 1/0/1
[SWA-Ethernet1/0/1]port link-aggregation group 1
[SWA-Ethernet1/0/1]quit
[SWA]interface Ethernet 1/0/2
[SWA-Ethernet1/0/2]port link-aggregation group 1
```

交换机 SWB 的配置与交换机 SWA 类似，在此不再赘述。

配置完成后，在交换机 SWA 上执行 display link-aggregation summary 命令，显示结果如下。

[SWA]display link-aggregation summary

Aggregation Interface Type:
BAGG -- Bridge-Aggregation, RAGG -- Route-Aggregation
Aggregation Mode: S -- Static, D -- Dynamic
Loadsharing Type: Shar -- Loadsharing, NonS -- Non-Loadsharing
Actor System ID: 0x8000, 3ce5-a609-e090

AGG Interface	AGG Mode	Partner ID	Select Ports	Unselect Ports	Share Type
BAGG1	S	none	2	0	Shar

从上面显示的结果可以看出，该聚合端口的 ID 是 1，汇聚方式是静态聚合，组中包含了 2 个 Select 状态的端口，汇聚组工作在负载分担模式下。

(2) 动态聚合的配置

交换机 SWA 的配置如下。

[SWA]interface bridge-aggregation 1
[SWA-bridge-aggregation1]link-aggregation mode dynamic
[SWA-bridge-aggregation1]quit
[SWA]interface Ethernet 1/0/1
[SWA-Ethernet1/0/1]port link-aggregation group 1
[SWA-Ethernet1/0/1]quit
[SWA]interface Ethernet 1/0/2
[SWA-Ethernet1/0/2]port link-aggregation group 1

交换机 SWB 的配置与交换机 SWA 类似，在此不再赘述。

配置完成后，在交换机 SWA 上执行 display link-aggregation summary 命令，显示结果如下。

[SWA]display link-aggregation summary

Aggregation Interface Type:
BAGG -- Bridge-Aggregation, RAGG -- Route-Aggregation
Aggregation Mode: S -- Static, D -- Dynamic
Loadsharing Type: Shar -- Loadsharing, NonS -- Non-Loadsharing
Actor System ID: 0x8000, 3ce5-a609-e090

AGG Interface	AGG Mode	Partner ID	Select Ports	Unselect Ports	Share Type
BAGG1	D	0x8000, 3ce5-a609-e840	2	0	Shar

从上面显示的结果可以看出,该聚合端口的 ID 是 1,汇聚方式是动态聚合,对端交换机的设备 ID 是 0x8000,3ce5-a609-e840,组中包含了 2 个 Select 状态的端口,汇聚组工作在负载分担模式下。

3.3 生成树协议

3.3.1 冗余带来的问题

为保障网络的可用性,在数据链路层会通过增加链路来进行冗余,但冗余可能会产生数据链路层的环路,从而引发广播风暴、帧的重复传送以及 MAC 表不稳定等一系列的问题。

1. 广播风暴

交换机对于广播帧和无法在 MAC 表中获得目的 MAC 地址与端口映射的帧通过广播的方式进行转发。如图 3-2 所示,如果 PC 发送一个广播帧(如 ARP 请求帧),则交换机 SWA 会将该帧从除接收端口外的所有端口转发出去,于是交换机 SWB 从交换机 SWA 接收到了该帧;同样 SWB 也会将该帧广播,于是 SWA 又会从 SWB 接收到该帧。由于以太网帧并没有生存时间 TTL 的限制,因此广播会一直循环下去,从而形成广播风暴。如果网络中的广播帧过多,会导致用户的正常网络流量无法传送,甚至造成网络瘫痪。

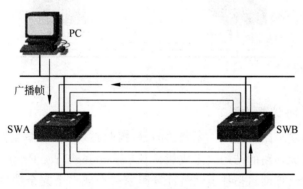

图 3-2 广播风暴

2. 帧的重复传送

如图 3-3 所示,当 PC 向路由器 RT 发送一个数据帧时,该帧通过直连的以太网到达了路由器 RT,同时也到达了交换机 SWA。此时交换机 SWA 如果在 MAC 表中没有找到目的 MAC 地址与端口的映射关系,便会将该帧进行泛洪。而 SWB 接收到从 SWA 泛洪过来的帧后,会做同样的处理,从而导致路由器 RT 对同一个帧前后收到两次,产生了帧的重复传送。

3. MAC 表不稳定

如图 3-4 所示,当 PC 发送一个数据帧时,交换机 SWA 便会从端口 Fa0/1 接收到该帧,并且建立起 PC MAC 地址与端口 Fa0/1 的映射关系;由于数据帧也到达了交换机

SWB，而且 SWB 会从端口 Fa0/2 转发数据帧到 SWA 的 Fa0/2 端口，于是 SWA 又建立起 PC MAC 地址与端口 Fa0/2 的映射关系，从而造成 MAC 表的不稳定。同样交换机 SWB 也存在同样的问题。

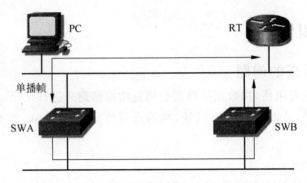

图 3-3 帧的重复传送

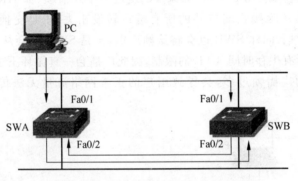

图 3-4 MAC 表不稳定

3.3.2 生成树协议概述

由于数据链路层环路会造成一系列的问题，因此必须要在数据链路层断开环路，使网络形成一个逻辑上无环路的结构。生成树协议（Spanning Tree Protocol，STP）使用生成树算法在有环路的物理网络拓扑上通过计算阻塞一个或多个冗余端口，从而获得无环路的逻辑网络拓扑。

1. 网桥协议数据单元

生成树协议通过在交换机之间相互交换网桥协议数据单元（Bridge Protocol Data Unit，BPDU）来检测环路并通过阻塞某些端口以断开环路。网桥协议数据单元有两种类型：一种是配置 BPDU，用于生成树的计算；一种是拓扑变化通知 BPDU，用来通知网络拓扑的变化。BPDU 使用组播地址进行发送，以让所有的交换机进行监听。配置 BPDU 的报文字段如图 3-5 所示，实际的 BPDU 报文字段如图 3-6 所示。

BPDU 报文中各参数说明如下。

（1）Protocol Identifier：指示所使用协议类型，此字段的值为 0。

（2）Protocol Version Identifier：指示协议的版本，原始的生成树协议该字段取值为

字段名称	字节数
Protocol Identifier	2
Protocol Verison Identifier	1
BPDU Type	1
BPDU Flags	1
Root Identifier	8
Root Path Cast	4
Bridge Identifier	8
Port Identifier	2
Message Age	2
Max Age	2
Hello Time	2
Forward Delay	2

图 3-5 配置 BPDU 报文字段

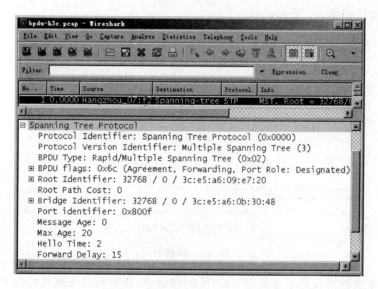

图 3-6 网络中实际的 BPDU 报文

0,多生成树协议该字段取值为 3。

(3) BPDU Type：指示 BPDU 消息的类型。

(4) BPDU Flags：用于通知和确认拓扑更改。

(5) Root Identifier：根网桥的 ID。

(6) Root Path Cast：网桥到达根网桥的路径成本。

(7) Bridge Identifier：发送 BPDU 的网桥的 ID。

(8) Port Identifier：网桥用来发送 BPDU 的端口号。用于检测和纠正因多个网桥相连造成的环路。

(9) Message Age：从根网桥送出被当前 BPDU 作为依据的 BPDU 以来经过的时间。

(10) Max Age：BPDU 生存的最大时间。一旦消息达到最大老化时间，网桥就会认为自己已经与根网桥断开连接，它会使当前配置过期，并发起新一轮的选举来确定新的根网桥。最大老化时间默认为 20s。

(11) Hello Time：网桥发送 BPDU 的时间间隔，默认为 2s。

(12) Forward Delay：网桥在发生拓扑更改后转换到下一个状态的延迟时间，默认为 15s。

2. 生成树协议的工作过程

生成树协议通过交换 BPDU 来选举根网桥、为每一个非根网桥选举根端口、为每一个网段选举指定端口、阻塞非指定端口等步骤实现无环路的逻辑拓扑。具体的工作过程如下。

(1) 选举根网桥

在生成树协议中，网络中的交换机首先会选举一台交换机作为根网桥。根网桥的选举是依据网桥 ID(Bridge ID，BID)进行的。BID 由 8 个字节组成，用来唯一标识一台交换机。BID 的组成如图 3-7 所示。

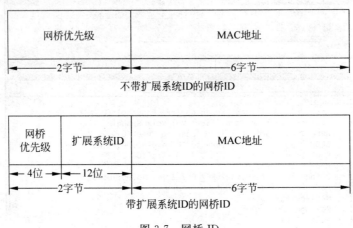

图 3-7 网桥 ID

早期的生成树协议用于不使用 VLAN 的网络中，且所有的交换机均处于同一个广播域，构成一棵生成树。BID 由 2 个字节的网桥优先级和 6 个字节的 MAC 地址组成，网桥优先级默认取值为 32768，即中值；MAC 地址即交换机自己的 MAC 地址。在 VLAN 被广泛应用后，生成树协议在改进后提供了对 VLAN 的支持。在 BID 中将网桥优先级长度缩减到 4 位，加入了 12 位的扩展系统 ID 字段用来标识 VLAN 或实例信息，所以网桥优先级的值只能是 4096 的倍数。网桥优先级值与扩展系统 ID 值一并可标识 BPDU 帧优先级及其所属的 VLAN 或实例，如默认情况下，H3C 交换机上实例 1 的网桥优先级值与扩展系统 ID 值为 32769。

在根网桥的选举中，具有最低 BID 的交换机将被选为根网桥，即网桥优先级值最低的交换机将被选为根网桥，如果多台交换机的网桥优先级相同，则 MAC 地址最小的交换机将被选为根网桥。选举的具体过程如下。

当一台交换机启动时,它假定自己是根网桥,开始发送 BPDU。在发送的 BPDU 中,根 ID 和网桥 ID 均为交换机自己的 BID。当交换机接收到一个具有更低的根 ID 的 BPDU 时,就会将自己发送的 BPDU 中的根 ID 替换为这个更低的根 ID。所有的交换机之间通过不断交换 BPDU,最终会将具有最低 BID 的交换机选举为根网桥。

在如图 3-8 所示的网络中,3 台交换机的优先级相同,但交换机 SWA 的 MAC 地址最小,因此交换机 SWA 被选举为根网桥。

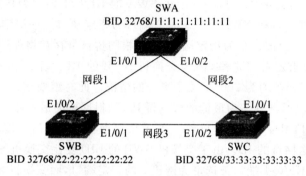

图 3-8 根网桥的选举

(2) 选举根端口

在选举出根网桥之后,对于每一个非根网桥都要选举出一个根端口,以保证将所有的非根网桥连接到网络中。根端口的选举依据为路径开销(Path Cost),即非根网桥上到达根网桥路径累计开销最小的端口会被选举为根端口。各种不同联网技术的路径开销如表 3-1 所示。

表 3-1 路径开销

链路速率	802.1D-1998	802.1T	H3C 私有标准
0	65535	200000000	200000
10Mbps	100	2000000	2000
100Mbps	19	200000	200
1000Mbps	4	20000	20
10Gbps	2	2000	2

在图 3-8 所示的网络中,各非根网桥的根端口的选举过程如下:根网桥交换机 SWA 发出路径开销为 0 的 BPDU;交换机 SWB 在端口 E1/0/2 接收到该 BPDU 后,将路径开销 0 加上端口 E1/0/2 所在网络的路径开销 200(假设所连网络均为快速以太网),并在端口 E1/0/1 上发送路径开销为 200 的 BPDU;交换机 SWC 在端口 E1/0/1 上接收到来自根网桥的 BPDU,并将路径开销值增加为 0+200=200,然后在端口 E1/0/2 上接收到来自交换机 SWB 的 BPDU,并将路径开销值增加为 200+200=400;此时交换机 SWC 要从端口 E1/0/1 和 E1/0/2 中选择一个端口作为根端口,由于从端口 E1/0/1 到达根网桥的开销为 200,比从端口 E1/0/2 到达根网桥的开销 400 要小,因此将端口 E1/0/1 选举为

交换机 SWC 的根端口。与交换机 SWC 类似,交换机 SWB 会选举端口 E1/0/2 作为自己的根端口。

（3）选举指定端口

在为非根网桥选举根端口的同时,还在进行为每一个网段选举指定端口的工作,以保证将每一个网段都连接到网络中。指定端口的选举同样是依据路径开销进行。在图 3-8 所示的网络中,网段 1 连接着根网桥交换机 SWA 的 E1/0/1 端口和交换机 SWB 的 E1/0/2 端口,交换机 SWA 的 E1/0/1 端口路径开销为 0,而交换机 SWB 的 E1/0/2 端口的路径开销为 200,因此网段 1 选择交换机 SWA 的 E1/0/1 端口为指定端口。与网段 1 类似,网段 2 会选择交换机 SWA 的 E1/0/2 端口为指定端口。一般情况下,根网桥交换机的所有活动端口都会被选举为指定端口,除非根网桥自身存在物理环路。

对于网段 3 的指定端口选举,因为交换机 SWB 的 E1/0/1 端口和交换机 SWC 的 E1/0/2 端口的路径开销均为 200,形成了平局的情况。此时就要用到生成树协议的 4 步判决原则。4 步判决原则具体为最低的根网桥 ID,到根网桥的最低路径开销,最低的发送网桥 ID,最低的端口 ID。在这里,已经一致承认交换机 SWA 为根网桥,路径开销也相同,因此要比较发送网桥的 ID。由于交换机 SWB 的 BID 要比交换机 SWC 的 BID 小,因此交换机 SWB 的 E1/0/1 端口被选举为网段 3 的指定端口,而交换机 SWC 的 E1/0/2 端口成为非指定端口。

（4）阻塞非指定端口

在进行完上面 3 步选举后,没有被选为根端口或指定端口的交换机端口为非指定端口。对于非指定端口,生成树协议会将其阻塞掉,不让其参加正常数据帧的收发,以在逻辑上断开环路。

3. 端口状态

在启用了生成树协议的网络中,交换机的端口有以下几种状态:禁用(Disabled)状态、阻塞(Blocking)状态、侦听(Listening)状态、学习(Learning)状态、转发(Forwarding)状态。其中,禁用状态是网络管理员手工关闭了端口的状态,而且在禁用状态下端口不进行用户数据帧的转发,也不会发送和接收 BPDU。而侦听和学习状态属于过渡状态,交换机端口最终都会稳定在转发或阻塞状态。具体各种端口状态之间的转换如图 3-9 所示。

在最初,所有的端口都处于阻塞状态,以便侦听 BPDU。而在阻塞状态下,端口只能够接收 BPDU,以便侦听网络状态。当交换机启动时,会认为自己是根网桥而将端口转换到侦听状态,另一种情况是,如果处于阻塞状态的端口在最大老化时间(默认为 20s)内没有收到新的 BPDU 也会从阻塞状态转换到侦听状态;在侦听状态下,端口并不进行用户数据帧的转发,而是通过发送和接收 BPDU 来选举根网桥、根端口和指定端口。在经过转发延迟时间(默认为 15s)后,如果端口在选举完成后依然保持为根端口或指定端口,则转入学习状态,否则将转入并稳定在阻塞状态;在学习状态下,端口仍然不进行用户数据帧的转发,但是可以用它侦听来的 MAC 地址来构建交换机的 MAC 地址表。学习状态的主要目的是通过构建 MAC 地址表来有效地减少正常用户数据帧转发开始时需要泛洪的流量。在经过转发延迟时间(默认为 15s)后,学习状态结束,端口转入并稳定在转发状态,开始进行用户数据帧的转发。

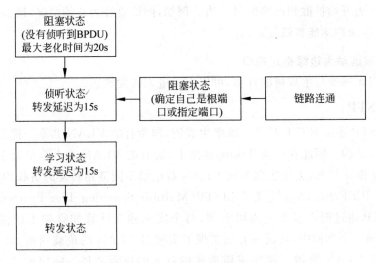

图 3-9　端口状态转换

从上述端口转换过程可知,一般在交换机启动后,端口从侦听状态到转发状态需要经过 15＋15＝30s 的延迟;而当网络拓扑结构发生变化后,端口从阻塞状态到转发状态需要经过 20＋15＋15＝50s 的延迟。

3.3.3　RSTP

STP 协议在实现上存在明显的不足:一旦网络拓扑发生变化,端口从阻塞状态转换到转发状态需要 50s 或 30s 的时间。这也就意味着网络发生变化时,至少需要几十秒的时间来恢复网络的连通性。而如果网络中的拓扑结构变化频繁,则网络将经常性地无法连通,这显然无法让用户接受。为了解决该问题,IEEE802.1W 定义了快速生成树协议(Rapid Spanning Tree Protocol,RSTP)。RSTP 是 STP 的升级版本,它在原理上与 STP 基本相同,但它具有更快的网络收敛速度,当一个端口被选为根端口和指定端口后,其进入转发状态的延时在某种条件下大大缩短,从而缩短了网络最终达到拓扑稳定所需要的时间。

RSTP 缩短延时存在以下 3 种情况。

1. 端口被选举为根端口

如果交换机上原来存在两个端口能够到达根网桥,则其中一个端口是根端口,处于转发状态;另外一个端口是备用端口,处于阻塞状态。一旦根端口因为某种情况与根网桥之间的连接断开,则备用端口可以马上进入转发状态,无须传递 BPDU,这时的延时时间只是交换机 CPU 的处理延时,仅仅几毫秒即可。

2. 端口被选举为非边缘指定端口

非边缘端口是指该端口连接着其他的交换机。当某端口被选举为非边缘指定端口时,如果交换机之间是点对点链路,则交换机发送握手报文到下游交换机进行协商,在收到对端交换机返回的同意报文后,端口即可进入转发状态。

由于存在握手协商过程,所以网络的总体收敛时间取决于网络直径,最坏的情况是握手从网络的一边开始扩散到网络的另一边。例如,网络直径为 6 的情况,最多要经过 5 次握手,网络的连通性才能被恢复。

3. 端口被选举为边缘指定端口

边缘端口无须参与生成树的计算,可以直接进入转发状态。

3.3.4 MSTP

不管是 STP 还是 RSTP 都是一棵单生成树,即所有的 VLAN 共享一棵生成树,维护着相同的拓扑结构。因此在一条 Trunk 链路上,所有的 VLAN 要么全部处于转发状态,要么全部处于阻塞状态,无法实现不同 VLAN 数据沿不同链路转发的负载均衡。为了解决此问题,在 IEEE802.1S 中定义了 MSTP(Multiple Spanning Tree Protocol,多生成树协议)。MSTP 通过创建多个生成树实例,每个实例独立计算和维护生成树,并将多个 VLAN 捆绑到一个实例中,从而一方面实现了实现多 VLAN 的负载均衡,另一方面又避免了为每一个 VLAN 维护一棵生成树造成的巨大的资源消耗。确切地讲,STP/RSTP 是基于端口的,PVST+(Per VLAN Spanning Tree Plus,增强的按 VLAN 生成树)是基于 VLAN 的,而 MSTP 是基于实例的。

1. MSTP 的基本概念

图 3-10 所示是一个大的局域网络,网络中所有的交换机都运行着 MSTP(Multiple Spanning Tree Protocol,多生成树协议)。下面结合该图对 MTSP 的基本概念进行介绍。

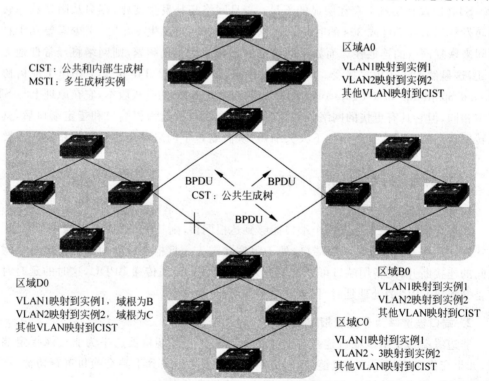

图 3-10 MSTP 基本概念示意图

(1) MST 域

MST 域是由交换网络中的多台交换机以及它们之间的网段构成。同一个 MST 域中的交换机要求具有相同的域配置,包括相同的域名、相同的 MSTP 修订级别(Revision Level)、相同的 MSTP 格式选择器(Configuration Identifier Format Selector)和相同的 VLAN 与实例的映射关系。在默认情况下,MST 域的域名是交换机的 MAC 地址,MSTP 修订级别为 0,MSTP 格式选择器为 0 且不可配置,所有的 VLAN 都映射到实例 0 (即 CIST)中。在一个 MST 域中可以创建多个生成树实例,而且一个实例可以绑定多个 VLAN,VLAN 和实例之间的映射关系通过 VLAN 映射表来表示。

在同一个交换网络内可以存在多个 MST 域。用户可以通过 MSTP 配置命令把多台交换机划分在同一个 MST 域内。

(2) MSTI

MSTI(Multiple Spanning Tree Instance,多生成树实例)是指 MST 域内的生成树。在一个 MST 域内可能存在多个生成树实例,这些生成树实例(实例 0 除外)就被称为 MSTI。在 MST 域内,MSTP 根据 VLAN 和生成树实例的映射关系,针对不同的 VLAN 生成不同的生成树实例。每棵生成树独立进行计算,计算过程与 STP/RSTP 计算生成树的过程类似。

(3) CIST

CIST(Common and Internal Spanning Tree,公共和内部生成树)是连接一个交换网络内所有交换机的单生成树,由 IST(Internal Spanning Tree,内部生成树)和 CST (Common Spanning Tree,公共生成树)共同构成。

IST 是 MST 域内的一棵生成树,是 CIST 在 MST 域内的片段,是一个特殊的多生成树实例。CIST 在每个 MST 域内都有一个片段,这个片段就是各个域内的 IST。

CST 是连接交换网络内所有 MST 域的单生成树。如果把每个 MST 域看作是一个"交换机",则 CST 就是这些"交换机"通过 STP/RSTP 协议计算生成的一棵生成树。

每个 MST 域内的 IST 加上 MST 域间的 CST 就构成了整个网络的 CIST。

(4) 总根

总根是一个全局的概念,而且对于整个交换网络只能有一个总根,即 CIST 的根。

(5) 域根

域根是一个局部的概念,是针对于某个 MST 域中的某个实例而言的。MST 域内 IST 和 MSTI 的根网桥都是该域的域根。域根的数量与具体的 MST 域中生成树实例的个数有关,每一个生成树实例都会有一个域根。MST 域内各棵生成树的拓扑不同,域根也可能不同。

(6) 端口角色

与 STP 不同,在 MSTP 的计算过程中,端口角色除了根端口和指定端口外,还存在 Master 端口、域边缘端口、Alternate 端口和 Backup 端口。

① Master 端口。Master 端口是连接 MST 域到总根的端口,位于整个域到总根的最短路径上。从 CST 上看,它就是域的"根端口"(把域看作是一个节点)。Master 端口是特殊域边界端口,在 IST/CIST 上的角色是 Root 端口,在其他各个实例上的角色都是

Master 端口。而把包含 Master 端口的交换机称为主网桥。

② 域边缘端口。域边缘端口是连接不同 MST 域、MST 域和运行 STP 的区域、MST 域和运行 RSTP 的区域的端口，位于 MST 域的边缘。

③ Alternate 端口。Alternate 端口是根端口和 Master 端口用于快速切换的替换端口。当根端口或者 Master 端口被阻塞后，Alternate 端口将成为新的根端口或者 Master 端口。

④ Backup 端口。Backup 端口是指定端口用于快速切换的替换端口。当指定端口被阻塞后，Backup 端口就会快速转换为新的指定端口，并无时延地转发数据。

（7）端口状态

与 STP 相比，RSTP/MSTP 的端口状态由 5 种变成了 3 种，其对应关系如表 3-2 所示。

表 3-2 端口状态对应表

STP 端口状态	RSTP/MSTP 端口状态	STP 端口状态	RSTP/MSTP 端口状态
Disabled	Discarding	Learning	Learning
Blocking	Discarding	Forwarding	Forwarding
Listening	Discarding		

在 RSTP/MSTP 中，通过减少状态数量，简化了生成树的计算，加快了网络收敛速度。

2. MSTP 的配置

（1）MSTP 的基础配置

MSTP 的基本配置命令如下。

[H3C] stp enable
[H3C] stp mode {stp|rstp|mstp}

在默认情况下，H3C 交换机上的生成树功能处于关闭状态，需要在系统视图下使用 stp enable 命令将生成树功能启用。另外，MSTP 提供了对 STP 和 RSTP 的兼容，如果网络中存在运行 STP/RSTP 协议的交换机，则可以通过命令 stp mode 将 MSTP 设置为 STP 兼容模式或者 RSTP 兼容模式。默认情况下，MSTP 的工作模式是 MSTP 模式。

假设存在图 3-11 所示的网络，要求进行 MSTP 的基本配置。

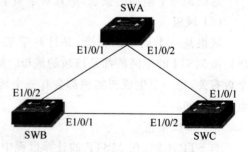

图 3-11 MSTP 的基本配置

这里，只是简单地在每一台交换机上使用 stp enable 命令开启生成树功能。然后在 3 台交换机上分别使用 display stp 命令查看 STP 的全局信息，显示结果如下。

```
[SWA]display stp
-------[CIST Global Info][Mode MSTP]-------
CIST Bridge              :32768.3ce5-a60b-3165
Bridge Times             :Hello 2s MaxAge 20s FwDly 15s MaxHop 20
CIST Root/ERPC           :32768.3ce5-a609-e090 / 200
CIST RegRoot/IRPC        :32768.3ce5-a60b-3165 / 0
CIST RootPortId          :128.2
BPDU-Protection          :disabled
TC-Protection            :enabled / Threshold=6
Bridge Config
 Digest Snooping         :disabled
TC or TCN received       :7
Time since last TC       :0 days 0h:2m:23s
--------output omitted--------

[SWB]display stp
-------[CIST Global Info][Mode MSTP]-------
CIST Bridge              :32768.3ce5-a60b-31a1
Bridge Times             :Hello 2s MaxAge 20s FwDly 15s MaxHop 20
CIST Root/ERPC           :32768.3ce5-a609-e090 / 200
CIST RegRoot/IRPC        :32768.3ce5-a60b-31a1 / 0
CIST RootPortId          :128.1
BPDU-Protection          :disabled
TC-Protection            :enabled / Threshold=6
Bridge Config
 Digest Snooping         :disabled
TC or TCN received       :8
Time since last TC       :0 days 0h:6m:30s
--------output omitted--------

[SWC]display stp
-------[CIST Global Info][Mode MSTP]-------
CIST Bridge              :32768.3ce5-a609-e090
Bridge Times             :Hello 2s MaxAge 20s FwDly 15s MaxHop 20
CIST Root/ERPC           :32768.3ce5-a609-e090 / 0
CIST RegRoot/IRPC        :32768.3ce5-a609-e090 / 0
CIST RootPortId          :0.0
BPDU-Protection          :disabled
Bridge Config-
 Digest-Snooping         :disabled
TC or TCN received       :2
Time since last TC       :0 days 0h:7m:52s
--------output omitted--------
```

通过上面的显示结果可以看出，当前工作模式为 MSTP 模式，存在默认生成树实例 CIST(事实上只是 CST)，其中交换机 SWC 被选举为 CIST 的根网桥(即总根)，交换机 SWA 和 SWB 到达 CIST 根网桥的路径开销(即外部路径开销)都是 200。而每个交换机上选举的 IST 根网桥(即域根)都是自身，到达 IST 根网桥的路径开销(即内部路径开销)

都是 0。

在 3 台交换机上分别使用 display stp brief 命令查看各端口的角色和状态,显示结果如下。

```
[SWA]display stp brief
 MSTID    Port              Role     STP State      Protection
   0      Ethernet 1/0/1    DESI     FORWARDING     NONE
   0      Ethernet 1/0/2    ROOT     FORWARDING     NONE
 (*) means port in aggregation group

[SWB]display stp brief
 MSTID    Port              Role     STP State      Protection
   0      Ethernet 1/0/1    ROOT     FORWARDING     NONE
   0      Ethernet 1/0/2    ALTE     DISCARDING     NONE
 (*) means port in aggregation group

[SWC]display stp brief
 MSTID    Port              Role     STP State      Protection
   0      Ethernet 1/0/1    DESI     FORWARDING     NONE
   0      Ethernet 1/0/2    DESI     FORWARDING     NONE
```

从显示的结果可以看出,在所有交换机上都只存在实例 0,而且所有的端口都处于实例 0 中。

(2) MSTP 下多实例的配置

事实上,仅仅进行 MSTP 的基础配置是远远不够的,其中最大的问题是无法实现多生成树实例。原因很简单:通过 MSTP 的基本概念可以知道多生成树实例必须在某一个 MST 域内进行创建,而一个 MST 域要求域中的交换机必须要有相同的域名。很明显图 3-11 中的交换机不在同一个域中,因为默认情况下域名是交换机的 MAC 地址,这一点可以通过 display stp region-configuration 命令进行查看。

```
[SWA]display stp region-configuration
 Oper configuration
   Format selector     :0
   Region name         :3ce5a60b3165
   Revision level      :0

   Instance   Vlans Mapped
      0       1 to 4094
```

3 台交换机的 MAC 地址不可能相同,因此 3 台交换机分别处于 3 个不同的 MST 域中,这也就意味着实际上在图 3-11 中仅仅存在 CST,并不存在 IST 和 MSTI。在这种情况下,即使在每一台交换机上都创建了多个生成树实例,并且进行了 VLAN 的绑定,也只能是在本交换机(即本 MST 域)上有效,而无法与其他交换机上的生成树实例进行交互。因此,要想实现多生成树实例,则必须将多台交换机置于同一个 MST 域中。MST 域配置涉及的命令如下。

```
[H3C]stp region-configuration
[H3C-mst-region]region-name name
[H3C-mst-region]instance instance-id vlan vlan-id
[H3C-mst-region]revision-level revision-level
[H3C-mst-region]active region-configuration
[H3C-mst-region]check region-configuration
[H3C]display stp region-configuration
```

具体步骤：进入 MST 域配置视图，定义 MST 域的域名，注意一定要保证同一个域中的交换机的域名相同；使用 instance *instance-id* vlan *vlan-id* 命令将 VLAN 映射到特定的生成树实例上，注意一定要保证同一个域中的交换机 VLAN 映射情况相同；使用 revision-level *revision-level* 命令指定 MSTP 的修订级别，但由于修订级别在所有的交换机上默认都是 0，所以可以不进行配置；最后通过 active region-configuration 命令手动激活 MST 域的配置，注意该命令一定要最后执行，因为在该命令之后的任何关于 MST 域的配置均无效，必须再次进行激活才可以。配置完成后可以通过 check region-configuration 命令或者 display stp region-configuration 命令查看 MST 域的配置，其中 check region-configuration 命令显示的是当前 MST 域的配置信息（并不一定已经生效），而 display stp region-configuration 命令显示的是已经生效的 MST 域的配置信息。

在图 3-11 所示的网络中，将交换机之间相连的端口全部设置为 Trunk 端口并允许所有 VLAN 的流量通过，分别创建 VLAN 10 和 VLAN 20。现要求在交换机上进行 MST 域的配置：MST 域的域名为 zsf，MSTP 修订级别为 0，VLAN 10 映射到生成树实例 1 上，VLAN 20 映射到生成树实例 2 上。交换机 SWA 的具体配置如下。

```
[SWA]stp region-configuration
[SWA-mst-region]region-name zsf
[SWA-mst-region]instance 1 vlan 10
[SWA-mst-region]active region-configuration
[SWA-mst-region]instance 2 vlan 20
```

很显然，VLAN 20 到生成树实例 2 的映射是在手动激活 MST 域之后进行的配置，此时在交换机 SWA 上执行 check region-configuration 命令，显示结果如下。

```
[SWA-mst-region]check region-configuration
Admin configuration
   Format selector      :0
   Region name          :zsf
   Revision level       :0

   Instance    Vlans Mapped
   0           1 to 9, 11 to 19, 21 to 4094
   1           10
   2           20
```

执行 display stp region-configuration 命令显示结果如下。

```
[SWA]display stp region-configuration
```

```
Oper configuration
   Format selector      :0
   Region name          :zsf
   Revision level       :0

   Instance    Vlans Mapped
   0           1 to 9, 11 to 4094
   1           10
```

对比以上两条命令的显示结果可以看出，在 display stp region-configuration 命令的显示结果中不存在 VLAN 20 到生成树实例 2 的映射。这是因为 VLAN 20 到生成树实例 2 的映射是在手动激活 MST 域之后进行的配置，并未生效。此时必须再次执行 active region-configuration 命令才可使其生效。

交换机 SWB 和 SWC 的配置与交换机 SWA 类似，在此不再赘述。配置完成后，在交换机 SWA 上使用 display stp instance 1 命令查看生成树实例 1 的全局信息，显示结果如下。

```
[SWA]display stp instance 1
-------[MSTI 1 Global Info]-------
MSTI Bridge ID           :32769.3ce5-a60b-3165
MSTI RegRoot/IRPC        :32769.3ce5-a609-e090 / 200
MSTI RootPortId          :128.2
Master Bridge            :32768.3ce5-a609-e090
Cost to Master           :200
TC or TCN received       :6

----[Port1(Ethernet1/0/1)][FORWARDING]----
Port Role                :Designated Port
Port Priority            :128
Port Cost(Legacy)        :Config=auto / Active=200
Desg. Bridge/Port        :32769.3ce5-a60b-3165 / 128.1
Num of Vlans Mapped      :1
Rapid Fwd State          :No Rapid Forwarding
Port Times               :RemHops 19

----[Port2(Ethernet1/0/2)][FORWARDING]----
Port Role                :Root Port
Port Priority            :128
Port Cost(Legacy)        :Config=auto / Active=200
Desg. Bridge/Port        :32769.3ce5-a609-e090 / 128.1
Num of Vlans Mapped      :1
Port Times               :RemHops 20
```

从上面的显示结果可以看出，MSTI 1 中的根网桥（域根）是交换机 SWC，交换机 SWA 到根网桥的路径开销是 200，交换机 SWA 连接到根网桥的根端口 ID 为 128.2。主网桥是交换机 SWC（总根为 SWC，SWC 到总根即自身的路径开销最小），交换机 SWA 到主网桥的路径开销是 200。交换机 SWA 的端口 Ethernet1/0/1 和 Ethernet1/0/2 分别是指定端口和根端口,均处于转发状态。

在交换机 SWB 上使用 display stp brief 命令查看各端口的角色和状态,显示结果如下。

```
[SWB]display stp brief
 MSTID     Port            Role    STP State     Protection
   0       Ethernet 1/0/1  ROOT    FORWARDING    NONE
   0       Ethernet 1/0/2  ALTE    DISCARDING    NONE
   1       Ethernet 1/0/1  ROOT    FORWARDING    NONE
   1       Ethernet 1/0/2  ALTE    DISCARDING    NONE
   2       Ethernet 1/0/1  ROOT    FORWARDING    NONE
   2       Ethernet 1/0/2  ALTE    DISCARDING    NONE
 (*) means port in aggregation group
```

显然,无论对于实例 0、实例 1 还是实例 2,端口角色全部相同,即所有生成树实例计算出的无环拓扑结构一致。而创建多生成树实例的目的是实现不同生成树实例之间的负载均衡,这就需要为不同的生成树实例手工指定不同的根网桥,从而使其产生不同的无环拓扑。将特定交换机指定为根网桥的方法有两种,分别如下。

① 方法一:指定根网桥。指定根网桥的命令如下。

[H3C]stp instance *instance-id* root primary

在交换机上配置该命令后,交换机在特定实例中的网桥优先级就会变为 0,从而确保该交换机一定会被选举为根网桥。例如,将交换机 SWA 在 MSTI 1 中选举为根网桥,配置如下。

[SWA]stp instance 1 root primary

配置完成后,在交换机 SWA 上执行 display stp instance 1 命令,显示结果如下。

```
[SWA]display stp instance 1
-------[MSTI 1 Global Info]-------
MSTI Bridge ID          :1.3ce5-a60b-3165
MSTI RegRoot/IRPC       :1.3ce5-a60b-3165 / 0
MSTI RootPortId         :0.0
MSTI Root Type          :PRIMARY root
Master Bridge           :32768.3ce5-a609-e090
Cost to Master          :200
TC or TCN received      :7
--------output omitted--------
```

从上面的显示结果可以看出,在 MSTI 1 中,交换机 SWA 的网桥优先级为 0(其中 1 代表着网桥优先级 0+实例 ID1),并被选举为 MSTI 1 中的根网桥。

还可以通过[H3C]stp instance *instance-id* root secondary 命令为生成树实例指定备份根网桥,以备在根网桥出现故障时其被选举为新的根网桥。备份根网桥命令会将交换机的网桥优先级设置为 4096。

② 方法二：指定网桥优先级值。指定网桥优先级值的配置命令如下。

[H3C]stp instance *instance-id* priority *priority*

其中优先级的值必须是 4096 的倍数。例如，将交换机 SWB 在 MSTI 2 中的网桥优先级指定为 8192，配置如下。

[SWB]stp instance 2 priority 8192

配置完成后，在交换机 SWB 上执行 display stp instance 2 命令，显示结果如下。

```
[SWB]display stp instance 2
-------[MSTI 2 Global Info]-------
MSTI Bridge ID          :8194.3ce5-a60b-31a1
MSTI RegRoot/IRPC       :8194.3ce5-a60b-31a1 / 0
MSTI RootPortId         :0.0
Master Bridge           :32768.3ce5-a609-e090
Cost to Master          :200
TC or TCN received      :6
--------output omitted--------
```

从上面的显示结果可以看出，交换机 SWB 的网桥优先级是 8192，并被选举成为 MSTI 2 中的根网桥。

需要注意的是如果在交换机的某个实例上已经使用了指定根网桥的命令，则不能再对该实例的网桥优先级进行配置，如在交换机 SWA 的 MSTI 1 上执行修改网桥优先级的命令，则显示结果如下。

[SWA]stp instance 1 priority 4096
Error: Failed to modify priority, for the switch is configured as a primary root or secondary root

完成上述配置后，在实例 0 中交换机 SWC 被选举为根网桥；在实例 1 中交换机 SWA 被选举为根网桥；在实例 2 中交换机 SWB 被选举为根网桥。在交换机 SWB 上执行 display stp brief 命令，显示结果如下。

```
[SWB]display stp brief
 MSTID    Port           Role    STP State      Protection
   0      Ethernet 1/0/1  ROOT    FORWARDING     NONE
   0      Ethernet 1/0/2  ALTE    DISCARDING     NONE
   1      Ethernet 1/0/1  ALTE    DISCARDING     NONE
   1      Ethernet 1/0/2  ROOT    FORWARDING     NONE
   2      Ethernet 1/0/1  DESI    FORWARDING     NONE
   2      Ethernet 1/0/2  DESI    FORWARDING     NONE
 ( * ) means port in aggregation group
```

从上面的显示结果可以看出，交换机 SWB 的端口 Ethernet 1/0/1 和 Ethernet 1/0/2 在不同的生成树实例中扮演着不同的角色，从而实现不同生成树实例下捆绑 VLAN 的数据的负载均衡。

在选举出根网桥后，往往还需要控制根端口和指定端口的选举，这一点可以通过修改特定端口的路径开销值来实现。如在 MSTI 1 中，交换机 SWB 的端口 Ethernet 1/0/1 为 Alternate 端口，且处于 Discarding 状态。这是因为交换机 SWB 的 BID 要比交换机 SWC 的 BID 高，因此对于 SWB 和 SWC 之间的网段，在路径开销相同的情况下会选择交换机 SWC 的 Ethernet 1/0/2 端口为指定端口，而不会选择阻塞交换机 SWB 的 Ethernet 1/0/1 端口。

想要使交换机 SWB 的 Ethernet 1/0/1 端口被选举为指定端口，一种方法是通过修改交换机 SWB 的网桥优先级，使交换机 SWB 的 BID 小于交换机 SWC 的 BID；另外一种方法就是通过命令［SWB-Ethernet1/0/2］stp instance 1 cost *cost* 命令将交换机 SWB 的端口 Ethernet 1/0/2（注意是 Ethernet 1/0/2）的路径开销设置为低于 200 的值，如设置为 150，具体配置如下。

[SWB]interface Ethernet 1/0/2
[SWB-Ethernet1/0/2]stp instance 1 cost 150

配置完成后，在交换机 SWB 上执行 display stp instance 1 命令，显示结果如下。

```
[SWB]display stp instance 1
-------[MSTI 1 Global Info]-------
MSTI Bridge ID            :32769.3ce5-a60b-31a1
MSTI RegRoot/IRPC         :1.3ce5-a60b-3165 / 150
MSTI RootPortId           :128.2
Master Bridge             :32768.3ce5-a609-e090
Cost to Master            :200
TC or TCN received        :20
----[Port1(Ethernet1/0/1)][FORWARDING]----
Port Role                 :Designated Port
Port Priority             :128
Port Cost(Legacy)         :Config=auto / Active=200
Desg. Bridge/Port         :32769.3ce5-a60b-31a1 / 128.1
Num of Vlans Mapped       :1
Rapid Fwd State           :No Rapid Forwarding
Port Times                :RemHops 19
----[Port2(Ethernet1/0/2)][FORWARDING]----
Port Role                 :Root Port
Port Priority             :128
Port Cost(Legacy)         :Config=150 / Active=150
Desg. Bridge/Port         :1.3ce5-a60b-3165 / 128.1
Num of Vlans Mapped       :1
Port Times                :RemHops 20
```

从上面的显示结果可以看出，端口 Ethernet 1/0/1 的角色成为指定端口，而且交换机 SWB 到达根网桥 SWA 的内部路径开销变成了 150，端口 Ethernet 1/0/2 的端口开销值为 150。之所以修改端口 Ethernet 1/0/2 的开销值，是因为路径开销是在接收 BPDU 的端口上进行累加的，而在发送 BPDU 的端口上不增加路径开销。

最后，介绍一下 H3C 交换机上边缘端口的配置，具体命令如下。

[H3C-Ethernet1/0/1]stp edged-port enable

用户如果将某个端口指定为边缘端口,那么当该端口由阻塞状态向转发状态迁移时,这个端口可以实现快速迁移,而无须等待延迟时间。

3.4 企业网络交换技术实现

在学院网络中,为保障位于绿苑大厦的人事处与位于图科楼的教务处之间偶尔大数据量传输的需求,分别在其接入层交换机与汇聚层交换机上配置链路带宽的聚合,将两条物理链路聚合成一条逻辑链路。

教务处上连的接入层交换机和汇聚层交换机上相关的配置如下。

[L-A-2]interface Ethernet 1/0/23
[L-A-2-Ethernet1/0/23]port link-type trunk
[L-A-2-Ethernet1/0/23]port trunk permit vlan all
[L-A-2-Ethernet1/0/23]quit
[L-A-2]interface Ethernet 1/0/24
[L-A-2-Ethernet1/0/24]port link-type trunk
[L-A-2-Ethernet1/0/24]port trunk permit vlan all
[L-A-2-Ethernet1/0/24]quit
[L-A-2]link-aggregation group 1 mode static
[L-A-2]interface Ethernet 1/0/23
[L-A-2-Ethernet1/0/23]undo loopback-detection enable
[L-A-2-Ethernet1/0/23]port link-aggregation group 1
[L-A-2-Ethernet1/0/23]quit
[L-A-2]interface Ethernet 1/0/24
[L-A-2-Ethernet1/0/24]undo loopback-detection enable
[L-A-2-Ethernet1/0/24]port link-aggregation group 1
//接入层交换机配置
[L-D]interface Ethernet 1/0/1
[L-D-Ethernet1/0/1]port link-type trunk
[L-D-Ethernet1/0/1]port trunk permit vlan all
[L-D-Ethernet1/0/1]quit
[L-D]interface Ethernet 1/0/2
[L-D-Ethernet1/0/2]port link-type trunk
[L-D-Ethernet1/0/2]port trunk permit vlan all
[L-D-Ethernet1/0/2]quit
[L-D]interface bridge-aggregation 1
[L-D-bridge-aggregation1]port link-type trunk
[L-D-bridge-aggregation1]port trunk permit vlan all
[L-D-bridge-aggregation1]link-aggregation mode dynamic
[L-D-bridge-aggregation1]quit
[L-D]interface Ethernet 1/0/1
[L-D-Ethernet1/0/1]port link-aggregation group 1
[L-D-Ethernet1/0/1]quit

[L-D]interface Ethernet 1/0/2
[L-D-Ethernet1/0/2]port link-aggregation group 1
//汇聚层交换机配置

人事处上连的接入层交换机和汇聚层交换机的配置与教务处的类似,在此不再给出。

为保障位于绿苑大厦的院长办公室以及培训部网络的可用性,在院长办公室所在楼层的接入层交换机与培训部所在楼层的接入交换机之间增加一条冗余链路,并运行生成树协议以在逻辑上断开环路。其中要求绿苑大厦的汇聚层交换机被选举为根网桥,以保证在正常情况下数据依然从各自的接入层交换机流向汇聚层交换机。

相关的配置如下。

[G-A-1]interface Ethernet 1/0/23
[G-A-1-Ethernet1/0/23]port link-type trunk
[G-A-1-Ethernet1/0/23]port trunk permit vlan all
[G-A-1-Ethernet1/0/23]quit
[G-A-1]interface Ethernet 1/0/24
[G-A-1-Ethernet1/0/24]port link-type trunk
[G-A-1-Ethernet1/0/24]port trunk permit vlan all
[G-A-1-Ethernet1/0/24]quit
[G-A-1]stp enable
[G-A-1]stp mode mstp
[G-A-1]stp region-configuration
[G-A-1-mst-region]region-name lvyuan
[G-A-1-mst-region]active region-configuration
[G-A-1-mst-region]quit
[G-D]interface Ethernet 1/0/1
[G-D-Ethernet1/0/1]stp edged-port enable
//将所有连接终端的端口设置为边缘端口,配置略
//接入层交换机 G-A-4 的配置与 G-A-1 类似,配置略
[G-D]interface Ethernet 1/0/1
[G-D-Ethernet1/0/1]port link-type trunk
[G-D-Ethernet1/0/1]port trunk permit vlan all
[G-D-Ethernet1/0/1]quit
[G-D]interface Ethernet 1/0/2
[G-D-Ethernet1/0/2]port link-type trunk
[G-D-Ethernet1/0/2]port trunk permit vlan all
[G-D-Ethernet1/0/2]quit
[G-D]stp enable
[G-D]stp mode mstp
[G-D]stp region-configuration
[G-D-mst-region]region-name lvyuan
[G-D-mst-region]active region-configuration
[G-D-mst-region]quit
[G-D]stp root primary

需要注意的是,在上述的配置中,所有的 VLAN 均映射在实例 0 中,并没有配置负载

的均衡，即所有 VLAN 的数据都是从终端连接的接入层交换机传输到汇聚层交换机再路由出去。之所以这样配置是因为在这里 3 台交换机的地位并不相同，其中汇聚层交换机位于接入层交换机的上游，因此要求它对所有的 VLAN 而言都是根网桥，以保证数据能从最佳路径传递出去。

3.5 小结

本章重点介绍了在企业网络的数据链路层中常用的保障网络的可用性和提高网络性能的技术，包括用于增加链路逻辑带宽的链路带宽聚合技术以及提高网络可用性的生成树技术，并在最后给出了企业网络中数据链路层所涉及技术的配置。

3.6 习题

1. 简述 E126A 和 S3610 交换机的端口汇聚种类及其之间的关系。
2. 考虑在三层交换机上配置链路带宽聚合时，聚合端口的配置注意事项。
3. 网络冗余会带来哪些问题？解决这些问题的根本是什么？
4. 在带有扩展系统 ID 的 BID 中，网桥优先级的取值有什么限制？为什么存在这种限制？
5. 简述为非根网桥选择根端口的目的是什么。

3.7 实训

3.7.1 链路带宽聚合实训

实验学时：2 学时；每实验组学生人数：4 人。

1. 实验目的

掌握二层交换机上链路带宽聚合的配置方法；掌握三层交换机上链路带宽聚合的配置方法。

2. 实验环境

（1）安装有 TCP/IP 通信协议的 Windows 系统 PC：4 台。

（2）H3C E126A 交换机：1 台。

（3）H3C S3610 交换机：1 台。

（4）UTP 电缆：7 条。

（5）Console 电缆：2 条。

保持所有的交换机为出厂配置。

3. 实验内容

（1）H3C E126A 交换机静态聚合配置。

（2）H3C S3610 交换机动态聚合配置。

4. 实验指导

(1) 按照图 3-12 所示的网络拓扑结构搭建网络，完成网络连接。

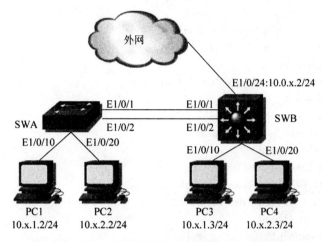

图 3-12　链路带宽聚合实训网络拓扑结构

(2) 在两台交换机上分别创建 VLAN 10 和 VLAN 20；将两台交换机之间的链路设置为 Trunk 链路并允许所有 VLAN 通过；在交换机 SWA 和 SWB 上分别将端口 E1/0/10 和 E1/0/20 划分到 VLAN 10 和 VLAN 20 中；在交换机 SWB 上配置虚接口和路由接口地址并配置路由实现整个网络的通信。其参考命令如下：

```
[SWA]vlan 10
[SWA-vlan10]port Ethernet 1/0/10
[SWA-vlan10]quit
[SWA]vlan 20
[SWA-vlan20]port Ethernet 1/0/20
[SWA-vlan20]quit
[SWA]interface Ethernet 1/0/1
[SWA-Ethernet1/0/1]port link-type trunk
[SWA-Ethernet1/0/1]port trunk permit vlan all
[SWA-Ethernet1/0/1]quit
[SWA]interface Ethernet 1/0/2
[SWA-Ethernet1/0/2]port link-type trunk
[SWA-Ethernet1/0/2]port trunk permit vlan all

[SWB]vlan 10
[SWB-vlan10]port Ethernet 1/0/10
[SWB-vlan10]quit
[SWB]vlan 20
[SWB-vlan20]port Ethernet 1/0/20
[SWB-vlan20]quit
[SWB]interface Ethernet 1/0/1
[SWB-Ethernet1/0/1]port link-type trunk
```

[SWB-Ethernet1/0/1]port trunk permit vlan all
[SWB-Ethernet1/0/1]quit
[SWB]interface Ethernet 1/0/2
[SWB-Ethernet1/0/2]port link-type trunk
[SWB-Ethernet1/0/2]port trunk permit vlan all
[SWB-Ethernet1/0/2]quit
[SWB]interface vlan-interface 10
[SWB-vlan-interface10]ip address 10.x.1.1/24
[SWB-vlan-interface10]quit
[SWB]interface vlan-interface 20
[SWB-vlan-interface20]ip address 10.x.2.1/24
[SWB-vlan-interface20]quit
[SWB]interface Ethernet 1/0/24
[SWB-Ethernet1/0/24]port link-mode route
[SWB-Ethernet1/0/24]ip address 10.0.x.2/24
[SWB-Ethernet1/0/24]quit
[SWB]ip route-static 0.0.0.0 0 10.0.x.1

（3）配置链路带宽聚合，使交换机之间通过LACP协商建立聚合链路。其中在型号为H3C E126A的二层交换机上采用静态LACP汇聚模式；在型号为H3C S3610的三层交换机上采用动态聚合模式。其参考命令如下：

[SWA]link-aggregation group 1 mode static
[SWA]interface Ethernet 1/0/1
[SWA-Ethernet1/0/1]undo loopback-detection enable
[SWA-Ethernet1/0/1]port link-aggregation group 1
[SWA-Ethernet1/0/1]quit
[SWA]interface Ethernet 1/0/2
[SWA-Ethernet1/0/2]undo loopback-detection enable
[SWA-Ethernet1/0/2]port link-aggregation group 1

[SWB]interface Bridge-Aggregation 1
[SWB-Bridge-Aggregation1]port link-type trunk
[SWB-Bridge-Aggregation1]port trunk permit vlan all
[SWB-Bridge-Aggregation1]link-aggregation mode dynamic
[SWB-Bridge-Aggregation]quit
[SWB]interface Ethernet 1/0/1
[SWB-Ethernet1/0/1]port link-aggregation group 1
[SWB-Ethernet1/0/1]quit
[SWB]interface Ethernet 1/0/2
[SWB-Ethernet1/0/2]port link-aggregation group 1

配置完成后，通过display link-aggregation summary命令在两台交换机上分别查看聚合链路的信息并进行记录。

5. 实验报告

填写如表3-3所示实验报告。

表 3-3　实训 3.7.1 实验报告

		链路聚合的配置			
SWA	display link-aggregation summary	ALType	Partner ID	Select Ports	Master Port
SWB	display link-aggregation summary	AGG Mode	Partner ID	Select Ports	Master Port

3.7.2　生成树协议实训

实验学时：2 学时；每实验组学生人数：4 人。

1．实验目的

掌握 MSTP 的域、MSTI 的配置方法；掌握控制根网桥选举、控制端口选举的配置方法；掌握边缘端口的配置方法。

2．实验环境

(1) 安装有 TCP/IP 通信协议的 Windows 系统 PC：4 台。

(2) H3C 交换机：3 台。

(3) UTP 电缆：8 条。

(4) Console 电缆：3 条。

保持所有的交换机为出厂配置。

3．实验内容

(1) MSTP 域的配置。

(2) 控制根网桥选举。

(3) 控制根端口和制定端口的选举。

4．实验指导

(1) 按照图 3-13 所示的网络拓扑结构搭建网络，完成网络连接。

(2) 在 3 台交换机上分别创建 VLAN 10 和 VLAN 20；将 3 台交换机之间的链路设置为 Trunk 链路并允许所有 VLAN 通过；在交换机 SWB 和 SWC 上分别将端口 E1/0/10 和 E1/0/20 划分到 VLAN 10 和 VLAN 20 中；在交换机 SWA 上配置虚接口和路由接口地址并配置路由实现整个网络的通信。其参考命令如下：

```
[SWA]vlan 10
[SWA-vlan10]quit
[SWA]vlan 20
[SWA-vlan20]quit
[SWA]interface Ethernet 1/0/1
[SWA-Ethernet1/0/1]port link-type trunk
[SWA-Ethernet1/0/1]port trunk permit vlan all
```

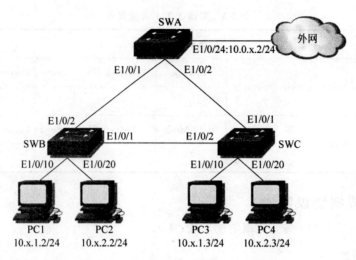

图 3-13　生成树协议实训网络拓扑结构

[SWA-Ethernet1/0/1]quit
[SWA]interface Ethernet 1/0/2
[SWA-Ethernet1/0/2]port link-type trunk
[SWA-Ethernet1/0/2]port trunk permit vlan all
[SWA-Ethernet1/0/2]quit
[SWA]interface vlan-interface 10
[SWA-vlan-interface10]ip address 10.x.1.1/24
[SWA-vlan-interface10]quit
[SWA]interface vlan-interface 20
[SWA-vlan-interface20]ip address 10.x.2.1/24
[SWA-vlan-interface20]quit
[SWA]interface Ethernet 1/0/24
[SWA-Ethernet1/0/24]port link-mode route
[SWA-Ethernet1/0/24]ip address 10.0.x.2/24
[SWA-Ethernet1/0/24]quit
[SWA]ip route-static 0.0.0.0 0 10.0.x.1

[SWB]vlan 10
[SWB-vlan10]port Ethernet 1/0/10
[SWB-vlan10]quit
[SWB]vlan 20
[SWB-vlan20]port Ethernet 1/0/20
[SWB-vlan20]quit
[SWB]interface Ethernet 1/0/1
[SWB-Ethernet1/0/1]port link-type trunk
[SWB-Ethernet1/0/1]port trunk permit vlan all
[SWB-Ethernet1/0/1]quit
[SWB]interface Ethernet 1/0/2
[SWB-Ethernet1/0/2]port link-type trunk
[SWB-Ethernet1/0/2]port trunk permit vlan all

[SWC]vlan 10
[SWC-vlan10]port Ethernet 1/0/10
[SWC-vlan10]quit
[SWC]vlan 20
[SWC-vlan20]port Ethernet 1/0/20
[SWC-vlan20]quit
[SWC]interface Ethernet 1/0/1
[SWC-Ethernet1/0/1]port link-type trunk
[SWC-Ethernet1/0/1]port trunk permit vlan all
[SWC-Ethernet1/0/1]quit
[SWC]interface Ethernet 1/0/2
[SWC-Ethernet1/0/2]port link-type trunk
[SWC-Ethernet1/0/2]port trunk permit vlan all

在配置完成后，测试网络会发现网络通信非常不稳定，基本无法正常进行网络连接，原因是在 H3C 的交换机上由于默认没有启用生成树协议，造成了二层的逻辑环路。

（3）在 3 台交换机上启用 MSTP 协议，参考命令如下。

[SWA]stp enable
[SWA]stp mode mstp

[SWB]stp enable
[SWB]stp mode mstp

[SWC]stp enable
[SWC]stp mode mstp

此时测试网络会发现网络通信变得稳定，但此时网络中仅运行着 CIST，即实例 0，所有 VLAN 均映射到了实例 0 上。

（4）将 3 台交换机置于同一个 MST 域中，域名为 H3C，而且使 VLAN 10 和 VLAN 20 分别映射到实例 1 和实例 2 上，参考命令如下。

[SWA]stp region-configuration
[SWA-mst-region]region-name H3C
[SWA-mst-region]instance 1 vlan 10
[SWA-mst-region]instance 2 vlan 20
[SWA-mst-region]active region-configuration

[SWB]stp region-configuration
[SWB-mst-region]region-name H3C
[SWB-mst-region]instance 1 vlan 10
[SWB-mst-region]instance 2 vlan 20
[SWB-mst-region]active region-configuration

[SWC]stp region-configuration
[SWC-mst-region]region-name H3C
[SWC-mst-region]instance 1 vlan 10

[SWC-mst-region]instance 2 vlan 20
[SWC-mst-region]active region-configuration

配置完成后，在 3 台交换机上分别使用 display stp instance *instance-number* 和 display stp brief 命令查看在不同实例中域根的选择和各个端口在不同的实例中的角色和状态。通过查看可以发现在所有的实例中交换机 SWA 均被选举为域根网桥，而交换机 SWB 的 Ethernet 1/0/1 或者 SWC 的 Ethernet 1/0/2 在所有的实例中的端口角色均为 Alternate，端口状态为 Discarding。

（5）控制根网桥的选举，通过配置使交换机 SWB 成为实例 1 中的根网桥，交换机 SWC 成为实例 2 中的根网桥，参考命令如下。

[SWB]stp instance 1 root primary
[SWC]stp instance 2 priority 8192

配置完成后，在交换机 SWB 和 SWC 上分别使用 display stp instance 1 和 display stp instance 2 命令查看该交换机是否成为相应实例中的域根网桥，注意网桥的优先级的取值。

（6）在实例 1 中，交换机 SWC 的端口 Ethernet 1/0/1 此时角色为 Alternate，要求通过修改端口的路径开销值使之在交换机 SWA 和 SWC 之间的网段上被选举为指定端口，参考命令如下。

[SWC]interface Ethernet 1/0/2
[SWC-Ethernet1/0/2]stp instance 1 cost 100

配置完成后，在交换机 SWC 和 SWA 上分别执行 display stp brief 命令查看接口在实例 1 中角色的变化。在交换机 SWC 上执行 display stp instance 1 命令查看端口 Ethernet 1/0/2 的端口路径开销值。然后分析端口角色发生变化的原因。

（7）将交换机 SWB 和 SWC 上连接 PC 的接口全部设置为边缘端口，参考命令如下。

[SWB]interface Ethernet 1/0/10
[SWB-Ethernet1/0/10]stp edged-port enable
[SWB-Ethernet1/0/10]quit
[SWB]interface Ethernet 1/0/20
[SWB-Ethernet1/0/20]stp edged-port enable

[SWC]interface Ethernet 1/0/10
[SWC-Ethernet1/0/10]stp edged-port enable
[SWC-Ethernet1/0/10]quit
[SWC]interface Ethernet 1/0/20
[SWC-Ethernet1/0/20]stp edged-port enable

5．实验报告

填写如表 3-4 所示实验报告。

表 3-4　实训 3.7.2 实验报告

MST 域配置（任一交换机配置即可）					
根网桥选举配置	SWB				
	SWC				
指定端口选举配置					
端口角色			实例 0	实例 1	实例 2
	SWA	E1/0/1			
		E1/0/2			
	SWB	E1/0/1			
		E1/0/2			
	SWC	E1/0/1			
		E1/0/2			
网桥优先级	SWA				
	SWB				
	SWC				

第 4 章

企业网络路由技术

路由技术是网络中的核心技术，在划分了子网和 VLAN 之后，不同网段、不同 VLAN 之间的通信都需要依赖于网络层的路由技术来实现。在网络层存在多种实现网段路由的协议，而且不同的协议在实现原理、路由策略上都不相同，因此如何为网络选择适合的路由协议并保障多种路由协议之间路由信息的共享是网络层的路由技术需要解决的问题。

4.1 企业网络路由项目介绍

在企业网络路由项目中需要解决整个学院网络的跨网段通信问题，这里面既包括某个校区内部各个网段之间的通信，又包括跨校区的通信。另外，还需要在网络层通过冗余来保障部分网络的可靠性，具体如下。

(1) 实现各校区内部网段间的路由。在每个校区中都存在多个职能部门，这也就意味着存在多个不同的网段，要实现整个学院网络的通信，首先需要实现校区内部各网段之间的通信。对于主校区，考虑到校区内部网络环境的复杂度不高、网络规模不大，并且网络架构为单一的以太网，因此可以运行 RIPv2 路由选择协议来实现各网段之间的路由。对于两个分校区，由于其网络更加简单，其中只有一台核心交换机为三层设备，因此可以考虑将其作为 OSPF 中的非主干区域。

(2) 实现校区间的路由。各个校区网络之间通过广域网连接形成一个完整的学院网络。整个学院网络具有较大的网络规模，并且包含了局域网和广域网多种网络架构。在这种情况下，作为距离矢量协议的 RIPv2 无论在网络收敛保障还是在路径选择上都无法很好地满足需求。此时可以考虑使用链路状态路由选择协议 OSPF，通过配置多区域 OSPF，将校区间的连接网络作为主干区域，两个分校区的网络作为非主干区域，这样就可以保障网路通信能够选择最佳路径，并且在网络出现变动时可以快速收敛。

(3) 实现不同路由协议之间路由信息的共享。由于在学院网络中同时存在 RIPv2 和 OSPF 两种路由选择协议，而这两种路由选择协议使用了完全不同的路径度量方法，因此必须要采用相关的技术使这两种协议之间能够正确识别对方的路由信息，以避免路径选择出现错误。另外，网络中还有直连路由和静态路由的存在，这些路由同样需要 RIPv2

和 OSPF 能够正确识别。

（4）在网络层提供冗余以保障网络的可用性。在网络中，一旦某个网段的网关设备（一般是汇聚层交换机）出现故障，将导致整个网段无法与外部网络进行通信。为避免这种单点故障的发生，对于可靠性要求较高的部门在网络层进行设备和链路的冗余，并配置 VRRP 协议以保障网段与外界之间的通信。

4.2 RIPv2

4.2.1 路由优先级

在对 RIPv2 进行讲解之前，首先介绍路由中的一个基本的概念：路由器优先级。

当网络中运行了多种不同的路由选择协议的时候，路由器会优先选择哪一个路由协议产生的路由呢？已知在 CISCO 路由器上存在一个管理距离的概念，为每一种路由类型分配一个管理距离值，管理距离越小路由的优先级就越高。而 H3C 在进行路由选择的时候，使用的对应概念就叫做路由优先级，同样是为每一种路由类型分配一个优先级的值，优先级的值越小路由的优先级越高。H3C 定义的不同路由的默认优先级如表 4-1 所示。

表 4-1 路由优先级

路由类型	默认优先级	路由类型	默认优先级
直连路由	0	OSPF 内部路由	10
IS-IS	15	静态路由	60
RIP	100	OSPF 外部路由	150
IBGP	255	EBGP	255
未知路由	256		

从表 4-1 可以看出，H3C 在进行不同路由类型的选择时与 CISCO 有着明显的区别，最为典型的是在 CISCO 的定义中静态路由的管理距离为 1，其优先级仅次于直连路由而比所有的动态路由都要高；但是在 H3C 的定义中，OSPF 内部路由和 IS-IS 路由的优先级均要高于静态路由。H3C 认为这种优先级的设置方式更加符合实际工作的情况。客观来说，这种区别只能说明不同公司的理念不同，但很难说谁更符合网络中的路由选择。

4.2.2 RIPv2 的概念

路由信息协议（Routing Information Protocol，RIP）是一种典型的距离—矢量路由选择协议，RIP 以它的简单、易于配置和管理的特性在小型动态网络中被广泛应用。但随着各种 IP 地址节约方案的出现，RIPv1 无法再满足网络路由的需求。作为有类别路由选择协议，RIPv1 在路由更新消息中不携带掩码信息，因此它只支持主类网络之间的路由和属于同一主类网络的等长子网之间的路由。当 IP 地址分配采用了 VLSM 或在串行链路上使用了私有 IP 地址时，RIPv1 就会产生路由判断的错误。为提供对变长子网和不连续子网的支持，RIP 推出了其无类别版本 RIPv2。

RIPv2 在实现的原理上与 RIPv1 完全相同，除了继承了 RIPv1 的大部分特性外，RIPv2 还具有以下的特点。

（1）在路由更新消息中携带掩码信息，支持 VLSM 和不连续子网。
（2）采用组播地址 224.0.0.9 发送路由更新消息。
（3）支持手工路由汇总。
（4）只能将路由汇总至主类网络，不支持 CIDR，但可传递已有的超网路由。
（5）支持明文和 MD5 两种认证。

关于 RIPv2 的具体定义详见 RFC1723。

4.2.3　RIPv2 的配置和验证

1. RIPv2 的配置

RIPv2 的配置涉及的命令如下。

```
[H3C]rip [process-id]
[H3C-rip-1]version 2
[H3C-rip-1]undo summary
[H3C-rip-1]network network-address
```

具体步骤：使用 rip 命令启动 RIP 路由选择进程，进程 ID 默认为 1；指定运行的 RIP 协议的版本为 RIPv2；使用 undo summary 命令关闭自动路由汇总功能，以实现子网信息的跨主类网络的传递；通过 network 命令指定参与发送和接收路由更新信息的接口，通告直连网络，network 命令只需要发布主类网络地址即可，RIPv2 会根据路由器相应接口上配置的地址情况来确定是否划分了子网以及属于哪一个子网，并在组播路由更新消息时携带子网掩码。

假设存在如图 4-1 所示的网络，要求为其配置 RIPv2，实现不同网段之间的路由。

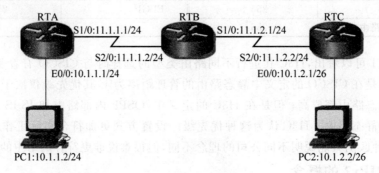

图 4-1　RIPv2 的配置

路由器 RTA 的配置如下。

```
[RTA]rip
[RTA-rip-1]version 2
[RTA-rip-1]undo summary
[RTA-rip-1]network 10.0.0.0
[RTA-rip-1]network 11.0.0.0
```

路由器 RTB 和 RTC 的配置与路由器 RTA 类似。配置完成后，在路由器 RTA 上执行 display ip routing-table 命令查看路由表，显示的结果如下。

[RTA]display ip routing-table
Routing Tables: Public
    Destinations : 9   Routes : 9

Destination/Mask	Proto	Pre	Cost	NextHop	Interface
10.1.1.0/24	Direct	0	0	10.1.1.1	Eth0/0
10.1.1.1/32	Direct	0	0	127.0.0.1	InLoop0
10.1.2.0/26	RIP	100	2	11.1.1.2	S1/0
11.1.1.0/24	Direct	0	0	11.1.1.1	S1/0
11.1.1.1/32	Direct	0	0	127.0.0.1	InLoop0
11.1.1.2/32	Direct	0	0	11.1.1.2	S1/0
11.1.2.0/24	RIP	100	1	11.1.1.2	S1/0
127.0.0.0/8	Direct	0	0	127.0.0.1	InLoop0
127.0.0.1/32	Direct	0	0	127.0.0.1	InLoop0

从上面的显示结果可以看出，路由器 RTA 通过 RIPv2 学习到了去往网络 10.1.2.0/26 和 11.1.2.0/24 的路由，说明 RIPv2 能够支持 VLSM 技术和不连续子网之间的路由。

2. RIPv2 的验证

(1) display rip

在 RIPv2 配置完成后，可以通过 display rip 命令来查看 RIP 协议当前的运行状态和配置信息。在路由器 RTA 上执行 display rip 命令，显示的结果如下。

[RTA]display rip
 Public VPN-instance name :

    RIP process   : 1
    RIP version   : 2
    Preference   : 100
    Checkzero   : Enabled
    Default-cost   : 0
    Summary   : Disabled
    Hostroutes   : Enabled
    Maximum number of balanced paths : 8
    Update time   : 30 sec(s) Timeout time   : 180 sec(s)
    Suppress time   : 120 sec(s) Garbage-collect time : 120 sec(s)
    update output delay : 20(ms) output count : 3
    TRIP retransmit time : 5 sec(s)
    TRIP response packets retransmit count : 36
    Silent interfaces   : None
    Default routes   : Disabled
    Verify-source   : Enabled
    Networks   :
      11.0.0.0   10.0.0.0
    Configured peers   : None
    Triggered updates sent   : 3
    Number of routes changes   : 2
    Number of replies to queries : 1

从上面的显示结果可以看出以下信息：

RIP 协议的进程 ID 是 1。

协议的优先级是 100。

零域检查功能处于开启状态。在 RIPv1 的报文中的有些字段必须为零，称之为零域。零域检查功能在接收 RIPv1 的报文时对零域进行检查，零域值不为零的 RIPv1 报文将不被处理。而 RIPv2 报文中没有零域，此配置无效。

引入路由的默认度量值为 0。

自动路由汇总功能关闭。

允许接收主机路由。

最大等价路径为 8 条。

路由更新周期为 30s；路由老化时间为 180s，如果在老化时间内没有收到关于某条路由的更新报文，则该条路由在路由表中的度量值将会被设置为 16，并从 IP 路由表中删除。

抑制计时器为 120s，当一条路由的度量值变为 16 时，该路由将进入抑制状态。路由处于抑制状态时，只有来自同一邻居且度量值小于 16 的路由更新才会被路由器接收，并取代不可达路由，而来自其他邻居路由器的去往该路由的更新信息将被忽略。

Garbage-collect 计时器为 120s。该计时器定义了一条路由从度量值变为 16 开始，直到它从 RIP 路由表里被删除所经过的时间。

接口发送路由更新的时间延迟为 20ms；一次发送路由更新报文的最大个数为 3。

TRIP 重传路由更新报文的时间间隔为 5s，TRIP(Triggered RIP，触发路由信息协议)是 RIP 协议在广域网上的扩展，主要应用于拨号网络。

TRIP 中路由更新报文的最大重传次数为 36。

不存在抑制接口（即被动接口）。

不会向邻居路由器发布默认路由。

启用对接收到的路由更新报文进行源 IP 地址检查的功能。

RIP 通告的直连网络为 10.0.0.0 和 11.0.0.0。

没有配置路由更新报文的定点发送（即单播更新）。

发送的触发更新报文数为 3。

RIP 进程引起的路由数目为 2。

对 RIP 请求的响应报文数为 1。

(2) display rip *process-id* route

display rip *process-id* route 命令用来查看指定 RIP 进程所产生的路由表。在路由器 RTA 上执行 display rip 1 route 命令，显示结果如下。

```
[RTA]display rip 1 route
Route Flags: R - RIP, T - TRIP
             P - Permanent, A - Aging, S - Suppressed, G - Garbage-collect
----------------------------------------------------------------------------

Peer 11.1.1.2    on Serial 1/0
       Destination/Mask        Nexthop      Cost    Tag    Flags    Sec
        11.1.2.0/24            11.1.1.2      1       0      RA       16
        10.1.2.0/26            11.1.1.2      2       0      RA       16
```

从上面的显示结果可以看出，路由器 RTA 通过 RIPv2 进程 1 获得了去往网络 11.1.2.0/24 和 10.1.2.0/26 的路由。

(3) debugging rip *process-id* packet

debugging rip *process-id* packet 命令只能在用户视图下执行，用来实时显示路由器发送和接收到的 RIP 路由更新信息。在 H3C 的设备上，如果需要使用 debugging 命令进行系统调试，首先需要在用户视图下执行以下两条命令：

<H3C>terminal monitor
<H3C>terminal debugging

其中，terminal monitor 命令用来开启控制台对系统信息的监视功能（该功能默认开启，因此可以不执行这条命令）；terminal debugging 命令用来开启调试信息的屏幕输出开关，使调试信息可以在终端上进行显示。

在路由器 RTA 上执行 debugging rip 1 packet 命令，显示结果如下。

```
<RTA>debugging rip 1 packet
<RTA>
*Aug 26 17:27:20:588 2010 RTA RM/6/RMDEBUG:   RIP 1 : Sending response on interface
                                              Ethernet 0/0 from 10.1.1.1 to 224.0.0.9
*Aug 26 17:27:20:588 2010 RTA RM/6/RMDEBUG:   Packet : vers 2, cmd response, length 64
*Aug 26 17:27:20:589 2010 RTA RM/6/RMDEBUG:   AFI 2, dest 10.1.2.0/255.255.255.192,
                                              nexthop 0.0.0.0, cost 3, tag 0
*Aug 26 17:27:20:589 2010 RTA RM/6/RMDEBUG:   AFI 2, dest 11.1.1.0/255.255.255.0,
                                              nexthop 0.0.0.0, cost 1, tag 0
*Aug 26 17:27:20:589 2010 RTA RM/6/RMDEBUG:   AFI 2, dest 11.1.2.0/255.255.255.0,
                                              nexthop 0.0.0.0, cost 2, tag 0
*Aug 26 17:27:20:589 2010 RTA RM/6/RMDEBUG:   RIP 1 : Sending response on interface Serial
                                              1/0 from 11.1.1.1 to 224.0.0.9
*Aug 26 17:27:20:590 2010 RTA RM/6/RMDEBUG:   Packet : vers 2, cmd response, length 24
*Aug 26 17:27:20:590 2010 RTA RM/6/RMDEBUG:   AFI 2, dest 10.1.1.0/255.255.255.0,
                                              nexthop 0.0.0.0, cost 1, tag 0
*Aug 26 17:27:35:339 2010 RTA RM/6/RMDEBUG:   RIP 1 : Receive response from 11.1.1.2 on
                                              Serial 1/0
*Aug 26 17:27:35:340 2010 RTA RM/6/RMDEBUG:   Packet : vers 2, cmd response, length 44
*Aug 26 17:27:35:340 2010 RTA RM/6/RMDEBUG:   AFI 2, dest 10.1.2.0/255.255.255.192,
                                              nexthop 0.0.0.0, cost 2, tag 0
*Aug 26 17:27:35:340 2010 RTA RM/6/RMDEBUG:   AFI 2, dest 11.1.2.0/255.255.255.0,
                                              nexthop 0.0.0.0, cost 1, tag 0
```

从上面的显示结果可以看出，RIPv2 在发送路由更新信息时携带了子网掩码信息，而且发送路由更新信息使用的是组播地址 224.0.0.9。另外，需要注意的是，在路由器 RTA 的接口 Ethernet 0/0 和 Serial 1/0 上发送的路由更新信息并不相同，这是因为 RIPv2 在默认情况下启用了水平分割的功能。

在 PC1 上使用 Wireshark 工具捕获的 RIPv2 路由更新信息如图 4-2 所示。

对比图 4-2 和在路由器 RTA 上使用 debugging rip 1 packet 命令产生的结果，可以

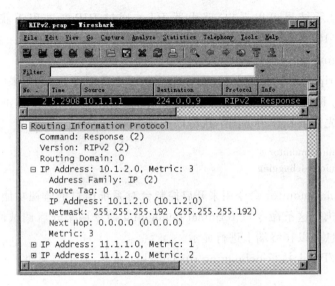

图 4-2 RIPv2 路由更新信息

看到图 4-2 所示的 RIPv2 报文就是从路由器 RTA 的 Ethernet 0/0 接口组播出去的路由更新信息。

4.2.4 抑制接口

在配置 RIP 协议时，network 命令有两个作用，一是指定参与发送和接收路由更新信息的接口；二是通告直连的网络。在 RIP 协议配置完成后，RIP 将从 network 命令指定的网络地址范围内的所有的路由器接口上发送和接收路由更新信息，然后路由器之间通过互相交流路由更新信息来建立起正确的路由表。但在有些时候并不是所有的路由器接口都需要参与路由更新信息的发送。如在图 4-1 所示的网络中，对于路由器 RTA 和 RTC 的 E0/0 接口，由于它们并没有与其他的路由器相连，因此它们发送路由更新信息没有任何意义，而且还会增加网络的负载。此时，就可以将它们设置成抑制接口，使其不再发送路由更新信息。配置抑制接口的命令为

[H3C-rip-1]silent-interface *interface-type interface-number*

将路由器 RTA 的接口 Ethernet 0/0 配置为抑制接口，具体配置如下。

[RTA]rip
[RTA-rip-1]silent-interface Ethernet 0/0

配置完成后，在路由器 RTA 上执行 debugging rip 1 packet 命令，显示结果如下。

```
<RTA>debugging rip 1 packet
<RTA>
*Aug 27 14:42:24:597 2010 RTA RM/6/RMDEBUG:   RIP 1： Sending response on interface
                                              Serial 1/0 from 11.1.1.1 to 224.0.0.9
*Aug 27 14:42:24:598 2010 RTA RM/6/RMDEBUG:   Packet : vers 2, cmd response, length 24
*Aug 27 14:42:24:598 2010 RTA RM/6/RMDEBUG:   AFI 2, dest 10.1.1.0/255.255.255.0,
                                              nexthop 0.0.0.0, cost 1, tag 0
```

* Aug 27 14:42:25:464 2010 RTA RM/6/RMDEBUG:	RIP 1 : Receive response from 11.1.1.2 on Serial 1/0
* Aug 27 14:42:25:464 2010 RTA RM/6/RMDEBUG:	Packet : vers 2, cmd response, length 44
* Aug 27 14:42:25:465 2010 RTA RM/6/RMDEBUG:	AFI 2, dest 10.1.2.0/255.255.255.192, nexthop 0.0.0.0, cost 2, tag 0
* Aug 27 14:42:25:465 2010 RTA RM/6/RMDEBUG:	AFI 2, dest 11.1.2.0/255.255.255.0, nexthop 0.0.0.0, cost 1, tag 0

从上面的显示结果可以看出，接口 Ethernet 0/0 不再发送路由更新信息。

需要注意的是，抑制接口只是不再进行路由更新信息的发送，但它依然接收路由更新信息。在图 4-1 所示的网络中，如果将路由器 RTA 的 S1/0 接口设置为抑制接口，则路由器 RTB 和 RTC 的路由表中将不再有去往网络 10.1.1.0/24 的路由，而路由器 RTA 的路由表没有任何变化。当然，因为路由不完全的问题，网络 10.1.1.0/24 中的主机此时将无法与其他网络进行通信，尽管路由器 RTA 拥有去往相应网络的路由。

4.2.5 RIP 报文定点传送

在默认情况下，RIPv2 使用组播地址 224.0.0.9 进行路由更新信息的发送，但是在有些特定的网络中可能不支持组播，或者有些时候可能只希望向指定的路由器发送路由更新信息，这就需要用到 RIP 报文的定点传送功能。设置 RIP 报文的定点传送，首先需要将相应的接口设置为抑制接口，然后使用 peer 命令指定邻居路由器，即向谁发送路由更新信息。

对于 RIP 报文的定点传送一般用于路由器的一个接口连接多个邻居路由器的情况，在此为了叙述的简单，仍然采用了图 4-1 所示的网络，对网络中的路由器 RTA 的 Serial 1/0 设置 RIP 报文的定点传送，使其的路由更新信息只发送给路由器 RTB，具体配置如下。

```
[RTA]rip
[RTA-rip-1]silent-interface Serial 1/0
[RTA-rip-1]peer 11.1.1.2
```

配置完成后，在路由器 RTA 上执行 debugging rip 1 packet 命令显示结果如下。

```
<RTA>debugging rip 1 packet
<RTA>
```

* Aug 27 14:55:39:597 2010 RTA RM/6/RMDEBUG:	RIP 1 : Sending response on interface Serial 1/0 from 11.1.1.1 to 11.1.1.2
* Aug 27 14:55:39:598 2010 RTA RM/6/RMDEBUG:	Packet : vers 2, cmd response, length 24
* Aug 27 14:55:39:598 2010 RTA RM/6/RMDEBUG:	AFI 2, dest 10.1.1.0/255.255.255.0, nexthop 0.0.0.0, cost 1, tag 0
* Aug 27 14:55:42:465 2010 RTA RM/6/RMDEBUG:	RIP 1 : Receive response from 11.1.1.2 on Serial 1/0
* Aug 27 14:55:42:465 2010 RTA RM/6/RMDEBUG:	Packet : vers 2, cmd response, length 44
* Aug 27 14:55:42:465 2010 RTA RM/6/RMDEBUG:	AFI 2, dest 10.1.2.0/255.255.255.192, nexthop 0.0.0.0, cost 2, tag 0
* Aug 27 14:55:42:465 2010 RTA RM/6/RMDEBUG:	AFI 2, dest 11.1.2.0/255.255.255.0, nexthop 0.0.0.0, cost 1, tag 0

从上面的显示结果可以看出,路由器 RTA 的接口 Serial 1/0 在发送路由更新信息时使用的地址是通过 peer 命令指定的邻居路由器 RTB 的地址 11.1.1.2,而不再是组播地址 224.0.0.9。

4.2.6 手工路由汇总

在 RIPv2 的配置中已经使用了 undo summary 命令关闭了自动路由汇总功能,但在有些时候需要实现某一部分网络的路由汇总,此时就可以使用手工路由汇总来实现,具体的命令如下。

[H3C-Serial1/0] rip summary-address *network-address* {*mask*|*mask-length*}

假设存在如图 4-3 所示的网络,在图中,首先在路由器 RTA 上创建 4 个环回接口,来模拟路由器 RTA 的直连网段 12.1.0.0/24、12.1.1.0/24、12.1.2.0/24、12.1.3.0/24。

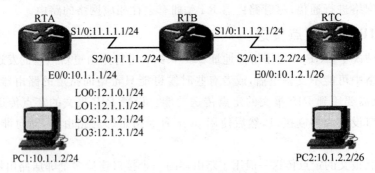

图 4-3 RIPv2 的手工路由汇总

环回(Loopback)接口是虚拟的接口,它默认总是处于开启状态,因此环回接口一般被用作管理接口,网络管理员可以通过环回接口的 IP 地址进行远程登录对路由器进行管理。另外环回接口地址往往作为动态路由选择协议 OSPF、BGP 的路由器 ID。动态路由选择协议 OSPF、BGP 在运行过程中需要为该协议指定一个路由器 ID 作为路由器的唯一标识,并要求在整个自治系统内唯一,由于 Loopback 接口的 IP 地址通常被视为路由器的标识,所以也就成了路由器 ID 的最佳选择。由于环回接口没有与对端互联互通的需求,所以为了节约 IP 地址资源,同时也为了防止伪路由的传播,其地址通常指定为 32 位掩码,在 H3C 的设备上也只能指定 32 位的掩码。在这里,由于是使用环回接口来模拟一个网段的路由,因此图 4-3 中给出的是 24 位的掩码。实际上配置的地址是 LO0:12.1.0.1/32、LO1:12.1.1.1/32、LO2:12.1.2.1/32、LO3:12.1.3.1/32。

对图 4-3 中的 3 台路由器按照图中所示的接口地址配置完成,并在配置 RIPv2 协议之后,在路由器 RTB 上使用 display ip routing-table 命令查看路由表,显示的结果如下。

[RTB]display ip routing-table
Routing Tables: Public
   Destinations : 14   Routes : 14

Destination/Mask	Proto	Pre	Cost	NextHop	Interface
10.1.1.0/24	RIP	100	1	11.1.1.1	S2/0
10.1.2.0/26	RIP	100	1	11.1.2.2	S1/0
11.1.1.0/24	Direct	0	0	11.1.1.2	S2/0
11.1.1.1/32	Direct	0	0	11.1.1.1	S2/0
11.1.1.2/32	Direct	0	0	127.0.0.1	InLoop0
11.1.2.0/24	Direct	0	0	11.1.2.1	S1/0
11.1.2.1/32	Direct	0	0	127.0.0.1	InLoop0
11.1.2.2/32	Direct	0	0	11.1.2.2	S1/0
12.1.0.1/32	RIP	100	1	11.1.1.1	S2/0
12.1.1.1/32	RIP	100	1	11.1.1.1	S2/0
12.1.2.1/32	RIP	100	1	11.1.1.1	S2/0
12.1.3.1/32	RIP	100	1	11.1.1.1	S2/0
127.0.0.0/8	Direct	0	0	127.0.0.1	InLoop0
127.0.0.1/32	Direct	0	0	127.0.0.1	InLoop0

从上面的显示结果可以看出,在路由器RTB的路由表中为12.0.0.0网络保存了4条明细路由,而实际上这4条明细路由可以汇总为一条路由:12.1.0.0/22(注意,此处是按照4条网络前缀为24b的路由来说的)。路由汇总的配置在路由器RTA的接口Serial 1/0的接口视图下来实现,具体配置如下。

[RTA]interface Serial 1/0
[RTA-Serial1/0]rip summary-address 12.1.0.0 22

配置完成后,在路由器RTB上使用display ip routing-table命令查看路由表,显示的结果如下。

[RTB]display ip routing-table
Routing Tables: Public
   Destinations : 11   Routes : 11

Destination/Mask	Proto	Pre	Cost	NextHop	Interface
10.1.1.0/24	RIP	100	1	11.1.1.1	S2/0
10.1.2.0/26	RIP	100	1	11.1.2.2	S1/0
11.1.1.0/24	Direct	0	0	11.1.1.2	S2/0
11.1.1.1/32	Direct	0	0	11.1.1.1	S2/0
11.1.1.2/32	Direct	0	0	127.0.0.1	InLoop0
11.1.2.0/24	Direct	0	0	11.1.2.1	S1/0
11.1.2.1/32	Direct	0	0	127.0.0.1	InLoop0
11.1.2.2/32	Direct	0	0	11.1.2.2	S1/0
12.1.0.0/22	RIP	100	1	11.1.1.1	S2/0
127.0.0.0/8	Direct	0	0	127.0.0.1	InLoop0
127.0.0.1/32	Direct	0	0	127.0.0.1	InLoop0

从上面的显示结果可以看出,4个网络12.1.0.0/24、12.1.1.0/24、12.1.2.0/24、12.1.3.0/24被汇总成一条路由12.1.0.0/22。

如果将图4-3中的路由器RTA的4个直连网段修改为192.168.0.0/24、192.168.1.0/24、192.168.2.0/24、192.168.3.0/24,并再次在路由器RTA的接口Serial 1/0上配

置手工路由汇总,显示结果如下。

[RTA-Serial1/0]rip summary-address 192.168.0.0 22
Super-net address can not be configured as summary address

路由器提示不能够对超网进行路由汇总,这也证明了 RIPv2 不支持 CIDR。

4.2.7　RIPv2 的认证

RIPv2 在它的路由更新信息中提供身份认证功能,而且在相邻路由器连接的接口上可以用一套密钥来进行身份认证,只有身份认证通过,才可以获得正确的路由更新信息,以确保网络路由更新信息不会被恶意窃听。RIPv2 支持明文认证和 MD5 密文认证两种方式,具体配置命令如下。

[H3C-Serial1/0]rip authentication-mode { md5 { rfc2082 *key-string key-id* | rfc2453 *key-string* } | simple *password* }

直接在需要启用认证的接口上配置上面的命令即可。

1. 明文认证

在图 4-1 所示的网络中,为路由器 RTA 的接口 Serial 1/0 配置明文认证,配置如下。

[RTA]interface Serial 1/0
[RTA-Serial1/0]rip authentication-mode simple h3c

配置完成后,在路由器 RTA 上使用 debugging rip 1 packet 命令查看路由器 RTA 发送和接收的路由更新信息的情况,显示的结果如下。

```
<RTA>debugging rip 1 packet
<RTA>
* Aug 27 16:28:06:598 2010 RTA RM/6/RMDEBUG:  RIP 1 : Sending response on interface
                                              Serial 1/0 from 11.1.1.1 to 224.0.0.9
* Aug 27 16:28:06:598 2010 RTA RM/6/RMDEBUG:  Packet : vers 2, cmd response, length 64
* Aug 27 16:28:06:598 2010 RTA RM/6/RMDEBUG:  authentication-mode simple: h3c
* Aug 27 16:28:06:598 2010 RTA RM/6/RMDEBUG:  AFI 2, dest 10.1.1.0/255.255.255.0,
                                              nexthop 0.0.0.0, cost 1, tag 0
* Aug 27 16:28:06:599 2010 RTA RM/6/RMDEBUG:  AFI 2, dest 12.1.0.0/255.255.252.0,
                                              nexthop 0.0.0.0, cost 1, tag 0
* Aug 27 16:28:12:467 2010 RTA RM/6/RMDEBUG:  RIP 1 : Receive response from 11.1.1.2
                                              on Serial 1/0
* Aug 27 16:28:12:467 2010 RTA RM/6/RMDEBUG:  Packet : vers 2, cmd response, length 44
* Aug 27 16:28:12:468 2010 RTA RM/6/RMDEBUG:  AFI 2, dest 10.1.2.0/255.255.255.192,
                                              nexthop 0.0.0.0, cost 2, tag 0
* Aug 27 16:28:12:468 2010 RTA RM/6/RMDEBUG:  AFI 2, dest 11.1.2.0/255.255.255.0,
                                              nexthop 0.0.0.0, cost 1, tag 0
* Aug 27 16:28:12:468 2010 RTA RM/3/RMDEBUG:  RIP 1 : Authentication failure
* Aug 27 16:28:12:469 2010 RTA RM/3/RMDEBUG:  RIP 1 : Ignoring this packet. Authentication
                                              validation failed
```

从上面的显示结果可以看出,路由器 RTA 在接口 Serial 1/0 上采用了明文认证,密钥为 h3c,而从接口 Serial 1/0 接收到的路由更新信息由于认证失败而被忽略。此时,在路由器 RTA 上执行命令 display ip routing-table，会发现路由表中不再有通过 RIP 获得的路由信息。

此时，必须在路由器 RTB 的接口 Serial 2/0 上采用相同的认证配置，路由器 RTA 和 RTB 之间才可以正常地进行路由更新信息的交换，具体不再赘述。

2. MD5 认证

MD5 认证报文存在两种不同的报文格式，一种是 RFC2082 定义的报文格式；一种是 RFC2453 定义的报文格式（IETF 标准）。

在图 4-1 所示的网络中，为路由器 RTB 的接口 Serial 1/0 配置 MD5 认证，采用 RFC2082 标准，具体配置如下。

```
[RTB]interface Serial 1/0
[RTB-Serial1/0]rip authentication-mode md5 rfc2082 h3c 1
```

配置完成后，在路由器 RTB 上使用 debugging rip 1 packet 命令查看路由器 RTB 发送和接收的路由更新信息的情况，显示的结果如下。

```
<RTB>debugging rip 1 packet
<RTB>
*Aug 27 16:56:32:590 2010 RTB RM/6/RMDEBUG:   RIP 1 : Sending response on interface
                                              Serial 1/0 from 11.1.2.1 to 224.0.0.9
*Aug 27 16:56:32:590 2010 RTB RM/6/RMDEBUG:   Packet : vers 2, cmd response, length 104
*Aug 27 16:56:32:591 2010 RTB RM/6/RMDEBUG:   authentication-mode: MD 5 Digest: db56035a.
                                              d6518d7e.673d9398.1e54ae2a
*Aug 27 16:56:32:741 2010 RTB RM/6/RMDEBUG:   Sequence: 00000008
*Aug 27 16:56:32:842 2010 RTB RM/6/RMDEBUG:   AFI 2, dest 10.1.1.0/255.255.255.0,
                                              nexthop 0.0.0.0, cost 2, tag 0
*Aug 27 16:56:32:942 2010 RTB RM/6/RMDEBUG:   AFI 2, dest 11.1.1.0/255.255.255.0,
                                              nexthop 0.0.0.0, cost 1, tag 0
*Aug 27 16:56:33:042 2010 RTB RM/6/RMDEBUG:   AFI 2, dest 12.1.0.0/255.255.252.0,
                                              nexthop 0.0.0.0, cost 2, tag 0
*Aug 27 16:56:45:690 2010 RTB RM/6/RMDEBUG:   RIP 1 : Receive response from 11.1.2.2
                                              on Serial 1/0
*Aug 27 16:56:45:690 2010 RTB RM/6/RMDEBUG:   Packet : vers 2, cmd response, length 24
*Aug 27 16:56:45:690 2010 RTB RM/6/RMDEBUG:   AFI 2, dest 10.1.2.0/255.255.255.192,
                                              nexthop 0.0.0.0, cost 1, tag 0
*Aug 27 16:56:45:691 2010 RTB RM/3/RMDEBUG:   RIP 1 : Authentication failure
*Aug 27 16:56:45:691 2010 RTB RM/3/RMDEBUG:   RIP 1 : Ignoring this packet. Authentication
                                              validation failed
```

从上面的显示结果可以看出，路由器 RTB 在接口 Serial 1/0 上采用了 MD5 认证，而从接口 Serial 1/0 接收到的路由更新信息由于认证失败而被忽略。此时，必须在路由器 RTC 的接口 Serial 2/0 上采用相同的认证配置，路由器 RTB 和 RTC 之间才可以正常地进行路由更新信息的交换。需要注意的是，如果采用 RFC2082 标准的 MD5 报文格式，则要求两端接口配置的 Key-Id 必须相同，否则会提示 MD5 failure - Key Id mismatch，导致认证失败。

4.2.8 传播默认路由

在 H3C 设备上,不同的路由选择协议传播默认路由的命令有所不同,在 RIP 协议下传播默认路由的命令如下。

[H3C-rip-1]default-route {only|originate} [cost *cost*]

其中,参数 only 为配置只发送默认路由,不发送普通路由;参数 originate 为配置既发送默认路由,也发送普通路由。需要注意的是一般不要使用 only 参数,除非想要将除默认路由外的所有其他路由都不再发送。参数 cost 为指定引入默认路由的初始度量值,取值范围为 1~15,如果没有指定,度量值将取 default cost 命令配置的值,在 default cost 命令也未指定的情况下取值为 0。

在此依然使用图 4-1 所示的网络,配置路由器 RTA 向网络中的其他路由器传播默认路由,具体如下。

[RTA]rip
[RTA-rip-1]default-route originate

注意在这里不需要在路由器 RTA 上配置默认路由。配置完成后,在路由器 RTB 上执行 display ip routing-table 命令,显示结果如下。

```
[RTB]display ip routing-table
Routing Tables: Public
        Destinations : 11      Routes : 11

Destination/Mask    Proto   Pre   Cost      NextHop        Interface

0.0.0.0/0           RIP     100   1         11.1.1.1       S2/0
10.1.1.0/24         RIP     100   1         11.1.1.1       S2/0
10.1.2.0/26         RIP     100   1         11.1.2.2       S1/0
11.1.1.0/24         Direct  0     0         11.1.1.2       S2/0
11.1.1.1/32         Direct  0     0         11.1.1.1       S2/0
11.1.1.2/32         Direct  0     0         127.0.0.1      InLoop0
11.1.2.0/24         Direct  0     0         11.1.2.1       S1/0
11.1.2.1/32         Direct  0     0         127.0.0.1      InLoop0
11.1.2.2/32         Direct  0     0         11.1.2.2       S1/0
127.0.0.0/8         Direct  0     0         127.0.0.1      InLoop0
127.0.0.1/32        Direct  0     0         127.0.0.1      InLoop0
```

从上面的显示结果可以看出,路由器 RTB 获得了一条默认路由 0.0.0.0/0,下一跳为 11.1.1.1。路径开销值为 1(初始度量值 0+经过跳数 1)。

如果配置命令为 default-route only,则在路由器 RTB 上将无法看到路由 10.1.1.0/24。

4.3 OSPF

开放式最短路径优先(Open Shortest Path First,OSPF)协议是基于开放标准的链路状态路由选择协议,它通过在运行 OSPF 的路由器之间交换链路状态信息来掌握整个网络的拓扑结构,而且每台路由器通过 SPF 算法独立计算路由。OSPF 在大型网络的应用中,支持分级设计原则,并将一个网络划分成多个区域,以减少路由选择开销、加快网络收敛,同一个区域内的路由器拥有相同的链路状态数据库。OSPF 采用开销(Cost)作为度量标准,开销的计算公式为 10^8/带宽,链路的带宽越大,成本值就越小,链路就越好,其关键特点如下。

(1) 属于无类别路由选择协议,支持 CIDR 和 VLSM。
(2) 支持网络分级设计,可以对网络进行区域的划分。
(3) 采用组播地址发送路由更新信息。
(4) 支持明文和 MD5 两种认证。
(5) 采用开销(Cost)作为度量标准。
(6) 管理距离为 110。

关于 OSPF 的具体定义详见 RFC2328。

4.3.1 OSPF 基础

1. OSPF 网络类型

OSPF 路由器接口可以识别 3 种不同类型的网络,即广播型多路访问(Broadcast Multi-Access,BMA)网络、点到点(Point-to-Point)网络和非广播型多路访问(None Broadcast Multi-Access,NBMA)网络,如图 4-4 所示。另外,网络管理员还可以在接口上配置点到多点(Point-to-Multi-Point)网络。

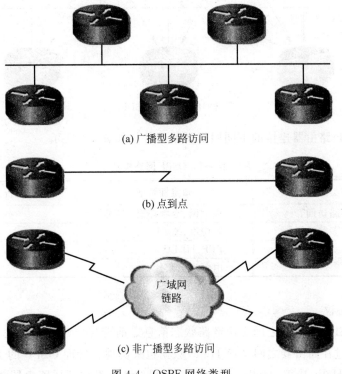

图 4-4 OSPF 网络类型

运行 OSPF 协议的路由器之间是通过交换链路状态信息来掌握网络拓扑结构,进而计算路由的。而在交换链路状态信息之前,在 OSPF 路由器之间必须要首先建立毗邻关系,所以路由器会试图与它所连接的每一个 IP 网段中的至少一台路由器建立毗邻关系。如果路由器连接的是点到点网络,由于仅有两台连接的路由器,因此会在两台连接的路由器之间建立毗邻关系。而在多路访问型网络中,可能有多台路由器连接到一个 IP 网段中,如果每一台路由器都与所有其他路由器建立毗邻关系,开销将会变得很大。如果一个 IP 网段中有 n 台路由器,将需要建立 $n\times(n-1)/2$ 个毗邻关系。

为了解决这个问题,OSPF 要求在一个 IP 网段中选举出一台路由器作为指定路由器(Designated Route,DR),网段中的所有其他路由器都只与 DR 建立毗邻关系,并与其交换链路状态信息。为了防止 DR 单点故障的发生,在选举 DR 的同时还会选举出一个备份指定路由器(Backup Designated Route,BDR),以便在 DR 失效时接替 DR,如图 4-5 所示。组播地址 224.0.0.6 用来表示 DR 和 BDR,224.0.0.5 用来表示网段中所有的路由器。

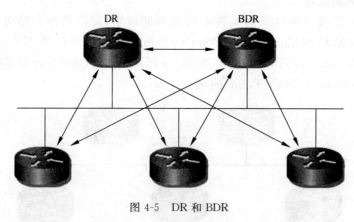

图 4-5 DR 和 BDR

具体 OSPF 路由器连接的不同网络类型的特征如表 4-2 所示。

表 4-2 OSPF 网络类型

网络类型	确定性特征	是否选举 DR
广播型多路访问	以太网、令牌环或 FDDI	是
非广播型多路访问	帧中继、X.25	是
点到点	PPP、HDLC	否
点到多点	由管理员配置	否

2. Hello 协议

已知在 OSPF 路由器之间交换链路状态信息之前首先要建立毗邻关系,而毗邻关系的建立需要通过在路由器之间交换 Hello 数据包来实现。管理 OSPF 的 Hello 数据包交换的规则称为 Hello 协议(Hello Protocol),其目的在于发现邻居路由器并用来维持邻接关系,它还在多路访问型网络中用来进行 DR 和 BDR 的选举。

OSPF 路由器通过周期性的发送 Hello 数据包来建立和维持毗邻关系。Hello 数据包的发送周期与路由器接口所连接的网络类型有关。默认情况下，Hello 数据包在广播型多路访问网络和点到点网络上每 10s 发送一次，在非广播型多路访问网络和点到多点网络上每 30s 发送一次。

Hello 数据包相对比较小，它包含有 OSPF 数据包报头。其结构如图 4-6 所示。

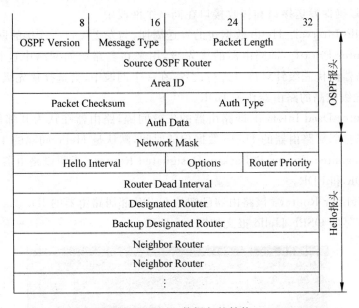

图 4-6　Hello 数据包的结构

Hello 数据包中的各参数说明如下。

（1）OSPF Version：定义所采用的 OSPF 路由协议的版本，目前在 IPv4 网络中所采用的是第 2 版。

（2）Message Type：定义 OSPF 报文类型，OSPF 报文有 5 种类型，Hello 数据包是类型 1。

（3）Packet Length：整个 OSPF 数据包的长度。

（4）Source OSPF Router，即路由器 ID，用来标识路由器的一个 32b 的标识符。

在 OSPF 网络中，路由器 ID 用来唯一的标识一台路由器，并要求在整个自治系统内唯一。路由器 ID 可以通过手工配置和自动获得两种方式产生，手工配置是在 OSPF 路由协议配置模式下使用 router-id 命令进行配置的。如果没有进行手工配置，则路由器 IOS 会选择 IP 地址最大的 Loopback 接口的 IP 地址作为路由器 ID；而在没有配置 Loopback 接口的情况下，会选择最大的活动的物理接口的 IP 地址作为路由器 ID。一般建议使用 Loopback 接口的 IP 地址作为路由器 ID，因为 Loopback 接口是虚拟接口，并且一直处于开启状态，有利于 OSPF 的稳定运行。需要注意的是，配置 Loopback 接口的 IP 地址时一般采用 32b 的子网掩码，以防止伪路由的传播，并且 Loopback 接口应在 OSPF 协议之前进行配置。

（5）Area ID：OSPF 数据包所属的区域号。

（6）Packet Checksum，即校验和，用来对数据包进行差错校验。

(7) Auth Type：定义 OSPF 的认证类型。0 表示不进行认证，1 表示采用明文认证，2 表示采用 MD5 认证。

(8) Auth Data：OSPF 的认证信息，长度为 8B。

(9) Network Mask，即网络掩码，用来发送 Hello 数据包接口的掩码，要求与接收接口掩码相同，以确保发送接口和接收接口在同一个网段中。

(10) Hello Interval：Hello 数据包的发送周期，与发送接口所连接的网络类型有关。

(11) Router Priority，即路由器的优先级，用来在多路访问网络中进行 DR 和 BDR 的选举。路由器的优先级针对接口进行设置，在一个网段中，会选择优先级最高的路由器作为 DR，优先级次高的路由器作为 BDR。

(12) Router Dead Interval，即路由器的失效间隔，路由器在认为其邻居路由器失效前等待接收来自邻居路由器的 Hello 数据包的时间，默认是 Hello 间隔的 4 倍。

(13) Designated Router 和 Backup Designated Router：指明该路由器发送接口所在的网段中的 DR 和 BDR。

(14) Neighbor Router：该路由器已知的 OSPF 邻居路由器的 ID。

网络中实际的 OSPF Hello 报文如图 4-7 所示。

图 4-7 网络中实际的 OSPF Hello 报文

3. OSPF 状态

与运行距离矢量路由选择协议的路由器只发送一种消息即其完整的路由选择表不同，运行 OSPF 协议的路由器通过 5 种不同种类的数据包来识别它们的邻居并更新链路状态信息。OSPF 的数据包类型如表 4-3 所示。

表 4-3　OSPF 数据包类型

OSPF 数据包类型	描　　述
Type1：Hello	建立和维护路由器的毗邻关系
Type2：数据库描述(DataBase Description,DBD)	描述链路状态数据库的内容
Type3：链路状态请求(Link State Request,LSR)	向相邻的路由器请求特定的链路状态信息
Type4：链路状态更新(Link State Update,LSU)	向邻居路由器发送链路状态通告,即 LSA
Type5：链路状态确认(Link State Acknowledgment,LSAck)	对 LSU 的响应,确认收到了邻居路由器的 LSU

OSPF 路由器通过这 5 种不同类型的数据包来完成路由器之间的毗邻关系的建立和通信的实现。在 OSPF 路由器毗邻关系建立的过程中,路由器接口可以处于下面的 7 种状态之一,并且从 Down 状态到 Full Adjacency 状态逐步发展。

(1) Down 状态

在 Down 状态下,OSPF 进程还没有与任何路由器交换信息,即没有收到任何一个 Hello 数据包。此时,OSPF 在等待进入下一个状态,即 Init 状态。

(2) Init 状态

OSPF 路由器周期性地发送 Hello 数据包,当路由器的一个接口收到第一个 Hello 数据包时,该接口就进入 Init 状态。此时,路由器知道有一个邻居路由器并将其路由器 ID 加入到自己的 Hello 数据包中的邻居路由器 ID 字段中。

(3) Two-Way 状态

当路由器看到自己的路由器 ID 出现在一台邻居路由器发送来的 Hello 数据包中时,则与对方进入 Two-Way 状态。Two-Way 状态是 OSPF 邻居路由器之间可以具有的最基本的关系,如果路由器连接的是多路访问网络,则进入 DR 和 BDR 的选举过程。

(4) Exstart 状态

Exstart 状态是用数据库描述(DataBase Description,DBD)数据包建立的,两台邻居路由器通过 Hello 数据包协商两者之间的主从关系,以决定由谁发起链路状态信息的交换过程。具有较高路由器 ID 的路由器会成为主路由器,来发起链路状态信息的交换,而从路由器则对主路由器进行响应。

(5) Exchange 状态

在 Exchange 状态下,邻居路由器使用 DBD 数据包来相互发送它们的链路状态信息,即相互描述自己的链路状态数据库。路由器会将接收到的信息与自己的链路状态数据库进行比较,如果接收的信息中有自己未知链路的信息,则进入下一状态,即 Loading 状态。

(6) Loading 状态

在路由器发现接收的邻居路由器发送来的链路状态信息中有自己未知的链路信息时,路由器会发送链路状态请求(Link State Request,LSR)数据包请求更完整的链路信息,而邻居路由器会使用链路状态更新(Link State Update,LSU)数据包进行响应。路由器接收到来自邻居路由器的LSU后,使用链路状态确认(Link State Acknowledgment,LSAck)数据包进行确认。

(7) Full Adjacency 状态

在Loading状态结束后,路由器进入Full Adjacency状态。此时,相邻的路由器运行着相同的链路状态数据库,并且每台路由器都保存着一张毗邻路由器列表,又称为毗邻数据库,注意每一台路由器上的毗邻数据库是不同的。

4. OSPF的运行步骤

OSPF的运行分为下面5个步骤。

(1) 建立路由器毗邻关系

OSPF的运行首先要在相邻的路由器之间建立毗邻关系。路由器周期性地使用地址224.0.0.5来组播Hello数据包,在相邻路由器接收到一个Hello数据包后,会将Hello数据包中的路由器ID加入到自己的Hello数据包中的邻居路由器ID字段中。当一台路由器在它接收到的Hello数据包中发现自己的路由器ID时,则与对方进入Two-Way状态,此时路由将根据相应接口所连接的网络类型来确定是否可以建立毗邻关系。如果连接的是点到点网络,则路由器将与唯一的相邻路由器建立毗邻关系,进入第三步;如果连接的是多路访问型网络,则进入DR和BDR的选举过程。

(2) 选举DR和BDR

在多路访问型网络中,需要选举一个指定路由器(Designated Route,DR)来作为链路状态更新和LSA的集中点,并且要选举一个备份指定路由器(Backup Designated Route,BDR)以防止单点故障导致网络中断。

DR和BDR的选举使用Hello数据包作为选票,因为在Hello数据包中包含了路由器的优先级和路由器ID字段。在选举中,优先级最高的路由器被选举为DR,优先级次高的路由器被选举为BDR。路由器的优先级是针对接口进行设置的,取值范围为0～255。路由器的各个接口的默认优先级为1,可以在接口配置模式下通过命令 ip ospf priority 进行修改。优先级为0时将阻止路由器在该接口上被选举为DR和BDR。可以为路由器的多个接口配置不同的优先级,使路由器在某一个接口上赢得选举而在另一个接口上选举失败。如果出现优先级相同的情况,则使用路由器ID来进行判断,路由器ID最高的路由器被选举为DR,次高的路由器被选举为BDR。在选举出DR和BDR后,即使有具有更高优先级的路由器加入网络也不会发生改变,直到有一台失效。

在如图4-8所示的网络中,路由器的接口优先级均为默认值,没有进行Loopback接口的配置,DR和BDR的选举如下。

路由器RTB和路由器RTC连接的网络12.1.1.0/24为点到点网络,不需要进行DR和BDR的选举;在网络10.1.1.0/24中,RTA作为网络中唯一的路由器被选举为DR;在网络13.1.1.0/24中,RTC作为网络中唯一的路由器被选举为DR;在网络11.1.1.0/24中,由于路由器RTB的路由器ID为12.1.1.1,大于路由器RTA的路由器ID 11.1.1.1,因此路由器RTB被选举为DR,路由器RTA被选举为BDR。

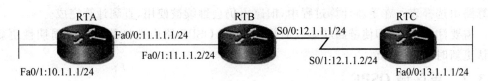

图 4-8 DR 和 BDR 的选举

需要注意的是，DR 和 BDR 的选举是以 IP 网络为基础的，一个 OSPF 区域可以包含多个 IP 网络，因此一个 OSPF 区域通常会含有多个 DR 和 BDR。而如果一台路由器连接多个网络，则可能具有多重身份，在一个网络中是 DR 而在另一个网络中是 BDR 或 DROther，如图 4-8 中的路由器 RTA。

（3）发现路由

在 Exstart 状态下，通过 Hello 数据包协商路由器间的主从关系，并由 DBD 数据包宣布路由器 ID 最高的路由器为主路由器，由主路由器发起链路状态信息的交换。在定义了主从路由器之后，进入 Exchange 状态，由主路由器带领从路由器进行 DBD 数据包的交换，并通过 LSAck 数据包进行确认。如果路由器在收到的 DBD 中包含一个新的或更新过的链路信息，则路由器将发送一个针对该项的 LSR 数据包，进入 Loading 状态。而在 Loading 状态下使用 LSU 数据包发送链路状态更新信息来响应 LSR，并使用 LSAck 数据包进行确认。最终使路由器进入 Full Adjacency 状态，此时同一区域内的路由器运行着相同的链路状态数据库。

（4）选择最佳路由

在路由器具有了完整的链路状态数据库后，OSPF 路由器使用最短路径优先（SPF）算法计算到达每一个目的网络的最佳路径。OSPF 采用开销（Cost）作为度量标准，SPF 算法将本路由器到达目的网络之间的所有链路的开销相加作为该路径的度量值。在存在多条路径时，优先选用开销最低的路径。默认情况下，OSPF 允许有 4 条等价路径进行负载均衡。

（5）维护路由信息

当链路状态发生变化时，OSPF 将泛洪 LSU 来通告网络上的其他路由器。OSPF 路由器周期性地发送 Hello 数据包，一旦某路由器从毗邻路由器收到 Hello 数据包的时间超过了失效时间间隔，则认为它与毗邻路由器之间的链路失效，从而触发 OSPF 泛洪 LSU。

在点到点网络中，LSU 通过组播地址 224.0.0.5 发送到唯一的毗邻路由器。在多路访问网络中，如果是 DR 或 BDR 需要发送 LSU，会使用组播地址 224.0.0.5 将 LSU 发送给 IP 网络上的所有其他路由器；如果是 DROther，则使用组播地址 224.0.0.6 将 LSU 发送给 DR 和 BDR。在 DR 接收到目的地址为 224.0.0.6 的 LSU 后，会通过组播地址 224.0.0.5 将 LSU 泛洪，以确保网络中所有的路由器都接收到 LSU。而 BDR 一般只接收 LSU，而不会对其进行确认和泛洪，除非 DR 失效。如果一台 OSPF 路由器还连接着其他网络，则将 LSU 泛洪到该网络中。

在收到 LSU 后，OSPF 路由器将更新自己的链路状态数据库，并使用 SPF 算法重新计算路由选择表。在重新计算过程中，旧路由仍会继续被使用，直到计算完成。

需要注意的是，即使链路状态没有发生变化，OSPF 路由选择信息也会周期性更新，默认更新时间为 30min。

4.3.2 单区域 OSPF

1. 单区域 OSPF 的配置

在 H3C 路由器上配置 OSPF 协议涉及的命令如下。

[H3C]ospf [*process-id*]
[H3C-ospf-1]area *area-id*
[H3C-ospf-1-area-0.0.0.0]network *network-address wildcard-mask*

首先，在系统视图下启动 OSPF 路由选择进程，并指定进程 ID，默认情况下进程 ID 为 1；然后配置 OSPF 的区域，在 H3C 的路由器上，OSPF 区域用一个 32 位的区域 ID 来表示，可以表示为一个十进制数字，也可以表示为一个点分十进制的数字，但系统仅用点分十进制的数字来显示；最后，通过 network 命令来发布直连网络，其中通配符掩码使用子网掩码或子网掩码的反码均可。

需要注意的是，与 CISCO 路由器上相同，在 H3C 路由器上配置 OSPF 时也需要为其指定路由器 ID，而且往往是必须指定。已知路由器 ID 的选择优先顺序为手工配置→最大的环回接口 IP 地址→最大的活动物理接口的 IP 地址。如果没有手工指定路由器 ID，也没有配置环回接口，此时路由器将会选择最大的活动物理接口的 IP 地址作为路由器 ID。这一点在 CISCO 路由器上没有什么问题，但是在 H3C 路由器上可能会导致 OSPF 网络无法正常运行，原因很简单：在 H3C 路由器上默认情况下会给接口 Ethernet 0/0 分配地址 192.168.1.1/24，这就有可能存在多台路由器的路由器 ID 都是 192.168.1.1 的情况，使路由器之间根本无法建立毗邻关系，从而导致网络无法正常运行。因此，在运行 OSPF 进程之前，一定要在系统视图下使用 router id 命令指定路由器 ID 或者配置一个环回接口地址来作为路由器 ID。

假设存在如图 4-9 所示的网络，要求为路由器配置 OSPF 协议，以实现不同网段之间的路由。

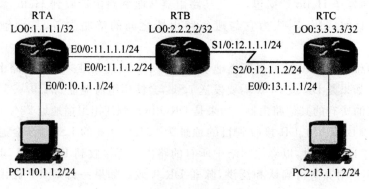

图 4-9 单区域 OSPF 的配置

路由器 RTA 的配置如下。

[RTA]ospf 1
[RTA-ospf-1]area 0
[RTA-ospf-1-area-0.0.0.0]network 10.1.1.0 0.0.0.255
[RTA-ospf-1-area-0.0.0.0]network 11.1.1.0 0.0.0.255

路由器 RTB 和 RTC 的配置与路由器 RTA 类似。配置完成后,在路由器 RTB 上执行 display ip routing-table 命令查看路由表,显示结果如下。

[RTB]display ip routing-table
Routing Tables: Public
        Destinations : 10   Routes : 10

Destination/Mask	Proto	Pre	Cost	NextHop	Interface
2.2.2.2/32	Direct	0	0	127.0.0.1	InLoop0
10.1.1.0/24	OSPF	10	2	11.1.1.1	Eth0/1
11.1.1.0/24	Direct	0	0	11.1.1.2	Eth0/1
11.1.1.2/32	Direct	0	0	127.0.0.1	InLoop0
12.1.1.0/24	Direct	0	0	12.1.1.1	S1/0
12.1.1.1/32	Direct	0	0	127.0.0.1	InLoop0
12.1.1.2/32	Direct	0	0	12.1.1.2	S1/0
13.1.1.0/24	OSPF	10	1563	12.1.1.2	S1/0
127.0.0.0/8	Direct	0	0	127.0.0.1	InLoop0
127.0.0.1/32	Direct	0	0	127.0.0.1	InLoop0

从上面的显示结果可以看出,路由器 RTB 上通过 OSPF 获得了两条路由,分别为去往 10.1.1.0/24 网段和 13.1.1.0/24 网段。通过比较可以发现目的网络为 10.1.1.0/24 的路由选择表项的度量值为 2,而目的网络为 13.1.1.0/24 的路由选择表项的度量值为 1563。这是因为,在 H3C 路由器上点对点链路默认的带宽为 64Kbps,开销为 $10^8/64000$,运算结果取整为 1562;快速以太网的开销为 $10^8/10^8=1$。路由器 RTB 到达目的网络 10.1.1.0/24 的路径为两条快速以太网链路,开销累计为 2;到达目的网络 13.1.1.0/24 的路径为一条点对点链路和一条快速以太网链路,开销累计为 1563。

2. 单区域 OSPF 的验证

(1) display ospf brief

display ospf brief 命令用于显示 OSPF 的摘要信息,在路由器 RTB 上执行 display ospf brief 命令,显示结果如下。

[RTB]display ospf brief
    OSPF Process 1 with Router ID 2.2.2.2
        OSPF Protocol Information

RouterID: 2.2.2.2   Router Type:
Route Tag: 0
Multi-VPN-Instance is not enabled
Applications Supported: MPLS Traffic-Engineering

SPF-schedule-interval: 5
LSA generation interval: 5
LSA arrival interval: 1000
Transmit pacing: Interval: 20 Count: 3
Default ASE parameters: Metric: 1 Tag: 1 Type: 2
Route Preference: 10
ASE Route Preference: 150
SPF Computation Count: 6
RFC 1583 Compatible
Graceful restart interval: 120
Area Count: 1   Nssa Area Count: 0
ExChange/Loading Neighbors: 0

Area: 0.0.0.0   (MPLS TE   not enabled)
Authtype: None Area flag: Normal
SPF Scheduled Count: 6
ExChange/Loading Neighbors: 0

Interface: 11.1.1.2 (Ethernet0/1)
Cost: 1   State: DR   Type: Broadcast   MTU: 1500
Priority: 1
Designated Router: 11.1.1.2
Backup Designated Router: 11.1.1.1
Timers: Hello 10, Dead 40, Poll 40, Retransmit 5, Transmit Delay 1

Interface: 12.1.1.1 (Serial1/0) --> 12.1.1.2
Cost: 1562   State: P-2-P   Type: PTP   MTU: 1500
Timers: Hello 10, Dead 40, Poll 40, Retransmit 5, Transmit Delay 1

从上面的显示结果可以看到如下信息：路由器 ID、SPF 算法的运行次数、LSA 报文情况、参与路由更新的各个接口的优先级、链路开销、网络类型、所在网段的 DR 和 BDR、Hello 时间间隔和失效时间间隔等信息。

（2）display ospf routing

display ospf routing 命令用来显示 OSPF 的路由表信息。在路由器 RTB 上执行 display ospf routing 命令，显示结果如下。

[RTB]display ospf routing

```
        OSPF Process 1 with Router ID 2.2.2.2
                Routing Tables

Routing for Network
Destination        Cost     Type      NextHop         AdvRouter      Area
12.1.1.0/24        1562     Stub      12.1.1.1        2.2.2.2        0.0.0.0
11.1.1.0/24        1        Transit   11.1.1.2        1.1.1.1        0.0.0.0
13.1.1.0/24        1563     Stub      12.1.1.2        3.3.3.3        0.0.0.0
10.1.1.0/24        2        Stub      11.1.1.1        1.1.1.1        0.0.0.0
```

Total Nets: 4
Intra Area: 4   Inter Area: 0   ASE: 0   NSSA: 0

从上面的显示结果中可以看出通过 OSPF 学习到了 4 个网络的路由,其中 Destination 表示目的网络地址;Cost 表示去往目的网络地址的开销;在 Type 中 Transit 表示转发网络、Stub 表示末梢网络;NextHop 表示下一跳地址;AdvRouter 表示通告链路状态信息的路由器 ID;Area 表示网络所在的区域;Intra Area 表示区域内路由数量;Inter Area 表示区域间路由数量;ASE 表示自治系统外部路由数量;NSSA 表示 NSSA 路由数量。

(3) display ospf peer

display ospf peer 命令用来查看 OSPF 的邻居情况。在路由器 RTB 上执行 display ospf peer 命令,显示的结果如下。

[RTB]display ospf peer

```
          OSPF Process 1 with Router ID 2.2.2.2
                 Neighbor Brief Information

Area: 0.0.0.0
Router ID      Address      Pri    Dead-Time    Interface      State
1.1.1.1        11.1.1.1      1        39         Eth0/1        Full/BDR
3.3.3.3        12.1.1.2      1        35         S1/0          Full/ -
```

其中,Router ID 表示邻居路由器的 ID;Address 表示邻居路由器与路由器 RTB 相连的接口地址;Pri 表示邻居路由器与路由器 RTB 相连的接口的优先级;Dead-Time 表示邻居路由器将要死亡的时间,与 Hello 发送周期和失效时间间隔有关;Interface 表示路由器 RTB 与邻居路由器相连的接口;State 表示当前邻居路由器的状态,其中在邻居路由器 3.3.3.3 项中,State 的值为 Full/-,表示在点到点网络中不进行 DR 和 BDR 的选举。

(4) display ospf lsdb

display ospf lsdb 命令用来查看 OSPF 的链路状态数据库。在路由器 RTB 上执行 display ospf lsdb 命令,显示结果如下。

[RTB]display ospf lsdb

```
          OSPF Process 1 with Router ID 2.2.2.2
                   Link State Database

                         Area: 0.0.0.0
Type     LinkState ID    AdvRouter    Age    Len    Sequence      Metric
Router   3.3.3.3         3.3.3.3      1544   60     80000006      0
Router   1.1.1.1         1.1.1.1      9      48     80000009      0
Router   2.2.2.2         2.2.2.2      1580   60     80000008      0
Network  11.1.1.1        1.1.1.1      138    32     80000005      0
```

其中,Type 中 Router 表示由路由器 LSA 产生的路由器链路状态信息;Network 表示由网络 LSA 产生的网络链路状态信息；LinkState ID 在路由器链路状态信息中表示区域中的路由器 ID，在网络链路状态信息中表示通告链路状态信息的具体接口地址；AdvRouter 表示通告链路状态信息的路由器 ID；Age 表示链路状态信息已经存在的时间；Len 表示链路状态信息的长度；Sequence 表示链路状态信息的序列号；Metric 表示链路状态信息的度量值。

(5) display ospf interface

display ospf interface 命令用来查看运行 OSPF 进程的所有接口或某一个接口的情况，默认为显示所有运行 OSPF 进程的接口信息，如果在命令后指定某一接口，则只显示该接口的信息。在路由器 RTB 上执行 display ospf interface 命令，显示结果如下。

① 显示接口 Ethernet 0/1 的信息。

[RTB]display ospf interface Ethernet 0/1

    OSPF Process 1 with Router ID 2.2.2.2
      Interfaces

Interface: 11.1.1.2 (Ethernet0/1)
Cost: 1　　　State: DR　　　Type: Broadcast　　　MTU: 1500
Priority: 1
Designated Router: 11.1.1.2
Backup Designated Router: 11.1.1.1
Timers: Hello 10, Dead 40, Poll　40, Retransmit 5, Transmit Delay 1

从上面的显示结果可以看出：接口的 IP 地址为 11.1.1.2；链路开销为 1；接口在网段 11.1.1.0/24 中被选举为 DR；网络类型为广播型多路访问网络；MTU 为 1500；接口优先级为 1；DR 的接口地址为 11.1.1.2；BDR 的接口地址为 11.1.1.1。

② 显示接口 Serial 1/0 的信息。

[RTB]display ospf interface Serial 1/0

    OSPF Process 1 with Router ID 2.2.2.2
      Interfaces

Interface: 12.1.1.1 (Serial 1/0) --> 12.1.1.2
Cost: 1562　　State: P-2-P　　Type: PTP　　　MTU: 1500
Timers: Hello 10, Dead 40, Poll　40, Retransmit 5, Transmit Delay 1

从上面的显示结果可以看出：接口的 IP 地址为 12.1.1.1，对端的 IP 地址为 12.1.1.2；链路开销为 1562；状态为点到点网络，不进行 DR、BDR 的选举；网络类型为点到点网络；MTU 为 1500。

3. 控制 DR 选举

DR 的选举首先是比较路由器的优先级，优先级最高的路由器被选举为 DR，优先级次高的路由器被选举为 BDR。而优先级实际上是针对路由器的接口进行配置的，即对连接在同一个 IP 网络中的路由器接口的优先级进行比较。因此，可以通过修改路由器接口的优先级来控制 DR 的选举,具体命令如下。

[H3C-Ethernet0/0]ospf dr-priority *priority*

优先级的取值范围为 0~255。

在图 4-9 所示的网络中,在没有进行优先级配置的情况下,路由器 RTB 在网络 11.1.1.0/24 中被选举为 DR,路由器 RTA 被选举为 BDR。要求对路由器 RTA 的接口 Ethernet 0/0 进行优先级的配置,使之赢得 DR 选举,具体配置如下。

[RTA]interface Ethernet 0/0
[RTA-Ethernet0/0]ospf dr-priority 2

配置完成后,路由器 RTA 的接口 Ethernet 0/0 的优先级为 2,高于路由器 RTB 的接口 Ethernet 0/1 的优先级。此时应该是路由器 RTA 的接口 Ethernet 0/0 赢得网段 11.1.1.0/24 的 DR 选举,但是事实并非如此。在路由器 RTA 上执行 display ospf interface Ethernet 0/0 命令,显示结果如下。

[RTA]display ospf interface Ethernet 0/0

```
         OSPF Process 1 with Router ID 1.1.1.1
                 Interfaces

Interface: 11.1.1.1 (Ethernet0/0)
Cost: 1          State: BDR          Type: Broadcast          MTU: 1500
Priority: 2
Designated Router: 11.1.1.2
Backup Designated Router: 11.1.1.1
Timers: Hello 10, Dead 40, Poll  40, Retransmit 5, Transmit Delay 1
```

从上面的显示结果可以看出,接口 Ethernet 0/0 的优先级已经被配置为 2,但是并没有赢得选举。原因很简单:一旦 DR 和 BDR 被选举出来以后就会一直保持,即使有更高优先级的路由器加入网络也不会发生改变。在用户视图下使用 reset ospf process 命令在路由器 RTA 和 RTB 上同时重启 OSPF 进程,使其重新进行 DR 和 BDR 的选举,具体命令如下。

```
<RTA>reset ospf process
Warning : Reset OSPF process? [Y/N]:y
%Sep  9 09:07:12:571 2010 RTA OSPF/5/OSPF_NBR_CHG: OSPF 1 Neighbor 11.1.1.2
(Ethernet0/0) from Full to Down.
<RTA>
%Sep  9 09:07:15:524 2010 RTA OSPF/5/OSPF_NBR_CHG: OSPF 1 Neighbor 11.1.1.2
(Ethernet0/0) from Loading to Full.
```

路由器 RTB 上的重启过程与路由器 RTA 类似。在重启 OSPF 进程后,两台路由器重新开始建立毗邻关系,并进行 DR 和 BDR 的选举。重启完成后,在路由器 RTA 上执行 display ospf interface Ethernet 0/0 命令,显示结果如下。

[RTA]display ospf interface Ethernet 0/0

```
         OSPF Process 1 with Router ID 1.1.1.1
              Interfaces

 Interface: 11.1.1.1 (Ethernet0/0)
 Cost: 1         State: DR        Type: Broadcast      MTU: 1500
 Priority: 2
 Designated Router: 11.1.1.1
 Backup Designated Router: 11.1.1.2
 Timers: Hello 10, Dead 40, Poll  40, Retransmit 5, Transmit Delay 1
```

从上面的显示结果可以看出，路由器 RTA 在网段 11.1.1.0/24 中被选举为 DR。

需要注意的是，路由器 RTA 和 RTB 上必须同时清除 OSPF 进程，才会产生上面的结果。如果存在时间上的先后，则先清除 OSPF 进程的路由器必然会被选举为 DR。具体解释如下：最初无论路由器 RTA 和 RTB 谁是 DR、谁是 BDR，如果先在路由器 RTA 上清除 OSPF 进程，则路由器 RTB 如果是 DR，则保持不变；如果是 BDR，由于 DR 的 OSPF 进程被重新启动，BDR 将变为 DR，即路由器 RTA 清除 OSPF 进程后，路由器 RTB 必然会成为 DR。同理，在路由器 RTB 清除 OSPF 进程后，路由器 RTA 必然会成为 DR。

实际上，在多路访问网络中，最早启动 OSPF 路由进程并具有 DR 选举资格的两台路由器将被选举为 DR 和 BDR。

如果不想让某一台路由器被选举为 DR 或 BDR，可以将相应接口的优先级设置为 0。将路由器 RTA 的接口 Ethernet 0/0 的优先级设置为 0，具体配置如下。

```
 [RTA]interface Ethernet 0/0
 [RTA-Ethernet0/0]ospf dr-priority 0
 %Sep  9 09:15:54:149 2010 RTA OSPF/5/OSPF_NBR_CHG: OSPF 1 Neighbor 11.1.1.2
 (Ethernet0/0) from Full to Down
 [RTA-Ethernet0/0]
 %Sep  9 09:16:01:525 2010 RTA OSPF/5/OSPF_NBR_CHG: OSPF 1 Neighbor 11.1.1.2
 (Ethernet0/0) from Loading to Full
```

在配置后，将触发邻居关系的重新建立。此时在路由器 RTA 上执行 display ospf interface Ethernet 0/0 命令，显示结果如下。

```
 [RTA]display ospf interface Ethernet 0/0

         OSPF Process 1 with Router ID 1.1.1.1
              Interfaces

 Interface: 11.1.1.1 (Ethernet0/0)
 Cost: 1         State: DROther    Type: Broadcast      MTU: 1500
 Priority: 0
 Designated Router: 11.1.1.2
 Backup Designated Router: 0.0.0.0
 Timers: Hello 10, Dead 40, Poll  40, Retransmit 5, Transmit Delay 1
```

从上面的显示结果可以看出，路由器 RTA 的状态变成了 DROther，并不需要重新启动 OSPF 进程即会生效。

在出现优先级相同的情况时,DR 的选举就需要比较路由器 ID 的大小,路由器 ID 可以通过手工配置和自动获得两种方式产生。手工配置使用的命令是

[H3C]router id *router-id*

假设将路由器 RTA 的路由器 ID 设置为 6.6.6.6,具体配置如下。

[RTA]router id 6.6.6.6
%Sep 9 09:22:05:304 2010 RTA OSPF/5/OSPF_RTRID_CHG: OSPF 1 New router ID elected, please restart OSPF if you want to make the new Router ID take effect.

系统提示重启 OSPF 进程以使新的路由器 ID 生效。

在实际网络中,建议采用接口优先级来控制 DR 的选举,对于不希望参与选举的路由器,要将其优先级设置为 0。

4. OSPF 认证

OSPF 支持简单口令认证和 MD5 认证两种模式,简单口令认证即明文认证。在 H3C 路由器上配置 OSPF 认证的步骤和命令如下。

(1) 启动认证

具体命令如下。

[H3C-ospf-1-area-0.0.0.0]authentication-mode {simple|md5}

该命令在区域视图下执行,为特定的区域启动认证,并指定认证的模式为明文认证还是 MD5 认证。

(2) 设置认证所使用的口令

口令的设置在接口视图下进行。简单口令认证和 MD5 认证的设置方法不同,具体如下。

简单口令认证:

[H3C-Ethernet0/0]ospf authentication-mode simple [cipher|plain] *password*

MD5 认证:

[H3C-Ethernet0/0]ospf authentication-mode {hmac-md5| md5} *key-id* [cipher|plain] *password*

MD5 认证存在两种认证方式,分别是 hmac-md5 和 md5。其中参数 cipher 表示在配置文件中以密文显示口令,plain 表示在配置文件中以明文显示口令,在默认情况下简单口令认证的口令模式为 plain,MD5 认证的口令模式为 cipher。

在 MD5 认证中,口令 ID 的取值范围为 1~255,而且使用认证的一对接口的口令 ID 取值必须相同。

在配置 OSPF 认证时,要求区域内所有的路由器必须使用相同的认证方法,并且毗邻的接口要使用相同的口令。

① 简单口令认证。在图 4-9 所示的网络中,在区域 0 中配置简单口令认证,并要求在路由器 RTA 的接口 Ethernet 0/0 和路由器 RTB 的接口 Ethernet 0/1 之间的链路使用

的口令是 H3C,则路由器 RTA 的配置如下。

```
[RTA]ospf
[RTA-ospf-1]area 0
[RTA-ospf-1-area-0.0.0.0]authentication-mode simple
[RTA]interface Ethernet 0/0
[RTA-Ethernet0/0]ospf authentication-mode simple plain H3C
```

在路由器 RTA 配置完成后,在用户视图下执行 debugging ospf event 命令,显示结果如下。

```
<RTA>debugging ospf event
<RTA>
   OSPF 1 :OSPF received packet with mismatch authentication type :0.
```

从上面的显示结果可以看出,由于接收到的数据包的认证类型为 0,即不进行认证,而路由器 RTA 的接口 Ethernet 0/0 的认证类型为 1,即简单口令认证,因此无法匹配。

将路由器 RTB 的区域 0 中配置相同的认证模式,并且在接口 Ethernet 0/1 上配置相同的认证口令。在配置完成后,路由器 RTA 和 RTB 之间即可恢复毗邻关系。

需要注意的是,在这里并没有考虑串行链路 12.1.1.0/24 的情况。事实上,在路由器 RTB 启用了简单口令认证后,在路由器 RTC 上也必须要启用,否则路由器 RTB 和 RTC 之间将无法建立毗邻关系,即要求在同一个区域内的所有路由器必须使用相同的认证方式。

② MD5 认证。在图 4-9 所示的网络中,在区域 0 中配置 MD5 认证,要求路由器 RTA 的接口 Ethernet 0/0 和路由器 RTB 的接口 Ethernet 0/1 之间的链路口令 ID 为 1,口令为 H3C。RTA 的配置如下。

```
[RTA]ospf
[RTA-ospf-1]area 0
[RTA-ospf-1-area-0.0.0.0]authentication-mode md5
[RTA]interface Ethernet 0/0
[RTA-Ethernet0/0]ospf authentication-mode md5 1 plain H3C
```

路由器 RTB 的配置与 RTA 类似,在此不再赘述。

与简单口令认证的要求类似,路由器 RTC 上也必须启用 MD5 认证。

5. 修改 OSPF 定时器

OSPF 进程周期性发送 Hello 数据包来建立和维持毗邻关系,一旦某路由器从毗邻路由器收到 Hello 数据包的时间超过了失效时间间隔,则认为它与毗邻路由器之间的链路失效。默认情况下,Hello 数据包在广播型多路访问网络和点到点网络上每 10s 发送一次,失效时间间隔为 40s;在非广播型多路访问网络和点到多点网络上每 30s 发送一次,失效时间间隔为 120s。可以通过在路由器接口上进行配置来修改 Hello 间隔和失效时间间隔,以改变链路状态失效的报告速度。具体的命令如下。

```
[H3C-Ethernet0/0]ospf timer hello hello-interval
[H3C-Ethernet0/0]ospf timer dead dead-interval
```

在图 4-9 所示的网络中,在路由器 RTA 的接口 Ethernet 0/0 上修改 Hello 时间间隔为 15s,失效时间间隔为 60s,具体配置如下。

[RTA]interface Ethernet 0/0
[RTA-Ethernet0/0]ospf timer hello 15
[RTA-Ethernet0/0]ospf timer dead 60

配置完成后,在路由器 RTA 和 RTB 之间将无法建立毗邻关系。因此,在修改定时器时,一定要确保相连的一对接口的值要一致。在此,将路由器 RTB 的接口 Ethernet 0/1 的定时器修改的与路由器 RTA 的接口 Ethernet 0/0 上的值保持一致即可。

需要注意的是,一般情况下不要对定时器进行更改,如果确实需要改动,必须要提供可以改善 OSPF 网络性能的理由。

6. 修改 OSPF 的开销值

OSPF 使用开销(Cost)作为度量标准,开销的计算公式为 10^8/带宽,并对运算结果进行取整。OSPF 各种链路默认的开销如表 4-4 所示。

表 4-4 OSPF 默认开销

链 路 类 型	开销值
56Kbps 串行链路	1785
T1(1.544Mbps 串行链路)	64
E1(2.048Mbps 串行链路)	48
10Mbps 以太网	10
16Mbps 令牌环网	6
100Mbps 快速以太网、FDDI	1

可以在路由器接口配置模式下修改开销值,具体命令如下。

[H3C-Ethernet0/0]ospf cost *cost*

开销值的取值范围为 1~65535。

例如,在图 4-9 所示的网络中,将路由器 RTA 的接口 Ethernet 0/0 的 OSPF 开销值修改为 5,具体命令如下。

[RTA]interface Ethernet 0/0
[RTA-Ethernet0/0]ospf cost 5

改变一个接口的开销值,只会对此接口发出数据的路径有影响,而不影响从这个接口接收数据的路径。为了能够让 OSPF 正确地计算路由,连接到同一条链路上的所有接口都应该对链路使用相同的开销值。

在有些情况下,可能需要修改开销的参考带宽 10^8。例如,如果存在一条千兆以太网链路,则开销为 $10^8/10^9=0.1$,取整为 0。为解决这个问题,可以在路由器路由选择协议配置视图下修改参考带宽的值,具体命令如下。

[H3C-ospf-1]bandwidth-reference *value*

参考带宽值的取值范围为 1~2147483648，单位是 Mbps。链路开销最大取值为 65535，如果通过（参考带宽值÷带宽）计算出的开销值大于 65535 时，开销值取 65535。

在路由器 RTB 上修改参考带宽为 1000Mbps，具体配置如下。

[RTB]ospf
[RTB-ospf-1]bandwidth-reference 1000
Info: OSPF 1 Reference bandwidth is changed
 Please ensure reference bandwidth is consistent across all routers

在配置完成后，系统会提示将所有的路由器的参考带宽值进行修改，而且要求在整个自治系统内的所有路由器使用相同的参考带宽，以确保 OSPF 能够正确地计算路由。

改变接口的开销值或改变路由器的参考带宽值都会引起 OSPF 重新计算路由。ospf cost 命令设置的值要优先于 bandwidth-reference 命令计算出的值。

7. 传播默认路由

在 H3C 路由器上传播默认路由的命令如下。

[H3C-ospf-1]default-route-advertise [always|cost *cost*|type *type*]

参数 always 为可选项，如果不使用该参数，则路由器上必须要存在一条默认路由才会向 OSPF 区域内注入一条默认路由；如果使用该参数，则无论路由器上是否存在默认路由，都会向 OSPF 区域内注入一条默认路由。参数 cost 用来指定传播到 OSPF 区域内的默认路由的度量值，取值范围为 0~16777214，如果没有指定，度量值将取 default cost 命令配置的值，在 default cost 命令也未指定的情况下取值为 1。参数 type 用来指定传播到 OSPF 区域内的默认路由的类型，如果没有指定，ASE LSA 的类型将取 default type 命令配置的值，如果 default type 命令也未指定的情况下取值为 2，即类型 2(E2)。

在图 4-9 所示的网络中，在路由器 RTA 上配置一条默认路由，下一跳为 10.1.1.2（注意：这里只是为了验证传播默认路由的命令，在实际网络中路由不可能指向一台终端。另外，在 H3C 路由器上静态或默认路由的出站接口不能是环回接口），并配置其在整个 OSPF 区域中传播，具体配置如下。

[RTA]ip route-static 0.0.0.0 0 10.1.1.2
[RTA]ospf
[RTA-ospf-1]default-route-advertise

配置完成后，在路由器 RTA 上查看路由表，显示结果如下。

[RTA]display ip routing-table
Routing Tables: Public
        Destinations : 10   Routes : 10

Destination/Mask	Proto	Pre	Cost	NextHop	Interface
0.0.0.0/0	Static	60	0	10.1.1.2	Eth0/1
1.1.1.1/32	Direct	0	0	127.0.0.1	InLoop0
10.1.1.0/24	Direct	0	0	10.1.1.1	Eth0/1
10.1.1.1/32	Direct	0	0	127.0.0.1	InLoop0

11.1.1.0/24	Direct	0	0	11.1.1.1	Eth0/0
11.1.1.1/32	Direct	0	0	127.0.0.1	InLoop0
12.1.1.0/24	OSPF	10	1563	11.1.1.2	Eth0/0
13.1.1.0/24	OSPF	10	1564	11.1.1.2	Eth0/0
127.0.0.0/8	Direct	0	0	127.0.0.1	InLoop0
127.0.0.1/32	Direct	0	0	127.0.0.1	InLoop0

从上面的显示结果可以看出，在路由器 RTA 上设置了一条默认静态路由，即 0.0.0.0/0。在路由器 RTB 上查看路由表，显示结果如下：

[RTB]display ip routing-table
Routing Tables: Public
   Destinations : 11   Routes : 11

Destination/Mask	Proto	Pre	Cost	NextHop	Interface
0.0.0.0/0	O_ASE	150	1	11.1.1.1	Eth0/1
2.2.2.2/32	Direct	0	0	127.0.0.1	InLoop0
10.1.1.0/24	OSPF	10	11	11.1.1.1	Eth0/1
11.1.1.0/24	Direct	0	0	11.1.1.2	Eth0/1
11.1.1.2/32	Direct	0	0	127.0.0.1	InLoop0
12.1.1.0/24	Direct	0	0	12.1.1.1	S1/0
12.1.1.1/32	Direct	0	0	127.0.0.1	InLoop0
12.1.1.2/32	Direct	0	0	12.1.1.2	S1/0
13.1.1.0/24	OSPF	10	1563	12.1.1.2	S1/0
127.0.0.0/8	Direct	0	0	127.0.0.1	InLoop0
127.0.0.1/32	Direct	0	0	127.0.0.1	InLoop0

从上面的显示结果可以看出，在路由器 RTB 上获得了一条默认路由，该路由是 O_ASE，即 OSPF 自治系统外部路由；路由优先级为 150；开销值为 1。

注意：使用路由引入（即路由重分布）命令 import-route 不能引入默认路由，如果要引入默认路由，必须使用命令 default-route-advertise。

4.3.3 多区域 OSPF

通过对单区域 OSPF 的学习，可知 OSPF 路由器之间通过交换链路状态通告（LSA）来建立链路状态数据库，然后各路由器再使用 SPF 算法独立计算到达各个目的网络的最佳路径来生成路由选择表项。但是，在较大规模的网络中，可能存在成百上千台路由器，如果它们之间都要进行链路状态信息交换和 SPF 计算将会给路由器带来很大的负担。为解决这个问题，OSPF 协议采用了分层路由的方式。它把一个大的网络分割成若干个小型的网络，即区域。而区域内部路由器只和同区域的路由器交换链路状态信息，从而减少了网络中 LSA 数据包的数量以及链路状态数据库的大小，提高了 SPF 计算的速度。

在多区域 OSPF 中，必须存在一个主干区域，主干区域负责收集非主干区域发出的汇总路由信息，并将这些信息发送到各个区域。OSPF 区域的划分应使不同区域之间的通信量最小。

1. OSPF 路由器类型

在多区域的 OSPF 网络中,根据路由器所处的位置及其作用,可以将 OSPF 路由器分成以下 4 种不同的类型。

(1) 内部路由器(Internal Router,IR)

内部路由器指所有的接口都处于同一个区域的路由器。内部路由器仅与本区域内的路由器交换链路状态信息,而且同一区域内的内部路由器维护着相同的链路状态数据库。

(2) 主干路由器(Backbone Router,BR)

主干路由器指至少有一个接口连接到主干区域(区域 0)的路由器。

(3) 区域边界路由器(Area Border Router,ABR)

区域边界路由器指接口处于多个不同的区域的路由器。区域边界路由器为每一个所连接的区域建立一个链路状态数据库,并将所连接区域的路由摘要信息发送到主干区域,而主干区域上的 ABR 则负责将这些信息发送到各个区域。

(4) 自治系统边界路由器(Autonomous System Border Router,ASBR)

自治系统边界路由器指至少拥有一个连接外部自治系统网络(如非 OSPF 的网络)接口的路由器。自治系统边界路由器汇总所有本自治系统内的路由信息并转发给相邻的自治系统边界路由器,并将得到的自治系统外部路由信息在本自治系统内进行转发。

一台路由器可能具有多种路由器类型,如一台路由器同时连接着区域 0、区域 1 和一个非 OSPF 网络,则该路由器同时是主干路由器、区域边界路由器和自治系统边界路由器。

2. OSPF 的 LSA 类型

OSPF 路由器之间通过交换链路状态通告(LSA)来收集链接状态信息,并使用 SPF 算法来计算到各目的网络的最佳路径。OSPF 的 LSA 中包含连接的接口、使用的度量及其他的一些变量信息。根据产生 LSA 的路由器的不同和通告信息的不同,可以将 OSPF 的 LSA 分成 7 类,具体如下。

(1) LSA Type 1(Router LSA,路由器 LSA)

路由器为所属的区域产生的 LSA,描述了路由器连接到本区域链路的状态和代价,而且只能在本区域内进行扩散。所有的路由器都会产生此种类型的 LSA。区域边界路由器会为不同的区域产生不同的路由器 LSA。通过路由器 LSA 学习到的路由在路由选择表中用字母"O"表示。

(2) LSA Type 2(Network LSA,网络 LSA)

在多路访问型网络中由指定路由器 DR 产生的 LSA,描述了指定路由器 DR 连接到本区域链路的状态和代价,而且只能在本区域内进行扩散。通过网络 LSA 学习到的路由在路由选择表中用字母"O"表示。

(3) LSA Type 3(Network Summary LSA,网络汇总 LSA)

由区域边界路由器 ABR 产生,描述了本地区域内部各网络的路由,通过主干区域被扩散到其他的区域边界路由器。它通常汇总默认路由而不是传送汇总的 OSPF 信息给其他网络。通过网络汇总 LSA 学习到的路由在路由选择表中用字母"O IA"表示。

(4) LSA Type 4(ASBR Summary LSA,ASBR 汇总 LSA)

同样由区域边界路由器 ABR 产生,与网络汇总 LSA 类似,同样通过主干区域被扩散到其他的区域边界路由器。区别在于 ASBR 汇总的 LSA 描述的是 ASBR 的链路信息,是一条指向 ASBR 的主机路由。通过 ASBR 汇总 LSA 学习到的路由在路由选择表中用字母"O IA"表示。

(5) LSA Type 5(Autonomous System External LSA,自治系统外部 LSA)

由自治系统边界路由器 ASBR 产生,含有关于自治系统外的链路信息。除了末梢区域、完全末梢区域和非纯末梢区域,自治系统外部 LSA 可以在整个网络中发送。自治系统外部 LSA 是唯一不与具体的区域相关联的 LSA。通过自治系统外部 LSA 学习到的路由在路由选择表中用字母"O E1"或"O E2"表示。

类型 E1 和类型 E2 的外部路由计算路由开销的方式不同:

E1 类型把外部路径开销加上数据包所经过的各链路的开销来计算度量值;而 E2 类型只分配了外部路径开销。E2 是 ASBR 上的默认设置,通常推荐使用 E2 类型的路由。

(6) LSA Type 6(Group Member LSA,组成员 LSA)

用在多播 OSPF(MOSPF)中的 LSA,MOSPF 可以让路由器利用链路状态数据库的信息构造用于多播报文的多播发布树。

(7) LSA Type 7(NSSA External LSA,次末梢区域外部 LSA)

由自治系统边界路由器 ASBR 产生,几乎和自治系统外部 LSA 相同,但次末梢区域外部 LSA 仅在产生这个 LSA 的次末梢区域内部进行扩散。在 NSSA 区域中,当有一个路由器是 ASBR 时,不得不产生自治系统外部 LSA,但是 NSSA 中不能有自治系统外部 LSA,所以 ASBR 产生次末梢区域外部 LSA,发给本区域的路由器。在向其他区域扩散时,区域边界路由器 ABR 将次末梢区域外部 LSA 转换为自治系统外部 LSA。通过末梢区域外部 LSA 学习到的路由在路由选择表中用字母"O N1"或"O N2"表示。

在 OSPFv3 中,LSA 的类型增加到了 9 类,增加了 LSA Type 8(Link LSA,链路 LSA)和 LSA Type 9(Intra Area Prefix LSA,区域内前缀 LSA),并且类型 1 到类型 7 的 LSA 也作了相应的修改以提供对 IPv6 的支持。

3. OSPF 区域类型

可以通过对一个 OSPF 区域进行某些特性的设置来控制其可以接收的 LSA 的类型。在此,可以将 OSPF 区域分成以下几种类型。

(1) 标准区域

标准区域可以接收来自本区域、其他区域和自治系统外部链路的链路更新信息和路由汇总。

(2) 主干区域

主干区域是连接各个区域的中心实体。主干区域始终是"区域 0",而且所有其他的区域都必须连接到这个区域上交换路由信息。主干区域拥有标准区域的所有特性。

(3) 末梢区域(Stub Area)

末梢区域又称为存根区域。末梢区域不接收来自自治系统以外的路由信息,即禁止 LSA Type 5 进入,而如果一个区域没有学到 LSA Type 5 通告,那么 LSA Type 4 通告也就没有必要了,因此 LSA Type 4 也将被阻塞。如果需要路由到自治系统以外,则使用默认路由 0.0.0.0/0。

(4) 完全末梢区域(Totally Stubby Area)

完全末梢区域又称为完全存根区域。完全末梢区域不接收来自本区域以外的任何路由信息,即禁止 LSA Type 3、LSA Type 4、LSA Type 5 进入。如果需要路由到区域外,则使用默认路由 0.0.0.0/0。完全末梢区域是 CISCO 自己定义的。

(5) 次末梢区域(Not-So-Stubby Area,NSSA)

次末梢区域又称为非纯末梢区域、非纯存根区域。与末梢区域类似,但是它允许 LSA Type 7 进入并在区域内扩散。LSA Type 7 在区域边界路由器 ABR 处被阻塞,由 ABR 将其转换为 LSA Type 5 并扩散到其他区域。

4. 多区域 OSPF 的配置

多区域 OSPF 的配置与单区域 OSPF 的配置基本一致,区别在于通告网络时指定区域的不同。假设存在如图 4-10 所示的网络,为其配置多区域 OSPF,实现不同区域之间的路由。

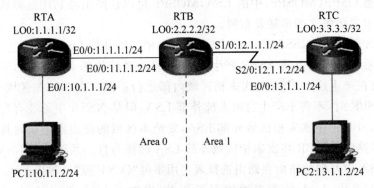

图 4-10 多区域 OSPF 的配置

路由器 RTA 的配置如下。

[RTA]ospf
[RTA-ospf-1]area 0
[RTA-ospf-1-area-0.0.0.0]network 10.1.1.0 0.0.0.255
[RTA-ospf-1-area-0.0.0.0]network 11.1.1.0 0.0.0.255

路由器 RTB 的配置如下。

[RTB]ospf
[RTB-ospf-1]area 0
[RTB-ospf-1-area-0.0.0.0]network 11.1.1.0 0.0.0.255
[RTB-ospf-1-area-0.0.0.0]quit
[RTB-ospf-1]area 1
[RTB-ospf-1-area-0.0.0.1]network 12.1.1.0 0.0.0.255

路由器 RTC 的配置如下。

[RTC]ospf

```
[RTC-ospf-1]area 1
[RTC-ospf-1-area-0.0.0.1]network 12.1.1.0 0.0.0.255
[RTC-ospf-1-area-0.0.0.1]network 13.1.1.0 0.0.0.255
```

配置完成后,在路由器 RTA 上执行 display ip routing-table 命令查看路由表,显示结果如下。

```
[RTA]display ip routing-table
Routing Tables: Public
        Destinations : 9        Routes : 9

Destination/Mask    Proto    Pre    Cost    NextHop         Interface
1.1.1.1/32          Direct   0      0       127.0.0.1       InLoop0
10.1.1.0/24         Direct   0      0       10.1.1.1        Eth0/1
10.1.1.1/32         Direct   0      0       127.0.0.1       InLoop0
11.1.1.0/24         Direct   0      0       11.1.1.1        Eth0/0
11.1.1.1/32         Direct   0      0       127.0.0.1       InLoop0
12.1.1.0/24         OSPF     10     1563    11.1.1.2        Eth0/0
13.1.1.0/24         OSPF     10     1564    11.1.1.2        Eth0/0
127.0.0.0/8         Direct   0      0       127.0.0.1       InLoop0
127.0.0.1/32        Direct   0      0       127.0.0.1       InLoop0
```

在此需要注意:在 H3C 路由器上,通过 LSA Type 3 和 LSA Type 4 学习到的路由和通过 LSA Type 1 和 LSA Type 2 学习到的路由在路由表中的表示方法一致,Proto 字段都是 OSPF,这一点与 CISCO 设备不同(在 CISCO 路由器上,通过 LSA Type 3 和 LSA Type 4 学习到的路由用"O IA"表示;通过 LSA Type 1 和 LSA Type 2 学习到的路由用"O"表示)。

在路由器 RTA 上执行 display ospf routing 命令查看 OSPF 路由表,显示结果如下。

```
[RTA]display ospf routing

        OSPF Process 1 with Router ID 1.1.1.1
                Routing Tables

Routing for Network
Destination         Cost    Type     NextHop      AdvRouter    Area
12.1.1.0/24         1563    Inter    11.1.1.2     2.2.2.2      0.0.0.0
11.1.1.0/24         1       Transit  11.1.1.1     1.1.1.1      0.0.0.0
13.1.1.0/24         1564    Inter    11.1.1.2     2.2.2.2      0.0.0.0
10.1.1.0/24         1       Stub     10.1.1.1     1.1.1.1      0.0.0.0

Total Nets: 4
Intra Area: 2  Inter Area: 2  ASE: 0  NSSA: 0
```

从上面的显示结果可以看出,其中去往网络 12.1.1.0/24 和 13.1.1.0/24 的路由 Type 为 Inter,表示这两条路由为区域间路由。总共存在 4 条网络路由,其中区域内路由 2 条,区域间路由 2 条。

在路由器 RTA 上执行 display ospf lsdb 命令，显示结果如下。

[RTA]display ospf lsdb

```
         OSPF Process 1 with Router ID 1.1.1.1
                Link State Database

                       Area: 0.0.0.0
 Type      LinkState ID    AdvRouter    Age    Len   Sequence    Metric
 Router    1.1.1.1         1.1.1.1      1266   48    80000006    0
 Router    2.2.2.2         2.2.2.2      1268   36    80000003    0
 Network   11.1.1.1        1.1.1.1      1262   32    80000002    0
 Sum-Net   12.1.1.0        2.2.2.2      1190   28    80000001    1562
 Sum-Net   13.1.1.0        2.2.2.2      1141   28    80000001    1563
```

从上面的显示结果可以看出，在区域 0 的内部路由器 RTA 只是为本区域建立和维护链路状态数据库。在这个链路状态数据库中包含了本区域的 LSA Type 1、LSA Type 2 和来自区域 1 的 LSA Type 3 的链路状态信息。

在路由器 RTB 上执行 display ospf lsdb 命令，显示结果如下。

[RTB]display ospf lsdb

```
         OSPF Process 1 with Router ID 2.2.2.2
                Link State Database

                       Area: 0.0.0.0
 Type      LinkState ID    AdvRouter    Age    Len   Sequence    Metric
 Router    1.1.1.1         1.1.1.1      1504   48    80000006    0
 Router    2.2.2.2         2.2.2.2      1503   36    80000003    0
 Network   11.1.1.1        1.1.1.1      1500   32    80000002    0
 Sum-Net   12.1.1.0        2.2.2.2      1426   28    80000001    1562
 Sum-Net   13.1.1.0        2.2.2.2      1376   28    80000001    1563
                       Area: 0.0.0.1
 Type      LinkState ID    AdvRouter    Age    Len   Sequence    Metric
 Router    3.3.3.3         3.3.3.3      1352   60    80000003    0
 Router    2.2.2.2         2.2.2.2      1388   48    80000003    0
 Sum-Net   11.1.1.0        2.2.2.2      1426   28    80000001    1
 Sum-Net   10.1.1.0        2.2.2.2      1426   28    80000001    2
```

从上面的显示结果可以看出，区域边界路由器 RTB 为其所连接的区域 0 和区域 1 分别建立和维护了一个链路状态数据库。在区域 1 的链路状态数据库中包含了本区域的 LSA Type 1 和来自区域 0 的 LSA Type 3 的链路状态信息，但并不存在 LSA Type 2 的链路状态信息。

5. OSPF 路由汇总

OSPF 为无类别路由选择协议，它不会进行自动汇总，但可以通过手工方式进行路由的汇总，通过路由汇总可以有效减少 LSA Type 3 和 LSA Type 5 的数量，从而减轻路由器 CPU 的负担，节约网络带宽。OSPF 的路由汇总有两种类型。

(1) 区域间路由汇总：由区域边界路由器 ABR 来实现，用于汇总区域间的路由信息，减少 LSA Type 3 数据包的数量，命令如下。

[H3C-ospf-1-area-0.0.0.0]abr-summary *ip-address* {*mask*|*mask-length*}

(2) 外部路由汇总：由自治系统边界路由器 ASBR 来实现，用于汇总来自其他自治系统的路由信息，减少 LSA Type 5 数据包的数量，命令如下。

[H3C-ospf-1]asbr-summary *ip-address* {*mask*|*mask-length*}

假设存在如图 4-11 所示的网络，在路由器 RTA 上设置 4 条分别去往网络 14.1.0.0/24、14.1.1.0/24、14.1.2.0/24、14.1.3.0/24 的静态路由，并将其引入到 OSPF 网络中；在路由器 RTC 上设置 4 个 Loopback 接口，分别将地址设为 15.1.0.1/24、15.1.1.1/24、15.1.2.1/24、15.1.3.1/24，并在 OSPF 中发布。

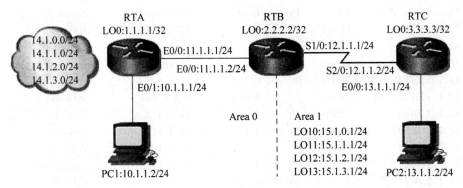

图 4-11 OSPF 路由汇总

路由器 RTA 的配置如下。

[RTA]ip route-static 14.1.0.0 24 10.1.1.2
[RTA]ip route-static 14.1.1.0 24 10.1.1.2
[RTA]ip route-static 14.1.2.0 24 10.1.1.2
[RTA]ip route-static 14.1.3.0 24 10.1.1.2
[RTA]ospf
[RTA-ospf-1]area 0
[RTA-ospf-1-area-0.0.0.0]network 10.1.1.0 0.0.0.255
[RTA-ospf-1-area-0.0.0.0]network 11.1.1.0 0.0.0.255
[RTA-ospf-1-area-0.0.0.0]quit
[RTA-ospf-1]import-route static

路由器 RTB 的配置如下。

[RTB]ospf
[RTB-ospf-1]area 0
[RTB-ospf-1-area-0.0.0.0]network 11.1.1.0 0.0.0.255
[RTB-ospf-1-area-0.0.0.0]quit
[RTB-ospf-1]area 1
[RTB-ospf-1-area-0.0.0.1]network 12.1.1.0 0.0.0.255

路由器 RTC 的配置如下。

[RTC]ospf
[RTC-ospf-1]area 1
[RTC-ospf-1-area-0.0.0.1]network 12.1.1.0 0.0.0.255
[RTC-ospf-1-area-0.0.0.1]network 13.1.1.0 0.0.0.255
[RTC-ospf-1-area-0.0.0.1]network 15.1.0.0 0.0.3.255

配置完成后，在路由器 RTA 上执行 display ip routing-table 命令查看路由表，显示结果如下。

[RTA]display ip routing-table
Routing Tables: Public
        Destinations : 17   Routes : 17

Destination/Mask	Proto	Pre	Cost	NextHop	Interface
1.1.1.1/32	Direct	0	0	127.0.0.1	InLoop0
10.1.1.0/24	Direct	0	0	10.1.1.1	Eth0/1
10.1.1.1/32	Direct	0	0	127.0.0.1	InLoop0
11.1.1.0/24	Direct	0	0	11.1.1.1	Eth0/0
11.1.1.1/32	Direct	0	0	127.0.0.1	InLoop0
12.1.1.0/24	OSPF	10	1563	11.1.1.2	Eth0/0
13.1.1.0/24	OSPF	10	1564	11.1.1.2	Eth0/0
14.1.0.0/24	Static	60	0	10.1.1.2	Eth0/1
14.1.1.0/24	Static	60	0	10.1.1.2	Eth0/1
14.1.2.0/24	Static	60	0	10.1.1.2	Eth0/1
14.1.3.0/24	Static	60	0	10.1.1.2	Eth0/1
15.1.0.1/32	OSPF	10	1563	11.1.1.2	Eth0/0
15.1.1.1/32	OSPF	10	1563	11.1.1.2	Eth0/0
15.1.2.1/32	OSPF	10	1563	11.1.1.2	Eth0/0
15.1.3.1/32	OSPF	10	1563	11.1.1.2	Eth0/0
127.0.0.0/8	Direct	0	0	127.0.0.1	InLoop0
127.0.0.1/32	Direct	0	0	127.0.0.1	InLoop0

从上面的显示结果可以看出，路由器 RTA 从区域边界路由器 RTB 产生的 LSA Type 3 数据包学习到的去往网络 15.1.0.0/22 的路由为 4 条明细路由。

在路由器 RTB 上执行 display ip routing-table 命令查看路由表，显示结果如下。

[RTB]display ip routing-table
Routing Tables: Public
        Destinations : 18   Routes : 18

Destination/Mask	Proto	Pre	Cost	NextHop	Interface
2.2.2.2/32	Direct	0	0	127.0.0.1	InLoop0
10.1.1.0/24	OSPF	10	2	11.1.1.1	Eth0/1
11.1.1.0/24	Direct	0	0	11.1.1.2	Eth0/1
11.1.1.2/32	Direct	0	0	127.0.0.1	InLoop0
12.1.1.0/24	Direct	0	0	12.1.1.1	S1/0

12.1.1.1/32	Direct	0	0	127.0.0.1	InLoop0
12.1.1.2/32	Direct	0	0	12.1.1.2	S1/0
13.1.1.0/24	OSPF	10	1563	12.1.1.2	S1/0
14.1.0.0/24	O_ASE	150	1	11.1.1.1	Eth0/1
14.1.1.0/24	O_ASE	150	1	11.1.1.1	Eth0/1
14.1.2.0/24	O_ASE	150	1	11.1.1.1	Eth0/1
14.1.3.0/24	O_ASE	150	1	11.1.1.1	Eth0/1
15.1.0.1/32	OSPF	10	1562	12.1.1.2	S1/0
15.1.1.1/32	OSPF	10	1562	12.1.1.2	S1/0
15.1.2.1/32	OSPF	10	1562	12.1.1.2	S1/0
15.1.3.1/32	OSPF	10	1562	12.1.1.2	S1/0
127.0.0.0/8	Direct	0	0	127.0.0.1	InLoop0
127.0.0.1/32	Direct	0	0	127.0.0.1	InLoop0

从上面的显示结果可以看出，路由器 RTB 从自治系统边界路由器 RTA 产生的 LSA Type 5 数据包学习到的去往网络 14.1.0.0/22 的路由为 4 条明细路由。

在 ABR 即 RTB 上配置区域间路由汇总，将 15.1.0.0/24、15.1.1.0/24、15.1.2.0/24、15.1.3.0/24 汇总为一条路由 15.1.0.0/22，具体配置如下。

```
[RTB]ospf
[RTB-ospf-1]area 1
[RTB-ospf-1-area-0.0.0.1]abr-summary 15.1.0.0 22
```

配置完成后，在路由器 RTA 上执行 display ip routing-table 命令查看路由表，显示结果如下。

```
[RTA]display ip routing-table
Routing Tables: Public
        Destinations : 14      Routes : 14
```

Destination/Mask	Proto	Pre	Cost	NextHop	Interface
1.1.1.1/32	Direct	0	0	127.0.0.1	InLoop0
10.1.1.0/24	Direct	0	0	10.1.1.1	Eth0/1
10.1.1.1/32	Direct	0	0	127.0.0.1	InLoop0
11.1.1.0/24	Direct	0	0	11.1.1.1	Eth0/0
11.1.1.1/32	Direct	0	0	127.0.0.1	InLoop0
12.1.1.0/24	OSPF	10	1563	11.1.1.2	Eth0/0
13.1.1.0/24	OSPF	10	1564	11.1.1.2	Eth0/0
14.1.0.0/24	Static	60	0	10.1.1.2	Eth0/1
14.1.1.0/24	Static	60	0	10.1.1.2	Eth0/1
14.1.2.0/24	Static	60	0	10.1.1.2	Eth0/1
14.1.3.0/24	Static	60	0	10.1.1.2	Eth0/1
15.1.0.0/22	OSPF	10	1563	11.1.1.2	Eth0/0
127.0.0.0/8	Direct	0	0	127.0.0.1	InLoop0
127.0.0.1/32	Direct	0	0	127.0.0.1	InLoop0

从上面的显示结果可以看出，路由器 RTA 接收到的路由器 RTC 上的 4 个环回接口的路由被区域边界路由器 RTB 汇总为一条路由 15.1.0.0/22。

在 ASBR 即 RTA 上配置外部路由汇总,将 14.1.0.0/24、14.1.1.0/24、14.1.2.0/24、14.1.3.0/24 汇总为一条路由 14.1.0.0/22,具体配置如下。

[RTA]ospf
[RTA-ospf-1]asbr-summary 14.1.0.0 22

配置完成后,在路由器 RTB 上执行 display ip routing-table 命令查看路由表,显示结果如下。

[RTB]display ip routing-table
Routing Tables: Public
        Destinations : 16   Routes : 16

Destination/Mask	Proto	Pre	Cost	NextHop	Interface
2.2.2.2/32	Direct	0	0	127.0.0.1	InLoop0
10.1.1.0/24	OSPF	10	2	11.1.1.1	Eth0/1
11.1.1.0/24	Direct	0	0	11.1.1.2	Eth0/1
11.1.1.2/32	Direct	0	0	127.0.0.1	InLoop0
12.1.1.0/24	Direct	0	0	12.1.1.1	S1/0
12.1.1.1/32	Direct	0	0	127.0.0.1	InLoop0
12.1.1.2/32	Direct	0	0	12.1.1.2	S1/0
13.1.1.0/24	OSPF	10	1563	12.1.1.2	S1/0
14.1.0.0/22	O_ASE	150	2	11.1.1.1	Eth0/1
15.1.0.0/22	OSPF	255	0	0.0.0.0	NULL0
15.1.0.1/32	OSPF	10	1562	12.1.1.2	S1/0
15.1.1.1/32	OSPF	10	1562	12.1.1.2	S1/0
15.1.2.1/32	OSPF	10	1562	12.1.1.2	S1/0
15.1.3.1/32	OSPF	10	1562	12.1.1.2	S1/0
127.0.0.0/8	Direct	0	0	127.0.0.1	InLoop0
127.0.0.1/32	Direct	0	0	127.0.0.1	InLoop0

从上面的显示结果可以看出,路由器 RTB 接收到的来自路由器 RTA 的 4 条静态路由被自治系统边界路由器 RTA 汇总为一条路由 14.1.0.0/22。

6. 配置末梢区域

由于末梢区域不接收来自自治系统以外的路由信息,即禁止 LSA Type 5 和 LSA Type 4 进入,因此把一个区域配置成为末梢区域会减少 LSA 的数量,并且会使该区域内的链路状态数据库变小。另外,由于末梢区域无法学习到去往外部网络的路由,因此去往外部网络使用默认路由 0.0.0.0/0。把一个区域配置为末梢区域后,该区域的区域边界路由器会自动在该区域内扩散默认路由 0.0.0.0/0。

如果要将一个区域配置成为末梢区域,该区域必须满足以下要求:该区域只有一个出口,即是一个存根网络;区域内不存在自治系统边界路由器;不是主干区域;不会被作为虚拟链路的过渡区。

配置末梢区域的命令如下。

[H3C-ospf-1-area-0.0.0.1]stub

需要在区域内所有的路由器上配置该命令，否则路由器之间将无法建立邻接关系。

接着上一节内容，在 OSPF 路由汇总配置的基础上进行末梢区域的配置。配置之前，在路由器 RTC 上执行 display ospf lsdb 命令，显示结果如下。

[RTC]display ospf lsdb

```
       OSPF Process 1 with Router ID 15.1.3.1
              Link State Database

                    Area: 0.0.0.1
Type       LinkState ID    AdvRouter     Age    Len   Sequence    Metric
Router     15.1.3.1        15.1.3.1      309    108   8000000A    0
Router     2.2.2.2         2.2.2.2       335    48    80000003    0
Sum-Net    11.1.1.0        2.2.2.2       342    28    80000001    1
Sum-Net    10.1.1.0        2.2.2.2       342    28    80000001    2
Sum-Asbr   1.1.1.1         2.2.2.2       342    28    80000001    1

                  AS External Database
Type       LinkState ID    AdvRouter     Age    Len   Sequence    Metric
External   14.1.0.0        1.1.1.1       1032   36    80000001    2
```

从上面的显示结果可以看出，在路由器 RTC 上可以接收到 LSA Type 4 和 LSA Type 5 的链路状态通告。

要求将区域 1 配置为末梢区域，具体配置如下。

[RTB]ospf
[RTB-ospf-1]area 1
[RTB-ospf-1-area-0.0.0.1]stub
[RTC]ospf
[RTC-ospf-1]area 1
[RTC-ospf-1-area-0.0.0.1]stub

配置完成后，在路由器 RTC 上执行 display ospf lsdb 命令，显示结果如下。

[RTC]display ospf lsdb

```
       OSPF Process 1 with Router ID 15.1.3.1
              Link State Database

                    Area: 0.0.0.1
Type       LinkState ID    AdvRouter     Age    Len   Sequence    Metric
Router     15.1.3.1        15.1.3.1      67     108   80000005    0
Router     2.2.2.2         2.2.2.2       67     48    80000002    0
Sum-Net    0.0.0.0         2.2.2.2       74     28    80000001    1
Sum-Net    11.1.1.0        2.2.2.2       69     28    80000001    1
Sum-Net    10.1.1.0        2.2.2.2       69     28    80000001    2
```

从上面的显示结果可以看出，路由器 RTC 没有接收到 LSA Type 4 和 LSA Type 5 的链路状态通告，但它接收到了一条 0.0.0.0 的 LSA Type 3 通告。

在路由器 RTC 上执行 display ip routing-table 命令显示结果如下。

[RTC]display ip routing-table
Routing Tables: Public
   Destinations : 15   Routes : 15

Destination/Mask	Proto	Pre	Cost	NextHop	Interface
0.0.0.0/0	OSPF	10	1563	12.1.1.1	S2/0
3.3.3.3/32	Direct	0	0	127.0.0.1	InLoop0
10.1.1.0/24	OSPF	10	1564	12.1.1.1	S2/0
11.1.1.0/24	OSPF	10	1563	12.1.1.1	S2/0
12.1.1.0/24	Direct	0	0	12.1.1.2	S2/0
12.1.1.1/32	Direct	0	0	12.1.1.1	S2/0
12.1.1.2/32	Direct	0	0	127.0.0.1	InLoop0
13.1.1.0/24	Direct	0	0	13.1.1.1	Eth0/0
13.1.1.1/32	Direct	0	0	127.0.0.1	InLoop0
15.1.0.1/32	Direct	0	0	127.0.0.1	InLoop0
15.1.1.1/32	Direct	0	0	127.0.0.1	InLoop0
15.1.2.1/32	Direct	0	0	127.0.0.1	InLoop0
15.1.3.1/32	Direct	0	0	127.0.0.1	InLoop0
127.0.0.0/8	Direct	0	0	127.0.0.1	InLoop0
127.0.0.1/32	Direct	0	0	127.0.0.1	InLoop0

从上面的显示结果可以看出，路由器 RTC 不会学习到去往其他自治系统的路由，而会学习到一条默认路由 0.0.0.0/0 的路由。

7. 配置完全末梢区域

完全末梢区域不但禁止 LSA Type 5 和 LSA Type 4 进入，而且还会禁止 LSA Type 3 的进入，但除了通告默认路由的那一条 LSA Type 3。因此完全末梢区域只知道本区域内部路由和默认路由 0.0.0.0/0。将一个区域配置成完全末梢区域的要求与末梢区域相同，配置命令也相同，区别在于配置完全末梢区域时，在区域边界路由器上使用的命令如下。

[H3C-ospf-1-area-0.0.0.1]stub no-summary

该命令用于在区域边界路由器上阻止区域间的 LSA Type 3。

依然在图 4-11 所示的网络中，将区域 1 配置为完全末梢区域，具体配置如下。

[RTB]ospf
[RTB-ospf-1]area 1
[RTB-ospf-1-area-0.0.0.1]stub no-summary
[RTC]ospf
[RTC-ospf-1]area 1
[RTC-ospf-1-area-0.0.0.1]stub

配置完成后，在路由器 RTC 上执行 display ospf lsdb 命令，显示结果如下。

[RTC]display ospf lsdb

OSPF Process 1 with Router ID 15.1.3.1
Link State Database

Area: 0.0.0.1

Type	LinkState ID	AdvRouter	Age	Len	Sequence	Metric
Router	15.1.3.1	15.1.3.1	1133	108	80000007	0
Router	2.2.2.2	2.2.2.2	1129	48	80000004	0
Sum-Net	0.0.0.0	2.2.2.2	1700	28	80000001	1

从上面的显示结果可以看出,路由器 RTC 除了一条默认路由 0.0.0.0 的 LSA Type 3 通告外,没有接收到任何的 LSA Type 3、LSA Type 4 和 LSA Type 5 的链路状态通告。

在路由器 RTC 上执行 display ip routing-table 命令,显示结果如下。

[RTC]display ip routing-table
Routing Tables: Public
　　　Destinations : 13　　　Routes : 13

Destination/Mask	Proto	Pre	Cost	NextHop	Interface
0.0.0.0/0	OSPF	10	1563	12.1.1.1	S2/0
3.3.3.3/32	Direct	0	0	127.0.0.1	InLoop0
12.1.1.0/24	Direct	0	0	12.1.1.2	S2/0
12.1.1.1/32	Direct	0	0	12.1.1.1	S2/0
12.1.1.2/32	Direct	0	0	127.0.0.1	InLoop0
13.1.1.0/24	Direct	0	0	13.1.1.1	Eth0/0
13.1.1.1/32	Direct	0	0	127.0.0.1	InLoop0
15.1.0.1/32	Direct	0	0	127.0.0.1	InLoop0
15.1.1.1/32	Direct	0	0	127.0.0.1	InLoop0
15.1.2.1/32	Direct	0	0	127.0.0.1	InLoop0
15.1.3.1/32	Direct	0	0	127.0.0.1	InLoop0
127.0.0.0/8	Direct	0	0	127.0.0.1	InLoop0
127.0.0.1/32	Direct	0	0	127.0.0.1	InLoop0

从上面的显示结果可以看出,在路由器 RTC 的路由选择表中,只有本区域路由和一条默认路由,不存在区域间路由和自治系统外路由。

8. 配置次末梢区域

在末梢区域和完全末梢区域中不能存在自治系统边界路由器 ASBR。如果存在 ASBR,可以将区域设置成为次末梢区域 NSSA。在次末梢区域中,允许 LSA Type 7 的扩散,而且在 LSA Type 7 离开次末梢区域时,由该区域的区域边界路由器 ABR 将其转换成 LSA Type 5,并扩散到其他区域。配置次末梢区域的命令如下。

[H3C-ospf-1-area-0.0.0.1]nssa [no-summary]

需要在区域内所有的路由器上配置该命令,否则路由器之间无法建立邻接关系。no-summary 为可选项,意义和使用与上一节相同,即是否阻止 LSA Type3。

假设存在图 4-12 所示的网络,路由器 RTC 有一条去往网络 14.1.1.0/24 的静态路由，且已将其引入到 OSPF 网络中，OSPF 协议已经配置完成。要求将区域 1 配置为次末梢区域。

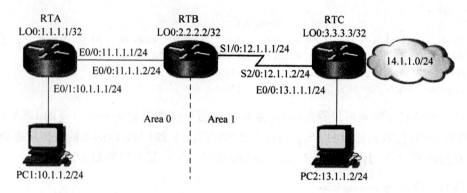

图 4-12　配置次末梢区域

具体配置如下。

[RTB]ospf
[RTB-ospf-1]area 1
[RTB-ospf-1-area-0.0.0.1]nssa
[RTC]ospf
[RTC-ospf-1]area 1
[RTC-ospf-1-area-0.0.0.1]nssa

配置完成后，在路由器 RTC 上执行 display ospf lsdb 命令，显示结果如下。

[RTC]display ospf lsdb

```
        OSPF Process 1 with Router ID 3.3.3.3
                Link State Database

                     Area: 0.0.0.1
 Type      LinkState ID    AdvRouter       Age    Len    Sequence     Metric
 Router    3.3.3.3         3.3.3.3         19     60     80000004     0
 Router    2.2.2.2         2.2.2.2         53     48     80000002     0
 Sum-Net   11.1.1.0        2.2.2.2         94     28     80000001     1
 Sum-Net   10.1.1.0        2.2.2.2         94     28     80000001     2
 NSSA      14.1.1.0        3.3.3.3         59     36     80000001     1
```

从上面的显示结果可以看出，在次末梢区域中，自治系统外部路由以 LSA Type 7 的形式出现。

在路由器 RTA 上执行 display ospf lsdb 命令，显示结果如下。

[RTA]display ospf lsdb

```
        OSPF Process 1 with Router ID 1.1.1.1
                Link State Database
```

Area: 0.0.0.0

Type	LinkState ID	AdvRouter	Age	Len	Sequence	Metric
Router	1.1.1.1	1.1.1.1	45	48	80000010	0
Router	2.2.2.2	2.2.2.2	42	36	80000010	0
Network	11.1.1.1	1.1.1.1	40	32	80000002	0
Sum-Net	12.1.1.0	2.2.2.2	46	28	80000002	1562
Sum-Net	13.1.1.0	2.2.2.2	41	28	80000001	1563

AS External Database

Type	LinkState ID	AdvRouter	Age	Len	Sequence	Metric
External	14.1.1.0	3.3.3.3	699	36	80000001	1
External	14.1.1.0	2.2.2.2	41	36	80000001	1

从上面的显示结果可以看出，在路由器 RTA 上，自治系统外部路由以 LSA Type 5 的形式出现，这是因为在区域边界路由器 RTB 上将次末梢区域中的 LSA Type 7 转换成了 LSA Type 5。

4.4 路由引入技术

在有些情况下，网络中可能同时运行着多种路由选择协议，这就要求不同的路由选择协议之间能够共享路由信息。例如，从 RIP 路由进程学习到的路由可能需要被注入 OSPF 路由进程中去，这种在路由选择协议之间交换路由信息的过程称为路由引入。路由的引入可以是单向的，即一种路由协议从另一种协议接收路由；也可以是双向的，即两种路由选择协议互相接收对方的路由。一般在边界路由器上执行路由的引入，因为边界路由器位于两个或多个自治系统或者路由域的边界上，而且运行着多种路由选择协议。

路由的引入由于涉及多种路由选择协议，而不同的路由选择协议又具有不同的特性，因此在配置时容易出现以下问题。

（1）路由环路：路由器有可能会把从一个自治系统学习到的路由信息发送回同一个自治系统。此问题与距离矢量路由选择技术中的水平分割问题类似。

（2）路由信息不兼容：由于每种路由选择协议计算度量值的标准不同，因此在路由引入时，可能会由于某种路由选择协议的度量值无法准确转换为另一种路由选择协议的度量值而导致路由器通过路由引入所选择的路径并非最佳路径。

（3）收敛时间不一致：不同的路由选择协议的收敛速度不同，例如 RIP 协议的收敛速度要比 OSPF 协议的收敛速度慢。因此，如果有链路失效，可能会产生网络收敛时间的不一致。

为避免产生上述问题，一般在配置路由引入时，如果存在一台以上的边界路由器进行路由引入，则应只在一个方向上进行，以避免产生路由环路和因为收敛时间不同所带来的问题。对于不引入外部路由的区域使用默认路由来实现。如果只有一台边界路由器则可以使用双向的引入。

4.4.1 路由引入命令

路由引入在路由选择协议配置视图下进行配置，具体命令如下。

[H3C-*protocol1*-1]import-route *protocol 2* [*process-id* | all-processes | allow-ibgp] [cost *cost* | type *type* | cost-type {external | internal}] | [level-1 | level-1-2 | level-2] | tag *tag* | route-policy *route-policy-name*]

命令中各个参数的具体含义如下。

protocol1：进行路由引入的路由协议名称，如将 OSPF 引入到 RIP 中，则 *protocol1* 为 RIP。如果 *protocol1* 为 RIP、OSPF 或者 ISIS 等协议，则 *protocol1* 后会有进程 ID；如果 *protocol1* 为 BGP 协议，则不存在进程 ID。

protocol2：被引入的路由协议名称，如将 OSPF 引入到 RIP 中，则 *protocol2* 为 OSPF。如果是直连路由被引入，则参数为 direct；如果是静态路由被引入，则参数为 static。

process-id：路由协议进程号，取值范围为 1~65535，默认值为 1。只有当 *protocol2* 是 RIP、OSPF 或者 ISIS 时该参数可选。

all-processes：引入指定路由协议所有进程的路由，只有当 *protocol2* 是 RIP、OSPF 或者 ISIS 时可以指定该参数。

allow-ibgp：在 protocol2 是 BGP 协议时使用该参数。默认情况下，将 BGP 路由引入到其他路由协议中时，只引入 EBGP 路由，但如果使用该参数则会将 IBGP 路由也进行引入（注意：引入 IGBP 路由容易产生路由环路，一般不要使用）。

cost *cost*：指定被引入路由的初始度量值。对于不同的 *protocol1*，其取值范围不同。如果 *protocol1* 为 RIP 协议，则取值范围是 0~16；如果 *protocol1* 为 OSPF 协议，则取值范围是 0~16777214。如果没有指定，则度量值将取 default cost 命令配置的值。

type *type*：指定引入到 OSPF 中的路由类型，取值范围为 1~2，默认取值为 2。

cost-type {external | internal}：指定引入到 ISIS 中的路由类型，默认为 external。

level-1 | level-1-2 | level-2：指定引入路由到 ISIS 的哪一级路由表中。

tag *tag*：指定引入路由的标记值，对于不同的 *protocol1*，其取值范围和默认取值不同。

route-policy *route-policy-name*：在配置只有满足指定路由策略匹配条件的路由时才被引入。

4.4.2 路由引入的应用

1. RIP 和 OSPF 之间的路由引入

在图 4-13 所示的网络中，路由器 RTB 为边界路由器，要求在其上实现 RIP 和 OSPF 的双向路由引入，并要求引入到 OSPF 中的路由类型为 1，引入到 RIP 中的路由的初始度量值为 6。

首先，完成网络的基础配置，其中路由器 RTA 和 RTC 的配置不再赘述，路由器 RTB 的配置如下。

```
[RTB]rip
[RTB-rip-1]version 2
[RTB-rip-1]undo summary
[RTB-rip-1]network 11.0.0.0
```

```
[RTB-rip-1]quit
[RTB]ospf
[RTB-ospf-1]area 0
[RTB-ospf-1-area-0.0.0.0]network 12.1.1.0 0.0.0.255
```

图 4-13 RIP 和 OSPF 路由引入

配置完成后,在路由器 RTB 上执行 display ip routing-table 命令查看路由表,显示的结果如下。

```
[RTB]display ip routing-table
Routing Tables: Public
        Destinations : 10     Routes : 10

Destination/Mask      Proto    Pre    Cost    NextHop         Interface
10.1.1.0/24           RIP      100    1       11.1.1.1        S2/0
11.1.1.0/24           Direct   0      0       11.1.1.2        S2/0
11.1.1.1/32           Direct   0      0       11.1.1.1        S2/0
11.1.1.2/32           Direct   0      0       127.0.0.1       InLoop0
12.1.1.0/24           Direct   0      0       12.1.1.1        S1/0
12.1.1.1/32           Direct   0      0       127.0.0.1       InLoop0
12.1.1.2/32           Direct   0      0       12.1.1.2        S1/0
13.1.1.0/24           OSPF     10     1563    12.1.1.2        S1/0
127.0.0.0/8           Direct   0      0       127.0.0.1       InLoop0
127.0.0.1/32          Direct   0      0       127.0.0.1       InLoop0
```

从上面的显示结果可以看出,在路由器 RTB 的路由表中,既有学习到的 RIP 路由,又有学习到的 OSPF 路由。

在路由器 RTA 上执行 display ip routing-table 命令查看路由表,显示的结果如下。

```
[RTA]display ip routing-table
Routing Tables: Public
        Destinations : 7      Routes : 7

Destination/Mask      Proto    Pre    Cost    NextHop         Interface
10.1.1.0/24           Direct   0      0       10.1.1.1        Eth0/0
10.1.1.1/32           Direct   0      0       127.0.0.1       InLoop0
```

11.1.1.0/24	Direct	0	0	11.1.1.1	S1/0
11.1.1.1/32	Direct	0	0	127.0.0.1	InLoop0
11.1.1.2/32	Direct	0	0	11.1.1.2	S1/0
127.0.0.0/8	Direct	0	0	127.0.0.1	InLoop0
127.0.0.1/32	Direct	0	0	127.0.0.1	InLoop0

从上面的显示结果可以看出,在路由器 RTA 上没有学习到来自 OSPF 网络的路由,同样在路由器 RTC 上执行同样的命令可知值 RTC 也没有学习到来自 RIP 网络的路由。

为使 RIP 和 OSPF 之间可以互相接收对方的路由,需要在边界路由器 RTB 上进行路由的引入。首先,配置将 RIP 路由引入到 OSPF 中,具体配置如下。

[RTB]ospf
[RTB-ospf-1]import-route rip type 1

配置完成后,在路由器 RTC 上执行 display ip routing-table 命令查看路由表,显示的结果如下。

[RTC]display ip routing-table
Routing Tables: Public
    Destinations : 8   Routes : 8

Destination/Mask	Proto	Pre	Cost	NextHop	Interface
10.1.1.0/24	O_ASE	150	1563	12.1.1.1	S2/0
12.1.1.0/24	Direct	0	0	12.1.1.2	S2/0
12.1.1.1/32	Direct	0	0	12.1.1.1	S2/0
12.1.1.2/32	Direct	0	0	127.0.0.1	InLoop0
13.1.1.0/24	Direct	0	0	13.1.1.1	Eth0/0
13.1.1.1/32	Direct	0	0	127.0.0.1	InLoop0
127.0.0.0/8	Direct	0	0	127.0.0.1	InLoop0
127.0.0.1/32	Direct	0	0	127.0.0.1	InLoop0

从上面的显示结果可以看出,路由器 RTC 学习到了一条去往网络 10.1.1.0/24 的自治系统外部路由,即从 RIP 中引入进来的路由,其度量值为 1563,这是因为引入到 OSPF 中的路由的初始度量值为 1,而路由类型为 1,所以度量值为(初始度量值 1+经过的一条串行链路的度量值 1562)1563。如果路由类型为 2,则其度量值为 1。

需要注意的是,在路由器 RTC 上并没有学习到去往网络 11.1.1.0/24 的路由,即并没有将该路由引入到 OSPF 网络中去。这是因为在 H3C 设备上配置路由引入后,只有通过被引入路由协议学习到的路由才会被引入到进行路由引入的路由协议网络中。在这里虽然路由器 RTB 上将网络 11.1.1.0/24 在 RIP 协议中进行了发布,但是由于该网络对于路由器 RTB 而言是直连网络,因此不会被引入到 OSPF 中。只有通过 RIP 学习到的网络 10.1.1.0/24 才会被引入到 OSPF 网络中。(注意:这一点与 CISCO 设备不同,在 CISCO 设备上网络 11.1.1.0/24 也会被引入到 OSPF 中,即只要在 RIP 中发布了的网络都会被引入。)

此时,由于只配置了单向路由引入,因此在路由器 RTA 上的路由表没有变化,下面的配置将 OSPF 路由引入到 RIP 中，具体配置如下。

[RTB]rip
[RTB-rip-1]import-route ospf cost 6

配置完成后，在路由器 RTA 上执行 display ip routing-table 命令查看路由表，显示的结果如下。

[RTA]display ip routing-table
Routing Tables: Public
          Destinations : 8   Routes : 8

Destination/Mask	Proto	Pre	Cost	NextHop	Interface
10.1.1.0/24	Direct	0	0	10.1.1.1	Eth0/0
10.1.1.1/32	Direct	0	0	127.0.0.1	InLoop0
11.1.1.0/24	Direct	0	0	11.1.1.1	S1/0
11.1.1.1/32	Direct	0	0	127.0.0.1	InLoop0
11.1.1.2/32	Direct	0	0	11.1.1.2	S1/0
13.1.1.0/24	RIP	100	7	11.1.1.2	S1/0
127.0.0.0/8	Direct	0	0	127.0.0.1	InLoop0
127.0.0.1/32	Direct	0	0	127.0.0.1	InLoop0

从上面的显示结果可以看出，路由器 RTA 学习到了一条去往网络 13.1.1.0/24 的路由，即从 OSPF 引入的路由，其度量值为 7（在 CISCO 设备上度量值为 6），也就是初始度量值 6 加上经过的跳数 1。在这里同样没有学习到去往网络 12.1.1.0/24 的路由。

2. 直连路由引入

依然使用图 4-13 所示的网络，在路由器 RTB 上将直连路由引入到 RIP 和 OSPF 中，具体配置如下。

[RTB]rip
[RTB-rip-1]import-route direct
[RTB-rip-1]quit
[RTB]ospf
[RTB-ospf-1]import-route direct

配置完成后，在路由器 RTA 上执行 display ip routing-table 命令查看路由表，显示的结果如下。

[RTA]display ip routing-table
Routing Tables: Public
          Destinations : 10   Routes : 10

Destination/Mask	Proto	Pre	Cost	NextHop	Interface
10.1.1.0/24	Direct	0	0	10.1.1.1	Eth0/0
10.1.1.1/32	Direct	0	0	127.0.0.1	InLoop0
11.1.1.0/24	Direct	0	0	11.1.1.1	S1/0

11.1.1.1/32	Direct	0	0	127.0.0.1	InLoop0
11.1.1.2/32	Direct	0	0	11.1.1.2	S1/0
12.1.1.0/24	RIP	100	1	11.1.1.2	S1/0
12.1.1.2/32	RIP	100	1	11.1.1.2	S1/0
13.1.1.0/24	RIP	100	7	11.1.1.2	S1/0
127.0.0.0/8	Direct	0	0	127.0.0.1	InLoop0
127.0.0.1/32	Direct	0	0	127.0.0.1	InLoop0

从上面的显示结果可以看出，路由器 RTA 学习到了去往路由器 RTB 的直连网络 12.1.1.0/24 的路由，其度量值为 1，即初始度量值 0 加上经过的跳数 1。

在路由器 RTC 上执行 display ip routing-table 命令查看路由表，显示的结果如下：

[RTC]display ip routing-table
Routing Tables: Public
    Destinations : 10   Routes : 10

Destination/Mask	Proto	Pre	Cost	NextHop	Interface
10.1.1.0/24	O_ASE	150	1563	12.1.1.1	S2/0
11.1.1.0/24	O_ASE	150	1	12.1.1.1	S2/0
11.1.1.1/32	O_ASE	150	1	12.1.1.1	S2/0
12.1.1.0/24	Direct	0	0	12.1.1.2	S2/0
12.1.1.1/32	Direct	0	0	12.1.1.1	S2/0
12.1.1.2/32	Direct	0	0	127.0.0.1	InLoop0
13.1.1.0/24	Direct	0	0	13.1.1.1	Eth0/0
13.1.1.1/32	Direct	0	0	127.0.0.1	InLoop0
127.0.0.0/8	Direct	0	0	127.0.0.1	InLoop0
127.0.0.1/32	Direct	0	0	127.0.0.1	InLoop0

从上面的显示结果可以看出，路由器 RTC 学习到了去往路由器 RTB 的直连网络 11.1.1.0/24 的路由，其度量值为 1，因为其类型为 2，所以并没有加上 OSPF 网络内部的开销。

3. 静态路由引入到 OSPF

依然使用图 4-13 所示的网络，在路由器 RTC 上配置两条去往网络 192.168.1.0/24 和 192.168.2.0/24 的静态路由，并将其引入到 OSPF 网络中，具体配置如下：

[RTC]ip route-static 192.168.1.0 24 13.1.1.2
[RTC]ip route-static 192.168.2.0 24 13.1.1.2
[RTC]ospf
[RTC-ospf-1]import-route static

配置完成后，在路由器 RTB 上执行 display ip routing-table 命令查看路由表，显示的结果如下：

[RTB]display ip routing-table
Routing Tables: Public
    Destinations : 12   Routes : 12

Destination/Mask	Proto	Pre	Cost	NextHop	Interface
10.1.1.0/24	RIP	100	1	11.1.1.1	S2/0
11.1.1.0/24	Direct	0	0	11.1.1.2	S2/0
11.1.1.1/32	Direct	0	0	11.1.1.1	S2/0
11.1.1.2/32	Direct	0	0	127.0.0.1	InLoop0
12.1.1.0/24	Direct	0	0	12.1.1.1	S1/0
12.1.1.1/32	Direct	0	0	127.0.0.1	InLoop0
12.1.1.2/32	Direct	0	0	12.1.1.2	S1/0
13.1.1.0/24	OSPF	10	1563	12.1.1.2	S1/0
127.0.0.0/8	Direct	0	0	127.0.0.1	InLoop0
127.0.0.1/32	Direct	0	0	127.0.0.1	InLoop0
192.168.1.0/24	O_ASE	150	1	12.1.1.2	S1/0
192.168.2.0/24	O_ASE	150	1	12.1.1.2	S1/0

从上面的显示结果可以看出，在路由器 RTB 上学习到了引入到 OSPF 网络中的两条静态路由，即 192.168.1.0/24 和 192.168.2.0/24。

在路由器 RTA 上执行 display ip routing-table 命令查看路由表，显示的结果如下。

[RTA]display ip routing-table
Routing Tables: Public
    Destinations : 12   Routes : 12

Destination/Mask	Proto	Pre	Cost	NextHop	Interface
10.1.1.0/24	Direct	0	0	10.1.1.1	Eth0/0
10.1.1.1/32	Direct	0	0	127.0.0.1	InLoop0
11.1.1.0/24	Direct	0	0	11.1.1.1	S1/0
11.1.1.1/32	Direct	0	0	127.0.0.1	InLoop0
11.1.1.2/32	Direct	0	0	11.1.1.2	S1/0
12.1.1.0/24	RIP	100	1	11.1.1.2	S1/0
12.1.1.2/32	RIP	100	1	11.1.1.2	S1/0
13.1.1.0/24	RIP	100	7	11.1.1.2	S1/0
127.0.0.0/8	Direct	0	0	127.0.0.1	InLoop0
127.0.0.1/32	Direct	0	0	127.0.0.1	InLoop0
192.168.1.0/24	RIP	100	7	11.1.1.2	S1/0
192.168.2.0/24	RIP	100	7	11.1.1.2	S1/0

从上面的显示结果可以看出，在路由器 RTA 上也学习到了去往网络 192.168.1.0/24 和 192.168.2.0/24 的路由，这是通过两次路由引入获得的。

4.5 VRRP

在以太网中，在为终端主机配置 IP 地址时都需要为其配置一个默认网关地址，而该地址实际上就是为主机配置的默认路由的下一跳地址。主机发出的所有目的地址不在本网段的报文都将通过默认路由发送到网关，再由网关进行路由转发，从而实现主机与外部网络之间的通信。网关一般是路由器的以太网接口或三层交换机的三层 VLAN 虚接口。

由于主机与外部网络的通信完全依赖于网关进行,因此一旦网关出现故障,则该网段内的所有主机都将无法与外部网络通信,这就要求网关设备必须具备极高的可靠性。而从理论上来讲,任何设备都不可避免地存在出现故障的可能性,因此在可靠性要求比较高的网络中就需要由多台物理设备通过互备在逻辑上作为一台网关设备存在。在网络中,这一功能由虚拟路由器冗余协议(Virtual Router Redundancy Protocol,VRRP)来实现。

4.5.1 VRRP 基础

1. VRRP 基本原理

VRRP 将可以作为网关设备的多台路由器加入到一个备份组中,形成一台虚拟路由器,并为该虚拟路由器配置一个虚拟 IP 地址。对网段中的主机而言,其看到的是一台网关设备,即虚拟路由器,它们只需要将该虚拟路由器的虚拟 IP 地址设置为默认网关即可。而在备份组内部,多台路由器之间通过选举产生一台 Master 路由器,即活动路由器来承担网关功能,而将其他的路由器作为 Backup 路由器,即备份路由器,在 Master 路由器工作正常时,Backup 路由器不参与数据的转发,但是当 Master 路由器出现故障时,将从 Backup 路由器中选举出一台路由器作为新的 Master 路由器,以保证网络内部主机与外部网络之间的通信不会中断。例如,在图 4-14 所示的网络中,路由器 RTA、RTB 和 RTC 在逻辑上形成一台路由器,以保障网关设备的可靠性,而各台 PC 只要将默认网关设置为虚拟 IP 地址 192.168.1.1/24,即可与外部网络进行通信。

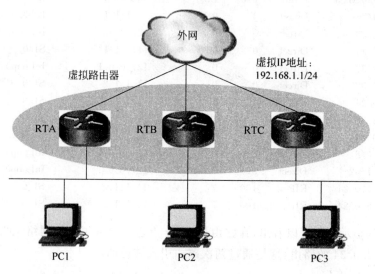

图 4-14 VRRP 基本原理

2. VRRP 报文格式

在 VRRP 协议中只定义了一种报文即 VRRP 报文,这是一种组播报文,组播地址是 224.0.0.18,由 Master 路由器定时发送 VRRP 报文来通告它的存在。VRRP 报文还可以用来检测虚拟路由器的各种参数,并用于进行 Master 路由器的选举。VRRP 报文的格式如图 4-15 所示。

	8	16	24	32
Version	Type	Virtual Rtr ID	Priority	Count IP Addrs
Auth Type		Adver Int	Checksum	
IP Address 1				
⋮				
IP Address N				
Authentication Data 1				
Authentication Data 2				

图 4-15 VRRP 报文格式

VRRP 报文中的各项参数说明如下。

(1) Version：VRRP 协议的版本号，基于 IPv4 的 VRRP 协议版本号为 2。

(2) Type：VRRP 报文类型，VRRP 只有一种报文类型，即 VRRP 通告（Advertisement）报文，因此该字段取值为固定值 1。

(3) Virtual Rtr ID：虚拟路由器 ID，即备份组 ID，取值范围为 1～255。

(4) Priority：路由器在备份组中的优先级，其取值范围为 0～255，数值越大表明优先级越高，默认优先级为 100。优先级是进行 Master 路由器选举的依据。

优先级实际上可配置的范围是 1～254，其中优先级 0 为系统保留优先级，而优先级 255 则用来分配给 IP 地址拥有者。所谓的 IP 地址拥有者是指接口 IP 地址与虚拟 IP 地址相同的路由器，在为虚拟路由器配置虚拟 IP 地址时，其地址可以使用备份组所在网段中未被分配的 IP 地址，也可以使用备份组中某个路由器的接口 IP 地址。如果虚拟 IP 地址使用了某个路由器的接口 IP 地址，则该路由器即为 IP 地址拥有者。VRRP 为 IP 地址拥有者分配了最高的优先级 255，也就意味着如果备份组中存在 IP 地址拥有者，则只要它工作正常，就会是 Master 路由器。

(5) Count IP Addrs：备份组中虚拟 IP 地址的个数，一个备份组可以对应多个虚拟 IP 地址。

(6) Auth Type：认证类型，0 表示无认证，1 表示简单字符认证，2 表示 MD5 认证。

(7) Adver Int：Master 路由器发送 VRRP 报文的时间间隔，默认为 1s。

(8) Checksum：16 位的校验和，用于进行 VRRP 报文的完整性校验。

(9) IP Address：备份组的虚拟 IP 地址。

(10) Authentication String：当采用了简单字符认证方式时的验证字。

网络中实际的 VRRP 报文如图 4-16 所示。

3. VRRP 工作过程

VRRP 的具体工作过程如下。

(1) 在路由器上配置了 VRRP 以后，同一备份组中的路由器通过交互 VRRP 通告报文，并比较各自的优先级来进行 Master 路由器的选举。优先级值最大的路由器将被选举

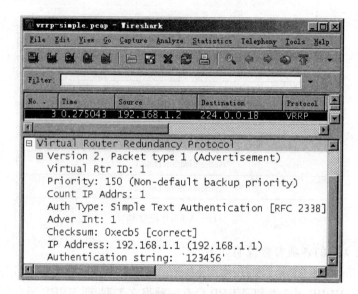

图 4-16 网络中实际的 VRRP 报文

为 Master 路由器，其他的路由器则成为 Backup 路由器。

(2) 在选举出 Master 路由器后，由 Master 路由器负责提供路由服务，Master 路由器依据 VRRP 通告报文时间间隔定时器设置的值，即 Adver Int 字段的值（默认为 1s）定时组播发送 VRRP 通告报文，通知备份组内的其他路由器自己工作正常。而 Backup 路由器则启动定时器并等待 Master 路由器发送的 VRRP 通告报文的到来。如果 Backup 路由器在等待了 3 个 VRRP 通告报文时间间隔后依然没有收到来自 Master 路由器的 VRRP 通告报文，则认为 Master 路由器出现了故障，此时 Backup 路由器会认为自己是 Master 路由器，并向外发送 VRRP 通告报文。备份组中的多台 Backup 路由器都会将自己看作 Master 路由器，并发送 VRRP 通告报文，然后重新进行选举，并最终选举出新的 Master 路由器来提供路由服务。

(3) 在 Master 路由器工作正常的情况下，可能存在某一台 Backup 路由器被配置了更高优先级的情况，此时是否触发 Master 路由器的重新选举取决于备份组中路由器的工作方式。在 VRRP 中路由器有两种不同的工作方式，具体如下。

① 非抢占方式：如果路由器工作在非抢占方式下，只要 Master 路由器没有出现故障，即使 Backup 路由器被配置了更高的优先级也不会进行重新选举。

② 抢占方式：在抢占方式下，Backup 路由器一旦发现自己的优先级比收到的 VRRP 通告报文中 Master 路由器的优先级高，则该 Backup 路由器将成为 Master 路由器，并向外发送 VRRP 通告报文，触发重新选举，使原来的 Master 路由器变成 Backup 路由器。备份组组中的路由器默认为工作在抢占方式下。

4.5.2 VRRP 的配置和验证

1. VRRP 的配置

VRRP 的基本配置涉及的命令如下。

(1) 创建一个 VRRP 备份组并为其配置一个虚拟 IP 地址。

[H3C-Ethernet0/0]vrrp vrid *virtual-router-id* virtual-ip *virtual-address*

该命令在三层接口视图下进行配置,接口可以是路由接口,也可以是三层 VLAN 虚接口。在接口上创建备份组并配置虚拟 IP 地址之前,要确保该接口已经配置了 IP 地址,并且确保随后要配置的虚拟 IP 地址与接口的 IP 地址在同一网段中。只有配置的虚拟 IP 地址和接口 IP 地址在同一网段,并且是合法的主机地址时,备份组才能正常工作。否则,虽然可以配置成功,但 VRRP 不会起任何作用。

(2) 配置路由器在备份组中的优先级。

[H3C-Ethernet0/0]vrrp vrid *virtual-router-id* priority *priority-value*

默认情况下,优先级的取值为 100。建议为备份组中不同的路由器配置不同的优先级,以确保 VRRP 的选举可被控制。

(3) 配置备份组中的路由器工作在抢占方式,并配置抢占延迟时间。

[H3C-Ethernet0/0]vrrp vrid *virtual-router-id* preempt-mode timer delay *delay-value*

默认情况下,抢占延迟时间为 0s。为了避免备份组中的路由器频繁进行主备状态的转换,并让 Backup 路由器有足够的时间搜集必要的信息,可以为其设置一定的抢占延迟时间,使 Backup 路由器在收到优先级低于自己优先级的 VRRP 通告报文后,不会立即抢占成为 Master 路由器,而是等待一个抢占延迟时间后才对外发送 VRRP 通告报文以取代原来的 Master 路由器。

(4) 配置备份组中 Master 路由器发送 VRRP 通告报文的时间间隔。

[H3C-Ethernet0/0]vrrp vrid *virtual-router-id* timer advertise *adver-interval*

默认 Master 路由器发送 VRRP 通告报文的时间间隔为 1s,而 Backup 路由器的等待时间间隔为该定时器的 3 倍,即 3s。在网络中流量过大或者同一备份组中不同路由器上的定时器存在差异的情况下,可能会导致 Backup 路由器的定时器异常超时而发生状态转换,此时可以通过延长 VRRP 通告报文时间间隔的办法来解决。

假设存在图 4-17 所示的网络,通过配置 RIPv2 实现各个网段之间的路由,要求进行 VRRP 的配置,将路由器 RTA 和 RTB 加入到同一个备份组中,并为备份组配置虚拟 IP 地址 192.168.1.1/24,使 PC1 和 PC2 可以通过网关 192.168.1.1 与 PC3 进行通信。要求在正常情况下,路由器 RTA 被选举为 Master 路由器,在 RTA 出现故障时,路由器 RTB 成为 Master 路由器。

在图 4-17 所示的网络中,交换机 SWA 为空配置,路由器 RTA 和 RTB 首先为各个接口配置 IP 地址并配置 RIPv2 协议,具体配置略。

交换机 SWB 的配置如下。

[SWB]vlan 100
[SWB-vlan100]port Ethernet 1/0/1 to Ethernet 1/0/2
[SWB-vlan100]quit
[SWB]interface vlan-interface 100
[SWB-vlan-interface100]ip address 192.168.2.1/24

```
[SWB-vlan-interface100]quit
[SWB]interface Ethernet 1/0/24
[SWB-Ethernet1/0/24]port link-mode route
[SWB-Ethernet1/0/24]ip address 192.168.3.1/24
[SWB-Ethernet1/0/24]quit
[SWB]rip
[SWB-rip-1]version 2
[SWB-rip-1]undo summary
[SWB-rip-1]network 192.168.2.0
[SWB-rip-1]network 192.168.3.0
```

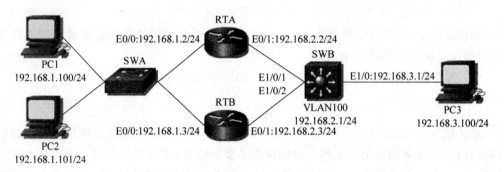

图 4-17　VRRP 基本配置

注意：在交换机 SWB 的配置中，Ethernet 1/0/1 和 Ethernet 1/0/2 作为二层接入端口被划分到了 VLAN 100 中，而且三层虚接口 VLAN 100 与两台路由器的 Ethernet 0/1 接口处于同一个网段中。此时在交换机 SWB 的路由表中可以看到去往网络 192.168.1.0/24 存在两条等价路由，下一跳分别是 192.168.2.2 和 192.168.2.3，即通过路由器 RTA 或 RTB 均可以实现 PC1/PC2 所在网段 192.168.1.0/24 与主机 PC3 的通信，这是进行 VRRP 配置的必要条件。

在交换机 SWB 上执行 display ip routing-table 命令，显示的等价路由如下。

```
[SWB]display ip routing-table
Routing Tables: Public
        Destinations : 7         Routes : 8

Destination/Mask    Proto   Pre   Cost    NextHop        Interface
--------output omitted--------
192.168.1.0/24      RIP     100   1       192.168.2.3    Vlan100
                    RIP     100   1       192.168.2.2    Vlan100
--------output omitted--------
```

在路由配置完成后，在路由器 RTA 和 RTB 上进行 VRRP 相关的配置，具体配置命令如下。

```
[RTA]interface Ethernet 0/0
[RTA-Ethernet0/0]vrrp vrid 1 virtual-ip 192.168.1.1
[RTA-Ethernet0/0]vrrp vrid 1 priority 150
```

[RTB]interface Ethernet 0/0
[RTB-Ethernet0/0]vrrp vrid 1 virtual-ip 192.168.1.1

配置完成后，将 PC1 和 PC2 的默认网关设置为虚拟 IP 地址 192.168.1.1，然后使用 ipconfig 命令测试其与 PC3 的连通性，发现可以进行通信，说明 VRRP 配置正确。

2. VRRP 的验证

（1）display vrrp

display vrrp 命令用来查看 VRRP 备份组的基本信息。在路由器 RTA 上执行 display vrrp 命令，显示结果如下。

```
[RTA]display vrrp
IPv4 Standby Information:
     Run Mode        : Standard
     Run Method      : Virtual MAC
Total number of virtual routers : 1
Interface      VRID     State      Run     Adver    Auth     Virtual
                                   Pri     Timer    Type     IP
--------------------------------------------------------------------
Eth0/0         1        Master     150     1        None     192.168.1.1
```

从上面的显示结果可以看出以下信息。

VRRP 工作在标准协议模式。VRRP 存在标准协议模式和负载均衡模式两种工作模式，默认情况下 VRRP 工作在标准协议模式下，关于负载均衡模式本书不对其进行介绍。

VRRP 当前的运行方式为虚 MAC 地址方式。VRRP 存在虚 MAC 地址方式和实 MAC 地址方式两种运行方式。在虚 MAC 地址运行方式中，在创建了备份组后，VRRP 会自动生成一个与虚拟 IP 地址相对应的虚拟 MAC 地址，以用来对网段中主机的 ARP 请求进行应答。在采用虚 MAC 地址方式时，由于网段中主机上的 ARP 缓存中保存的是虚拟 IP 地址与虚拟 MAC 地址之间的映射，因此即使备份组中进行了重新选举使 Master 路由器易主，也不需要更新其映射关系。但是，当备份组中存在 IP 地址拥有者时，如果采用虚 MAC 地址方式，则会造成一个 IP 地址对应两个 MAC 地址的问题，此时就需要采用实 MAC 地址方式。在实 MAC 地址方式中，网段中主机发送的报文将按照实际的 MAC 地址转发给 IP 地址拥有者。默认情况下 VRRP 的运行方式为虚 MAC 地址方式。

当前存在 1 个虚拟路由器，即备份组。

接口 Ethernet 0/0 隶属于备份组 1；在该备份组中路由器 RTA 是 Master 路由器，其运行优先级为 150；Master 路由器发送 VRRP 通告报文的时间间隔为 1s；在当前备份组中没有启用认证；备份组的虚拟 IP 地址是 192.168.1.1。

如果在路由器 RTB 上执行 display vrrp 命令，就可以看到路由器 RTB 在备份组中是 Backup 路由器，如果此时人为地断开路由器 RTA 的接口 Ethernet 0/0 上的连接，就会发现路由器 RTB 将成为 Master 路由器，从而保障了网关设备的可靠性。

(2) display vrrp verbose

display vrrp verbose 命令用来查看 VRRP 备份组的详细信息。在路由器 RTA 上执行 display vrrp verbose 命令,显示结果如下。

```
[RTA]display vrrp verbose
IPv4 Standby Information:
    Run Mode           : Standard
    Run Method         : Virtual MAC
Total number of virtual routers : 1
    Interface Ethernet 0/0
        VRID           : 1              Adver Timer    : 1
        Admin Status   : Up             State          : Master
        Config Pri     : 150            Running Pri    : 150
        Preempt Mode   : Yes            Delay Time     : 0
        Auth Type      : None
        Virtual IP     : 192.168.1.1
        Virtual MAC    : 0000-5e00-0101
        Master IP      : 192.168.1.2
```

除了与 display vrrp 命令的显示结果重复的部分,在 display vrrp verbose 命令的显示结果中,还可以看到路由器工作在抢占模式(Preempt Mode);抢占延迟为 0s;虚拟 MAC 地址为 0000-5e00-0101;主 IP 地址为 192.168.1.2。

其中虚拟 MAC 地址即为 VRRP 为该备份组生成的 MAC 地址,对应于备份组的虚拟 IP 地址 192.168.1.1。在 PC1(或 PC2)上与 PC3 进行通信后,在 PC1(或 PC2)的命令行模式下执行 arp-a 命令查看 ARP 缓存,显示结果如下。

```
C:\\Documents and Settings\\Administrator>arp -a

Interface: 192.168.1.100 --- 0x2
    Internet Address        Physical Address        Type
    192.168.1.1             00-00-5e-00-01-01       dynamic
```

主 IP 地址即为 Master 路由器相应接口的 IP 地址。

(3) display vrrp statistics

display vrrp statistics 命令用来查看 VRRP 备份组的统计信息。在路由器 RTA 上执行 display vrrp statistics 命令,显示结果如下。

```
[RTA]display vrrp statistics
    Interface              : Ethernet 0/0
    VRID                   : 1
    CheckSum Errors        : 0        Version Errors                : 0
    Invalid Type Pkts Rcvd : 0        Advertisement Interval Errors : 0
    IP TTL Errors          : 0        Auth Failures                 : 0
    Invalid Auth Type      : 0        Auth Type Mismatch            : 0
    Packet Length Errors   : 0        Address List Errors           : 0
    Become Master          : 1        Priority Zero Pkts Rcvd       : 0
```

Adver Rcvd	: 0	Priority Zero Pkts Sent	: 0
Adver Sent	: 3030		

Global statistics
CheckSum Errors   : 0
Version Errors   : 0
VRID Errors   : 0

可以在用户视图下执行 reset vrrp statistics 命令来清除 VRRP 备份组的统计信息。

4.5.3 VRRP 的认证

为防止非法用户伪造报文攻击备份组，VRRP 提供了对报文的认证功能。VRRP 支持明文认证和 MD5 密文认证两种方式。认证使用的命令如下。

[RTA-Ethernet0/0]vrrp vrid *virtual-router-id* authentication-mode {simple|md5} *key*

1．明文认证

明文认证即简单字符认证，如果采用了明文认证，则发送 VRRP 通告报文的路由器将密钥填入到 VRRP 通告报文的 Authentication Data 字段中，然后收到 VRRP 通告报文的路由器将收到的报文中的 Authentication Data 字段的值与本地配置的密钥进行比较。如果相同，则认为接收到的 VRRP 通告报文是真实合法的报文；如果不同，则认为接收到的 VRRP 通告报文是一个非法报文。

在此延续 4.5.2 节的配置，要求在备份组 1 中配置明文认证，密钥为 123456。路由器 RTA 的配置如下。

[RTA-Ethernet0/0]vrrp vrid 1 authentication-mode simple 123456

在配置完成后，系统会提示 authentication type mismatch，并且会提示 192.168.1.1 地址冲突。此时使用 display vrrp 命令查看会发现路由器 RTA 和 RTB 都将自己作为 Master 路由器，并向外发送 VRRP 通告报文。

在路由器 RTB 上进行相同的配置，在配置完成后，路由器 RTB 将恢复为 Backup 路由器。在路由器 RTA 上执行 display vrrp verbose 命令，显示结果如下。

[RTA]display vrrp verbose
IPv4 Standby Information:
    Run Mode   : Standard
    Run Method   : Virtual MAC
 Total number of virtual routers : 1
    Interface Ethernet 0/0

VRID	: 1	Adver Timer	: 1		
Admin Status	: Up	State	: Master		
Config Pri	: 150	Running Pri	: 150		
Preempt Mode	: Yes	Delay Time	: 0		
Auth Type	: Simple	Key	: ******		
Virtual IP	: 192.168.1.1				

```
Virtual MAC        : 0000-5e00-0101
Master IP          : 192.168.1.2
```

从上面的显示结果可以看出，备份组采用了明文认证，其中 Key 为 ****** 回显。使用 Wireshark 捕获 VRRP 通告报文，可以看到报文中 Auth Type 字段值为 1，Authentication Data 字段值为 123456。

2. MD5 认证

在采用 MD5 认证时，将会在 VRRP 协议外层进行一个认证头（Authentication Header，AH）协议的封装。发送 VRRP 通告报文的路由器首先会利用配置的密钥和 MD5 算法对 VRRP 通告报文进行散列运算，并将运算的结果保存在 AH 封装的完整性校验值（Integrity Check Value，ICV）字段中。然后收到 VRRP 通告报文的路由器会利用配置的密钥和 MD5 算法对 VRRP 通告报文进行同样的运算，并将运算结果与 AH ICV 字段进行比较。如果相同，则认为接收到的 VRRP 通告报文是真实合法的报文；如果不同，则认为接收到的 VRRP 通告报文是一个非法报文。

在此延续 4.5.2 小节的配置，要求在备份组 1 中配置 MD5 认证，密钥为 123456。具体的配置如下。

```
[RTA-Ethernet0/0] vrrp vrid 1 authentication-mode md5 123456
[RTB-Ethernet0/0] vrrp vrid 1 authentication-mode md5 123456
```

配置完成后，在路由器 RTA 上执行 display vrrp verbose 命令，就可以看到备份组采用了 MD5 认证。使用 Wireshark 捕获 VRRP 通告报文，可以看到报文中 VRRP 协议封装中的 Auth Type 字段值为 2，在 AH 协议封装中的 AH ICV 字段的值是对 VRRP 通告报文进行散列运算的结果，如图 4-18 所示。

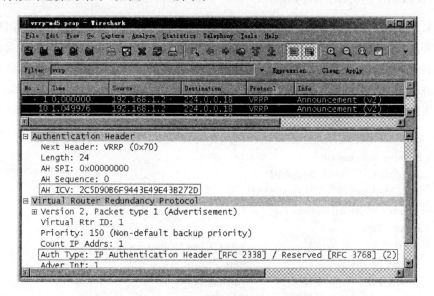

图 4-18 VRRP 的 MD5 认证报文

4.5.4 VRRP 监视指定接口

通过配置 VRRP，使多台路由器在逻辑上虚拟成一台路由器，并通过选举，确保在 Master 路由器出现故障时，其他路由器可以担负起提供路由服务的功能。但是这里所说的故障仅限于 Master 路由器与终端主机网段相连的接口故障。例如，在图 4-17 所示的网络中，当路由器 RTA 的接口 Ethernet 0/0 出现故障时，路由器 RTB 将成为 Master 路由器提供路由服务，以保证 PC1/PC2 和 PC3 之间的通信不会中断。但是如果路由器 RTA 连接上行链路的接口 Ethernet 0/1 出现了故障，由于备份组无法感知上行链路的故障，路由器 RTA 依然是 Master 路由器，这就会导致 PC1/PC2 无法访问 PC3 所在的网络。

为解决这种问题，VRRP 提供了监视指定接口的功能。通过对连接上行链路的接口进行监视，在被监视的接口出现故障时，路由器将主动降低自己的优先级，使得备份组内其他路由器的优先级高于该路由器，从而触发 VRRP 的重新选举，产生新的 Master 路由器负责提供路由服务。监视指定接口使用的命令如下。

[RTA-Ethernet0/0] vrrp vrid *virtual-router-id* track interface *interface-type interface-number* reduced *priority-reduced*

在此延续 4.5.2 小节的配置，要求配置监视接口功能，在路由器 RTA 连接上行链路的接口 Ethernet 0/1 出现故障时，路由器 RTA 的优先级降低 60，从而使路由器 RTB 赢得选举，成为 Master 路由器，确保 PC1/PC2 与 PC3 所在网络之间的通信，其具体的配置如下。

[RTA-Ethernet0/0] vrrp vrid 1 track interface Ethernet 0/1 reduced 60

配置完成后，在路由器 RTA 的接口 Ethernet 0/1 工作正常的情况下，使用 display vrrp 命令可以看到路由器 RTA 是 Master 路由器，路由器 RTB 是 Backup 路由器。

将路由器 RTA 的接口 Ethernet 0/1 的物理连接断开或逻辑上 Shutdown，然后在路由器 RTA 上执行 display vrrp verbose 命令，显示结果如下。

```
[RTA] display vrrp verbose
IPv4 Standby Information:
    Run Mode          : Standard
    Run Method        : Virtual MAC
Total number of virtual routers : 1
    Interface Ethernet 0/0
        VRID          : 1              Adver Timer    : 1
        Admin Status  : Up             State          : Backup
        Config Pri    : 150            Running Pri    : 90
        Preempt Mode  : Yes            Delay Time     : 0
        Auth Type     : None
        Virtual IP    : 192.168.1.1
        Master IP     : 192.168.1.3
        VRRP Track Information:
            Track Interface: Eth0/1     State : Down    Pri Reduced : 60
```

从上面的显示结果可以看出,当前路由器 RTA 为 Backup 路由器。配置的优先级为 150,但当前运行的优先级为 90。这是因为在路由器 RTA 上配置了监视接口的功能,而监视的接口 Ethernet 0/1 处于 Down 状态,因此优先级降低了 60,成为 90(150-60)。

在路由器 RTB 上执行 display vrrp 命令,显示结果如下。

```
[RTB]display vrrp
IPv4 Standby Information:
    Run Mode          : Standard
    Run Method        : Virtual MAC
Total number of virtual routers : 1
Interface      VRID      State     Run      Adver    Auth     Virtual
                                   Pri      Timer    Type     IP
--------------------------------------------------------------------------
Eth0/0         1         Master    100      1        None     192.168.1.1
```

可见路由器 RTB 被选举成为 Master 路由器,这是因为在路由器 RTA 的优先级降低至 90 后,路由器 RTB 的优先级 100 成为备份组中的最高优先级,从而赢得了选举。

通过在 Master 路由器上监视指定接口,确保了在 Master 路由器连接上行链路的接口出现故障时,能够选举产生新的 Master 路由器,保证了网络通信不会中断。

当路由器 RTA 的接口 Ethernet 0/1 恢复后,路由器 RTA 的运行优先级将恢复为 150,并将重新被选举为 Master 路由器。

4.5.5 VRRP 的负载分担

在单备份组的配置中,所有的路由服务均由 Master 路由器来完成,即使 Master 路由器负载过大导致路由效率降低,备份组中的 Backup 路由器也不会进行任何路由流量的处理。在实际中,网络管理员可能更希望备份组中的多台路由器能够共同对数据流量进行路由处理以实现负载的分担,这可以通过创建多个备份组来实现。通过在路由器的一个接口上创建多个备份组,并指定其在特定备份组中的优先级,可以使该路由器在一个备份组中被选举为 Master 路由器,而在其他的备份组中成为 Backup 路由器,从而最终使不同的备份组拥有不同的 Master 路由器。然后将网段中终端主机的默认网关分别设置为各个备份组的虚拟 IP 地址,使不同主机的数据流量通过不同备份组的 Master 路由器进行路由,从而实现负载的分担。

在此依然使用图 4-17 所示的网络,要求配置两个备份组。其中备份组 1 的虚拟 IP 地址是 192.168.1.1/24,且在备份组 1 中路由器 RTA 被选举为 Master 路由器;备份组 2 的虚拟 IP 地址为 192.168.1.254/24,且在备份组 2 中路由器 RTB 被选举为 Master 路由器。其具体的配置如下。

```
[RTA]interface Ethernet 0/0
[RTA-Ethernet0/0]vrrp vrid 1 virtual-ip 192.168.1.1
[RTA-Ethernet0/0]vrrp vrid 1 priority 150
[RTA-Ethernet0/0]vrrp vrid 2 virtual-ip 192.168.1.254

[RTB]interface Ethernet 0/0
[RTB-Ethernet0/0]vrrp vrid 1 virtual-ip 192.168.1.1
```

[RTB-Ethernet0/0]vrrp vrid 2 virtual-ip 192.168.1.254
[RTB-Ethernet0/0]vrrp vrid 2 priority 150

配置完成后,在路由器 RTA 上执行 display vrrp verbose 命令,显示结果如下。

```
[RTA]display vrrp verbose
 IPv4 Standby Information:
     Run Mode        : Standard
     Run Method      : Virtual MAC
 Total number of virtual routers : 2
     Interface Ethernet 0/0
         VRID            : 1              Adver Timer     : 1
         Admin Status    : Up             State           : Master
         Config Pri      : 150            Running Pri     : 150
         Preempt Mode    : Yes            Delay Time      : 0
         Auth Type       : None
         Virtual IP      : 192.168.1.1
         Virtual MAC     : 0000-5e00-0101
         Master IP       : 192.168.1.2

     Interface Ethernet 0/0
         VRID            : 2              Adver Timer     : 1
         Admin Status    : Up             State           : Backup
         Config Pri      : 100            Running Pri     : 100
         Preempt Mode    : Yes            Delay Time      : 0
         Auth Type       : None
         Virtual IP      : 192.168.1.254
         Master IP       : 192.168.1.3
```

从上面的显示结果可以看出,在路由器 RTA 上配置了两个备份组,其中在备份组 1 中路由器 RTA 是 Master 路由器,而在备份组 2 中 RTA 是 Backup 路由器。对应的在备份组 1 中路由器 RTB 是 Backup 路由器,而在备份组 2 中 RTB 是 Master 路由器。在路由器 RTB 上执行 display vrrp 命令,显示结果如下。

```
[RTB]display vrrp
 IPv4 Standby Information:
     Run Mode        : Standard
     Run Method      : Virtual MAC
 Total number of virtual routers : 2
 Interface       VRID    State       Run     Adver   Auth    Virtual
                                     Pri     Timer   Type    IP
 ----------------------------------------------------------------------
 Eth0/0          1       Backup      100     1       None    192.168.1.1
 Eth0/0          2       Master      150     1       None    192.168.1.254
```

将 PC1 的默认网关设置为 192.168.1.1,使其访问 PC3 所在网段的流量通过路由器 RTA 进行路由;将 PC2 的默认网关设置为 192.168.1.254,使其访问 PC3 所在网段的流量通过路由器 RTB 进行路由,从而实现了网络流量的负载分担。

4.6 企业网络路由技术实现

在主校区的局域网中,汇聚层交换机通过配置三层虚接口为其下的接入层各部门网段提供路由;在汇聚层交换机和核心层交换机之间运行 RIPv2 协议以实现整个主校区局域网的路由;在局域网的出口路由器上同时运行 RIPv2 和 OSPF 两种路由选择协议,并进行双向的路由引入。在分校区的网络出口路由器和核心交换机上运行 OSPF 路由选择协议,其中出口路由器作为区域边界路由器存在,与主校区出口路由器连接的接口处于主干区域,而与分校区局域网连接的接口处于非主干区域,并将非主干区域设置为完全末梢区域。在教学楼的汇聚层交换机上配置 VRRP,以保障教学楼各部门网关的可靠性。

考虑到同层设备的配置比较类似,为节约篇幅,在此对于同类设备仅选取其中的一台给出配置,其他设备的配置不再给出。

教学楼的其中一台汇聚层交换机相关的配置如下。

[E-D-1]interface Ethernet 1/0/1
[E-D-1-Ethernet1/0/1]port link-type trunk
[E-D-1-Ethernet1/0/1]port trunk permit vlan all
[E-D-1-Ethernet1/0/1]quit
//将与接入层交换机连接的端口设置为 Trunk 模式
//端口 Ethernet 1/0/2～Ethernet 1/0/6 配置略
[E-D-1]interface vlan-interface 10
[E-D-1-vlan-interface10]ip address 202.207.122.60/26
//为计算机系的三层虚接口配置 IP 地址
[E-D-1-vlan-interface10]vrrp vrid 1 virtual-ip 202.207.122.62
[E-D-1-vlan-interface10]vrrp vrid 1 priority 120
[E-D-1-vlan-interface10]quit
//配置 VRRP,计算机系虚拟网关 202.207.122.62
[E-D-1]interface vlan-interface 11
[E-D-1-vlan-interface11]ip address 202.207.122.92/27
//为速递物流系的三层虚接口配置 IP 地址
[E-D-1-vlan-interface11]vrrp vrid 2 virtual-ip 202.207.122.94
[E-D-1-vlan-interface11]quit
//配置 VRRP,速递物流系虚拟网关 202.207.122.94
//其他部门三层虚接口配置略
[E-D-1]interface Ethernet 1/0/23
[E-D-1-Ethernet1/0/23]port link-mode route
[E-D-1-Ethernet1/0/23]ip address 202.207.127.129/30
[E-D-1-Ethernet1/0/23]quit
//上连核心层交换机 1
[E-D-1]interface Ethernet 1/0/24
[E-D-1-Ethernet1/0/24]port link-mode route
[E-D-1-Ethernet1/0/24]ip address 202.207.127.133/30
[E-D-1-Ethernet1/0/24]quit
//上连核心层交换机 2
[E-D-1]rip
[E-D-1-rip-1]version 2

[E-D-1-rip-1]undo summary
[E-D-1-rip-1]network 202.207.122.0
[E-D-1-rip-1]network 202.207.127.0
//发布其他网络配置略

主校区的其中一台核心层交换机相关的配置如下。

[E-C-1]interface Ethernet 1/0/1
[E-C-1-Ethernet1/0/1]port link-mode route
[E-C-1-Ethernet1/0/1]ip address 202.207.124.124/27
[E-C-1-Ethernet1/0/1]vrrp vrid 1 virtual-ip 202.207.124.126
[E-C-1-Ethernet1/0/1]vrrp vrid 1 priority 120
[E-C-1-Ethernet1/0/1]quit
//连接网络中心的接口及VRRP配置
[E-C-1]interface Ethernet 1/0/2
[E-C-1-Ethernet1/0/2]port link-mode route
[E-C-1-Ethernet1/0/2]ip address 202.207.127.130/30
[E-C-1-Ethernet1/0/2]quit
//连接教学楼汇聚层交换机的接口配置
//连接其他汇聚层交换机的接口配置略
[E-C-1]interface Ethernet 1/0/24
[E-C-1-Ethernet1/0/24]port link-mode route
[E-C-1-Ethernet1/0/24]ip address 202.207.127.173/30
[E-C-1-Ethernet1/0/24]quit
//连接出口路由器的接口配置
[E-C-1]rip
[E-C-1-rip-1]version 2
[E-C-1-rip-1]undo summary
[E-C-1-rip-1]network 202.207.124.0
[E-C-1-rip-1]network 202.207.127.0

主校区的出口路由器相关的配置如下。

[M-O]interface Ethernet 0/0
[M-O-Ethernet0/0]ip address 202.207.127.174/30
[M-O-Ethernet0/0]quit
//连接核心交换机1
[M-O]interface Ethernet 0/1
[M-O-Ethernet0/1]ip address 202.207.127.178/30
[M-O-Ethernet0/1]quit
//连接核心交换机2
[M-O]interface Serial 1/0
[M-O-Serial1/0]ip address 202.207.127.249/30
[M-O-Serial1/0]quit
//连接分校区1的出口路由器
[M-O]interface Serial 2/0
[M-O-Serial2/0]ip address 202.207.127.253/30
[M-O-Serial2/0]quit
//连接分校区2的出口路由器
[M-O]rip

```
[M-O-rip-1]version 2
[M-O-rip-1]undo summary
[M-O-rip-1]network 202.207.127.0
[M-O-rip-1]import-route ospf cost 5
//引入 OSPF 路由
[M-O-rip-1]import-route direct
[M-O-rip-1]quit
//引入直连路由
[M-O]ospf
[M-O-ospf-1]area 0
[M-O-ospf-1-area-0.0.0.0]network 202.207.127.248 0.0.0.3
[M-O-ospf-1-area-0.0.0.0]network 202.207.127.252 0.0.0.3
[M-O-ospf-1-area-0.0.0.0]quit
[M-O-ospf-1]import-route rip
//引入 RIP 路由
[M-O-ospf-1]import-route direct
//引入直连路由
```

分校区 1 的出口路由器相关的配置如下。

```
[B-O-1]interface Serial 1/0
[B-O-1-Serial1/0]ip address 202.207.127.250/30
[B-O-1-Serial1/0]quit
//连接主校区的出口路由器
[B-O-1]interface Ethernet 0/0
[B-O-1-Ethernet0/0]ip address 202.207.127.182/30
[B-O-1-Ethernet0/0]quit
//连接核心交换机
[B-O-1]ospf
[B-O-1-ospf-1]area 0
[B-O-1-ospf-1-area-0.0.0.0]network 202.207.127.248 0.0.0.3
[B-O-1-ospf-1-area-0.0.0.0]quit
[B-O-1-ospf-1]area 1
[B-O-1-ospf-1-area-0.0.0.1]network 202.207.127.180 0.0.0.3
[B-O-1-ospf-1-area-0.0.0.1]stub no-summary
//配置区域 1 为完全末梢区域
```

分校区 1 的核心层交换机相关的配置如下。

```
[B-E-C]interface Ethernet 1/0/1
[B-E-C-Ethernet1/0/1]port link-type trunk
[B-E-C-Ethernet1/0/1]port trunk permit vlan all
[B-E-C-Ethernet1/0/1]quit
//将与接入层交换机连接的端口设置为 Trunk 模式
//其他端口配置略
[B-E-C]interface vlan-interface 10
[B-E-C-vlan-interface10]ip address 202.207.123.62/26
[B-E-C-vlan-interface10]quit
//为电信系配置网关 IP 地址
//其他部门网关配置略
```

```
[B-E-C]interface Ethernet 1/0/24
[B-E-C-Ethernet1/0/24]port link-mode route
[B-E-C-Ethernet1/0/24]ip address 202.207.127.181/30
[B-E-C-Ethernet1/0/24]quit
//连接出口路由器
[B-E-C]ospf
[B-E-C-ospf-1]area 1
[B-E-C-ospf-1-area-0.0.0.1]network 202.207.127.180 0.0.0.3
[B-E-C-ospf-1-area-0.0.0.1]network 202.207.123.0 0.0.0.63
//发布其他网络配置略
[B-E-C-ospf-1-area-0.0.0.1]stub
//配置区域 1 为末梢区域
```

4.7 小结

作为网络中的核心技术，本章重点介绍了两种网络中常用的无类别路由选择协议，即在中小型单一架构网络中常用的 RIPv2 协议，以及在较大规模网络中常用的 OSPF 协议，并对不同路由协议之间共享信息的路由引入技术进行了介绍。考虑到有些网络在网络层需要采取保障网络可用性的措施，本章还介绍了进行网关设备冗余的 VRRP 技术，并在本章的最后给出了企业网络中网络层所涉及技术的配置。

4.8 习题

1. 简述在 RIPv2 配置中，undo summary 命令的作用。
2. 什么是抑制接口，在什么情况下需要设置抑制接口？
3. 什么是环回接口，环回接口在网络中的作用是什么？
4. RIPv2 的路由汇总有没有限制，有什么样的限制条件？
5. RIPv2 支持哪两种认证方法，其中哪一种认证更安全，为什么？
6. OSPF 接口有哪几种状态？试描述其状态转换过程。
7. 为什么要进行 DR 和 BDR 的选举，在哪种网络中不需要选举？
8. 在多区域 OSPF 中，常用的 LSA 有哪几种类型，它们分别在什么样的范围内进行扩散？
9. 什么称为末梢区域，为什么要引入末梢区域？
10. 引入到 OSPF 的路由有哪两种类型，这两种类型在进行度量值的计算时有什么区别？
11. 简述 VRRP 如何保障网关设备的可靠性。
12. 在 VRRP 中选举 Master 路由器的依据是什么？如何控制 Master 路由器的选举？
13. 在配置 VRRP 之前，要求网络必须满足什么条件？
14. 在 VRRP 中监视指定接口的作用是什么？

4.9 实训

4.9.1 RIPv2 配置和验证实训

实验学时：2 学时；每实验组学生人数：3 人。

1. 实验目的

掌握 RIPv2 的配置和验证方法；掌握 RIPv2 简单的验证和故障排除方法；掌握抑制接口和 RIP 报文定点传送的配置方法。

2. 实验环境

（1）安装有 TCP/IP 通信协议的 Windows 系统 PC：3 台。

（2）H3C 路由器：3 台。

（3）UTP 电缆：4 条。

（4）V.35 背对背电缆：3 条。

（5）Console 电缆：3 条。

保持所有的路由器为出厂配置。

3. 实验内容

（1）配置 RIPv2 协议，实现各网段之间的路由。

（2）验证 RIPv2 的配置，查看 RIPv2 的路由更新信息。

（3）配置抑制接口和 RIP 报文的定点传送。

4. 实验指导

（1）按照图 4-19 所示的网络拓扑结构搭建网络，完成网络连接。

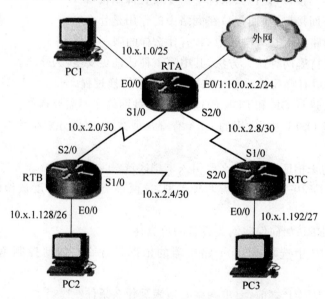

图 4-19 RIPv2 配置和验证实训网络拓扑结构

（2）按照图 4-19 所示为 PC、路由器的以太口和串口配置 IP 地址。
（3）在 3 台路由器上配置 RIPv2 协议。路由器 RTA 的参考命令如下。

[RTA]rip
[RTA-rip-1]version 2
[RTA-rip-1]undo summary
[RTA-rip-1]network 10.0.0.0

路由器 RTB 和 RTC 与路由器 RTA 的配置相同，在此不再赘述。
在 3 台路由器上分别配置默认路由，参考命令如下。

[RTA]ip route-static 0.0.0.0 0 10.0.x.1
[RTB]ip route-static 0.0.0.0 0 10.x.2.1/2
[RTC]ip route-static 0.0.0.0 0 10.x.2.9/10

配置完成后，通过 ping 命令检查网络的连通性，此时应该所有的主机均可连接外部网络。
（4）在 3 台路由器上分别使用命令 display ip routing-table 查看路由器上的路由表，确认是否获知了相应的路由；使用命令 display rip 查看 RIPv2 协议的详细信息，并解释每一条信息的含义；使用命令 display rip 1 route 查看 RIPv2 的路由表；在用户视图下使用命令 debugging rip 1 packet 查看 RIPv2 路由更新的发送和接收情况。
（5）作为连接末梢网络的接口，将 3 台路由器上的 Ethernet 0/0 接口配置为抑制接口；将路由器 RTA 的 Ethernet 0/1 接口配置为抑制接口，参考命令如下。

[RTA]rip
[RTA-rip-1]silent-interface Ethernet 0/0
[RTA-rip-1]silent-interface Ethernet 0/1

[RTB]rip
[RTB-rip-1]silent-interface Ethernet 0/0

[RTC]rip
[RTC-rip-1]silent-interface Ethernet 0/0

配置完成后，在 3 台路由器上使用命令 debugging rip 1 packet 查看相应的接口是否还进行路由更新信息的发送。
（6）为 3 台路由器上的串口配置 RIP 报文的定点发送，参考命令如下。

[RTA]rip
[RTA-rip-1]silent-interface Serial 1/0
[RTA-rip-1]silent-interface Serial 2/0
[RTA-rip-1]peer 10.x.2.1/2
[RTA-rip-1]peer 10.x.2.9/10

[RTB]rip
[RTB-rip-1]silent-interface Serial 1/0
[RTB-rip-1]silent-interface Serial 2/0
[RTB-rip-1]peer 10.x.2.2/1

[RTB-rip-1]peer 10.x.2.5/6

[RTC]rip
[RTC-rip-1]silent-interface Serial 1/0
[RTC-rip-1]silent-interface Serial 2/0
[RTC-rip-1]peer 10.x.2.6/5
[RTC-rip-1]peer 10.x.2.10/9

配置完成后，在 3 台路由器上使用命令 debugging rip 1 packet 查看相应的接口发送路由更新时是否采用了定点发送。

5. 实验报告

填写如表 4-5 所示实验报告。

表 4-5　实训 4.9.1 实验报告

RTA	路由器路由表中 RIP 路由情况	Destination/Mask	Cost	NextHop	Interface
	debugging rip 1 packet 中发送更新情况	Ethernet 0/0	源 IP 地址		目的 IP 地址
		Serial 1/0	源 IP 地址		目的 IP 地址
	设置 RIP 报文定点发送后 debugging 发送更新情况	Serial 1/0	源 IP 地址		目的 IP 地址
		Serial 2/0	源 IP 地址		目的 IP 地址
RTB	路由器路由表中 RIP 路由情况	Destination/Mask	Cost	NextHop	Interface
	debugging rip 1 packet 中发送更新情况	Ethernet 0/0	源 IP 地址		目的 IP 地址
		Serial 1/0	源 IP 地址		目的 IP 地址
	设置 RIP 报文定点发送后 debugging 发送更新情况	Serial 1/0	源 IP 地址		目的 IP 地址
		Serial 2/0	源 IP 地址		目的 IP 地址
RTC	路由器路由表中 RIP 路由情况	Destination/Mask	Cost	NextHop	Interface
	debugging rip 1 packet 中发送更新情况	Ethernet 0/0	源 IP 地址		目的 IP 地址
		Serial 1/0	源 IP 地址		目的 IP 地址
	设置 RIP 报文定点发送后 debugging 发送更新情况	Serial 1/0	源 IP 地址		目的 IP 地址
		Serial 2/0	源 IP 地址		目的 IP 地址

4.9.2 RIPv2 路由汇总和认证实训

实验学时：2 学时；每实验组学生人数：3 人。

1. 实验目的

掌握 RIPv2 路由汇总的配置方法；掌握 RIPv2 的认证配置方法；掌握 RIPv2 中传播默认路由的配置方法。

2. 实验环境

(1) 安装有 TCP/IP 通信协议的 Windows 系统 PC：3 台。
(2) H3C 路由器：3 台。
(3) UTP 电缆：4 条。
(4) V.35 背对背电缆：3 条。
(5) Console 电缆：3 条。

保持所有的路由器为出厂配置。

3. 实验内容

(1) 配置路由汇总，并验证汇总后的路由。
(2) 配置明文和 MD5 认证。
(3) 配置默认路由的传播。

4. 实验指导

本次实验是实训 4.9.1 的延续，在实训 4.9.1 中 RIPv2 配置完成（不需要配置默认路由）并且路由正确的情况下开始本次实验的配置。

(1) 在路由器 RTA 上配置到达外部网络的默认路由，并通过传播默认路由的配置使其传播到路由器 RTB 和 RTC 上，参考命令如下。

```
[RTA]ip route-static 0.0.0.0 0 10.0.x.1
[RTA]rip
[RTA-rip-1]default-route originate
```

配置完成后，在路由器 RTB 和 RTC 上使用命令 display ip routing-table 查看路由表中是否存在默认路由；在路由器 RTA 上使用命令 debugging rip 1 packet 查看路由器 RTA 向外发送的路由更新信息中是否包含默认路由的更新；在 PC2 和 PC3 上测试是否可以连通外部网络。

(2) 在路由器 RTB 上创建 4 个环回接口，并分别配置其 IP 地址为 11.1.0.1/32、11.1.1.1/32、11.1.2.1/32、11.1.3.1/32，用来模拟直连网段 11.1.0.0/24、11.1.1.0/24、11.1.2.0/24、11.1.3.0/24（注意：在 H3C 设备上环回接口只能配置 32 位的子网掩码），并在 RIP 中对其进行发布。其参考命令如下。

```
[RTB]interface Loopback 0
[RTB-Loopback0]ip address 11.1.0.1/32
[RTB-Loopback0]quit
[RTB]interface Loopback 1
[RTB-Loopback1]ip address 11.1.1.1/32
```

```
[RTB-Loopback1]quit
[RTB]interface Loopback 2
[RTB-Loopback2]ip address 11.1.2.1/32
[RTB-Loopback2]quit
[RTB]interface Loopback 3
[RTB-Loopback3]ip address 11.1.3.1/32
[RTB-Loopback3]quit
[RTB]rip
[RTB-rip-1]network 11.0.0.0
```

配置完成后,在路由器 RTA 和 RTC 上使用命令 display ip routing-table 查看路由表中关于网络 11.0.0.0 的路由,并考虑当前路由形成的原因。

(3) 在路由器 RTB 的接口 Serial 1/0 上配置对网络 11.1.0.0/22 的手工路由汇总,参考命令如下。

```
[RTB-Serial1/0]rip summary-address 11.1.0.0/22
```

配置完成后,在路由器 RTA 上使用命令 display ip routing-table 查看路由表中关于网络 11.0.0.0 的路由;在路由器 RTC 上使用命令 display ip routing-table 和 display rip 1 route 查看路由的变化过程并分析其原因。

(4) 在路由器 RTB 的接口 Serial 2/0 上配置对网络 11.1.0.0/22 的手工路由汇总。配置完成后,在路由器 RTA 和 RTC 上使用命令 display ip routing-table 和 display rip 1 route 查看路由的变化过程并分析其原因。

(5) 在路由器 RTA 和 RTC 之间的串行链路上配置明文认证,密钥为 H3C,参考命令如下。

```
[RTA]interface Serial 2/0
[RTA-Serial2/0]rip authentication-mode simple H3C

[RTC]interface Serial 1/0
[RTC-Serial1/0]rip authentication-mode simple H3C
```

配置完成后,在路由器 RTA 和 RTC 上使用命令 debugging rip 1 packet 查看两者之间路由更新信息的传递。

(6) 在路由器 RTB 和 RTC 之间的串行链路上配置 RFC2082 标准的 MD5 认证,密钥 ID 为 1,密钥为 H3C,参考命令如下。

```
[RTB]interface Serial 1/0
[RTB-Serial1/0]rip authentication-mode md5 rfc2082 H3C 1

[RTC]interface Serial 2/0
[RTC-Serial2/0]rip authentication-mode md5 rfc2082 H3C 1
```

配置完成后,在路由器 RTB 和 RTC 上使用命令 debugging rip 1 packet 查看两者之间路由更新信息的传递。

5. 实验报告

填写如表 4-6 所示实验报告。

表 4-6　实训 4.9.2 实验报告

RTA	传播默认路由配置			
	明文认证配置			
	debugging rip 1 packet 查看结果	认证方式		认证口令
RTB	默认路由情况	Cost		NextHop
	路由汇总配置	Serial 1/0		
		Serial 2/0		
	MD5 认证配置			
	debugging rip 1 packet 查看结果	认证方式		认证口令
RTC	默认路由情况	Cost		NextHop
	分析步骤 3 中路由器 RTC 上路由的变化过程			
	明文认证配置			
	debugging rip 1 packet 查看结果	认证方式		认证口令
	MD5 认证配置			
	debugging rip 1 packet 查看结果	认证方式		认证口令

4.9.3　单区域 OSPF 配置和验证实训

实验学时：2 学时；每实验组学生人数：3 人。

1．实验目的

掌握单区域 OSPF 的配置方法和步骤；掌握单区域 OSPF 简单的验证方法。

2．实验环境

（1）安装有 TCP/IP 通信协议的 Windows 系统 PC：2 台。

（2）H3C 路由器：3 台。

（3）UTP 电缆：4 条。

（4）V.35 背对背电缆：1 条。

（5）Console 电缆：3 条。

保持所有的路由器为出厂配置。

3．实验内容

（1）配置单区域 OSPF 协议，实现各网段之间的路由。

（2）验证单区域 OSPF 的配置，查看单区域 OSPF 的各项信息。

4．实验指导

（1）按照图 4-20 所示的网络拓扑结构搭建网络，完成网络连接。

（2）按照图 4-20 所示为 PC、路由器的以太口和串口配置 IP 地址。

（3）在 3 台路由器上配置去往外部网络的默认路由，参考命令如下。

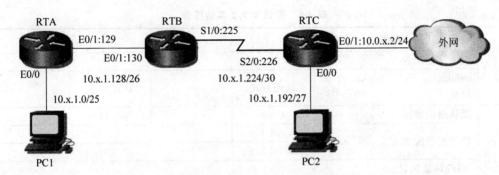

图 4-20 单区域 OSPF 配置和验证实训网络拓扑结构

[RTA]ip route-static 0.0.0.0 0 10.x.1.130
[RTB]ip route-static 0.0.0.0 0 10.x.1.226
[RTC]ip route-static 0.0.0.0 0 10.0.x.1

（4）为路由器 RTA 配置环回接口 Loopback 0，IP 地址为 1.1.1.1/32，并为路由器 RTB 手工配置路由器 ID 为 8.8.8.8，参考命令如下。

[RTA]interface Loopback 0
[RTA-Loopback0]ip address 1.1.1.1 32
[RTB]router id 8.8.8.8

（5）在 3 台路由器上配置单区域 OSPF 协议，并要求所有的接口都在区域 0 中，参考命令如下。

[RTA]ospf
[RTA-ospf-1]area 0
[RTA-ospf-1-area-0.0.0.0]network 10.x.1.0 0.0.0.127
[RTA-ospf-1-area-0.0.0.0]network 10.x.1.128 255.255.255.192
[RTB]ospf
[RTB-ospf-1]area 0
[RTB-ospf-1-area-0.0.0.0]network 10.x.1.128 0.0.0.63
[RTB-ospf-1-area-0.0.0.0]network 10.x.1.224 0.0.0.3
[RTC]ospf
[RTC-ospf-1]area 0
[RTC-ospf-1-area-0.0.0.0]network 10.x.1.224 255.255.255.252
[RTC-ospf-1-area-0.0.0.0]network 10.x.1.192 255.255.255.224

配置完成后，在 3 台路由器上分别使用 display ip routing-table 命令查看路由器的路由表，并考虑不同路由的开销值是如何计算的。

（6）在 3 台路由器上分别使用 display ospf brief 命令查看并记录路由器 ID，考虑不同路由器 ID 的来源。

（7）在 3 台路由器上分别使用 display ospf routing 命令查看 OSPF 路由表信息，并对其内容进行分析；在 3 台路由器上分别使用 display ospf peer 命令查看路由器的邻居状况，记录在 10.x.1.128/26 网段 DR 和 BDR 选举的情况，并考虑产生该结果的原因；在 3 台路由器上分别使用 display ospf lsdb 命令查看路由器上的 OSPF 链路状态数据库并比较 3 台路由器上的链路状态数据库是否相同。

5. 实验报告

填写表 4-7 所示实验报告。

表 4-7　实训 4.9.3 实验报告

		Router ID	Address	Pri	Interface	State
RTA	Loopback 0 的配置					
	单区域 OSPF 配置					
	display ip routing-table 命令结果					
	路由器 ID 及来源					
	display ospf peer 命令结果					
RTB	路由器 ID 的配置					
	单区域 OSPF 配置					
	display ip routing-table 命令结果					
	路由器 ID 及来源					
	display ospf peer 命令结果					
RTC	单区域 OSPF 配置					
	display ip routing-table 命令结果					
	路由器 ID 及来源					
	display ospf peer 命令结果					

4.9.4　OSPF 控制 DR 选举和传播默认路由实训

实验学时：2 学时；每实验组学生人数：3 人。

1. 实验目的

掌握传播默认路由的配置方法；掌握多路访问网络中的 DR 选举的控制方法；理解 DR 选举的过程。

2. 实验环境

（1）安装有 TCP/IP 通信协议的 Windows 系统 PC：2 台。

（2）H3C 路由器：3 台。

（3）UTP 电缆：4 条。

（4）V.35 背对背电缆：1 条。

（5）Console 电缆：3 条。

保持所有的路由器为出厂配置。

3. 实验内容

（1）配置单区域 OSPF 协议，实现各网段之间的路由。

（2）验证单区域 OSPF 的配置，查看单区域 OSPF 的各项信息。

4. 实验指导

（1）本次实验是实训 4.9.3 的延续，在实训 4.9.3 中 OSPF 配置完成（不需要配置默认路由）并且路由正确的情况下开始本次实验的配置。

（2）在路由器 RTC 上配置去往外部网络的默认路由，并通过传播默认路由配置使其传播到路由器 RTA 和 RTB 上，参考配置命令如下。

[RTC]ip route-static 0.0.0.0 0 10.0.x.1
[RTC]ospf
[RTC-ospf-1]default-route-advertise

配置完成后，在路由器 RTA 和 RTB 上分别使用命令 display ip routing-table 查看路由器的路由表中是否存在默认路由，并记录默认路由的协议类型和优先级；使用命令 display ospf routing 命令查看在 OSPF 的路由表中默认路由的类型。

（3）在路由器 RTA 和 RTB 上分别使用命令 display ospf interface Ethernet 0/1 查看本路由器在网段 10.x.1.128/26 中的状态和优先级，以及该网段的 DR 和 BDR。

（4）将路由器 RTA 的接口 Ethernet 0/1 的优先级设置为 100，参考命令如下。

[RTA]interface Ethernet 0/1
[RTA-Ethernet0/1]ospf dr-priority 100

配置完成后，在路由器 RTA 和 RTB 上分别使用 display ospf interface Ethernet 0/1 命令查看本路由器在网段 10.x.1.128/26 中的状态和优先级，以及该网段的 DR 和 BDR。比较 DR 和 BDR 是否产生了变化并分析其原因。

（5）在路由器 RTA 和 RTB 上，在用户视图下分别使用 reset ospf 1 process 命令重启 OSPF 进程，并使用 display ospf interface Ethernet 0/1 命令查看本路由器在网段 10.x.1.128/26 中的状态和优先级，以及该网段的 DR 和 BDR。比较 DR 和 BDR 是否产生了变化并分析其原因。

（6）将路由器 RTB 的接口 Ethernet 0/1 的优先级配置为 0，使之不参与网段 10.x.1.128/26 中 DR 的选举，参考命令如下。

[RTB]interface Ethernet 0/1
[RTB-Ethernet0/1]ospf dr-priority 0

配置完成后，在路由器 RTA 和 RTB 上分别使用 display ospf interface Ethernet 0/1 命令查看本路由器在网段 10.x.1.128/26 中的状态和优先级，以及该网段的 DR 和 BDR。比较 DR 和 BDR 是否产生了变化并分析其原因。

5. 实验报告

填写如表 4-8 实验报告。

表 4-8 实训 4.9.4 实验报告

RTA	默认路由情况	Proto		Pre	Type
	display ospf interface Ethernet 0/1 命令的结果	State	Priority	DR	BDR
	接口优先级配置				
	DR、BDR 是否发生变化及其原因				
	重启 OSPF 进程配置				
	DR、BDR 是否发生变化及其原因				
	RTB 进行优先级配置后 DR、BDR 是否发生变化及其原因				
RTB	默认路由情况	Proto		Pre	Type
	display ospf interface Ethernet 0/1 命令的结果	State	Priority	DR	BDR
	RTA 进行优先级配置后 DR、BDR 是否发生变化及其原因				
	重启 OSPF 进程配置				
	DR、BDR 是否发生变化及其原因				
	接口优先级配置				
	DR、BDR 是否发生变化及其原因				
RTC	传播默认路由配置				

4.9.5 多区域 OSPF 配置和路由汇总实训

实验学时：2 学时；每实验组学生人数：3 人。

1. 实验目的

掌握多区域 OSPF 的配置方法和步骤；掌握多区域 OSPF 简单的验证方法；掌握区域间路由汇总的配置；掌握外部路由汇总的配置。

2. 实验环境

（1）安装有 TCP/IP 通信协议的 Windows 系统 PC：2 台。

（2）H3C 路由器：3 台。

（3）UTP 电缆：4 条。

（4）V.35 背对背电缆：1 条。

（5）Console 电缆：3 条。

保持所有的路由器为出厂配置。

3. 实验内容

（1）配置多区域 OSPF 协议，实现各网段之间的路由。

（2）验证多区域 OSPF 的配置，查看多区域 OSPF 的各项信息。

（3）配置 OSPF 区域间路由汇总。

（4）配置 OSPF 外部路由汇总。

4. 实验指导

（1）按照图 4-21 所示的网络拓扑结构搭建网络，完成网络连接。

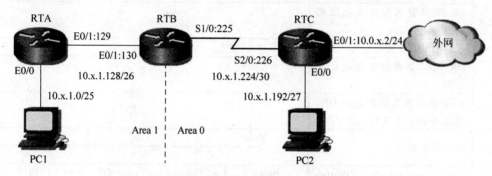

图 4-21　多区域 OSPF 配置和路由汇总实训网络拓扑结构

（2）按照图 4-21 所示为 PC、路由器的以太口和串口配置 IP 地址。

（3）根据拓扑结构图判断各个路由器的类型。

（4）为路由器配置多区域 OSPF 协议，并进行默认路由的传播，参考命令如下。

[RTA]ospf
[RTA-ospf-1]area 1
[RTA-ospf-1-area-0.0.0.1]network 10.x.1.0 0.0.0.127
[RTA-ospf-1-area-0.0.0.1]network 10.x.1.128 0.0.0.63

[RTB]ospf
[RTB-ospf-1]area 0
[RTB-ospf-1-area-0.0.0.0]network 10.x.1.224 0.0.0.3
[RTB-ospf-1-area-0.0.0.0]quit
[RTB-ospf-1]area 1
[RTB-ospf-1-area-0.0.0.1]network 10.x.1.128 0.0.0.63

[RTC]ip route-static 0.0.0.0 0 10.0.x.1
[RTC]ospf
[RTC-ospf-1]default-route-advertise
[RTC-ospf-1]area 0
[RTC-ospf-1-area-0.0.0.0]network 10.x.1.192 0.0.0.31
[RTC-ospf-1-area-0.0.0.0]network 10.x.1.224 0.0.0.3

配置完成后，在 3 台路由器上分别使用 display ip routing-table 命令查看路由器的路由表，确定是否出现了相关路由；分别使用 display ospf routing 命令查看 OSPF 协议的路由表，并记录每条路由的类型；分别使用 display ospf lsdb 命令查看 OSPF 协议的链路状态数据库中 LSA 的类型，确认区域边界路由器 RTB 为两个区域均维护有链路状态数据库。

（5）在路由器 RTA 上设置 4 个环回接口，分别将地址设为 172.16.0.1/32、

172.16.1.1/32、172.16.2.1/32、172.16.3.1/32,并在 OSPF 中发布,参考命令如下。

```
[RTA]interface Loopback 10
[RTA-Loopback10]ip address 172.16.0.1/32
[RTA-Loopback10]quit
[RTA]interface Loopback 11
[RTA-Loopback11]ip address 172.16.1.1/32
[RTA-Loopback11]quit
[RTA]interface Loopback 12
[RTA-Loopback12]ip address 172.16.2.1/32
[RTA-Loopback12]quit
[RTA]interface Loopback 13
[RTA-Loopback13]ip address 172.16.3.1/32
[RTA-Loopback13]quit
[RTA]ospf
[RTA-ospf-1]area 1
[RTA-ospf-1-area-0.0.0.1]network 172.16.0.0 0.0.3.255
```

配置完成后,在路由器 RTC 上使用 display ip routing-table 命令查看路由器的路由表中关于网络 172.16.0.0/22 的路由条目,此时应为 4 条明细路由。

(6) 在区域边界路由器 RTB 上对网络 172.16.0.0/22 进行区域间路由汇总的配置,参考命令如下。

```
[RTB]ospf
[RTB-ospf-1]area 1
[RTB-ospf-1-area-0.0.0.1]abr-summary 172.16.0.0/22
```

配置完成后,在路由器 RTC 上使用 display ip routing-table 命令查看路由器的路由表中关于网络 172.16.0.0/22 的路由条目,此时应为一条汇总路由。

(7) 在路由器 RTC 上设置 4 条分别去往网络 11.1.0.0/24、11.1.1.0/24、11.1.2.0/24、11.1.3.0/24 的静态路由,并将其注入 OSPF 网络中,参考命令如下。

```
[RTC]ip route-static 11.1.0.0 24 10.x.1.194     //下一跳为 PC2,该路由无实际意义
[RTC]ip route-static 11.1.1.0 24 10.x.1.194
[RTC]ip route-static 11.1.2.0 24 10.x.1.194
[RTC]ip route-static 11.1.3.0 24 10.x.1.194
[RTC]ospf
[RTC-ospf-1]import-route static
```

配置完成后,在路由器 RTA 和 RTB 上分别使用 display ip routing-table 命令查看路由器的路由表中关于网络 11.1.0.0/22 的路由条目,此时应为 4 条明细路由。

(8) 在自治系统边界路由器 RTC 上对网络 11.1.0.0/22 进行外部路由汇总,参考命令如下。

```
[RTC]ospf
[RTC-ospf-1]asbr-summary 11.1.0.0/22
```

配置完成后,在路由器 RTA 和 RTB 上分别使用 display ip routing-table 命令查看路

由器的路由表中关于网络 11.1.0.0/22 的路由条目,此时应为一条汇总路由。

5. 实验报告

填写表 4-9 所示实验报告。

表 4-9　实训 4.9.5 实验报告

RTA	路由器类型			
	多区域 OSPF 配置			
	display ospf routing 命令结果		Type	AdvRouter
		10.x.1.192/27		
		10.x.1.224/30		
		0.0.0.0/0		
RTB	路由器类型			
	多区域 OSPF 配置			
	display ospf routing 命令结果		Type	AdvRouter
		10.x.1.0/25		
		10.x.1.192/27		
		0.0.0.0/0		
	区域间路由汇总配置			
	外部路由汇总前 11.1.0.0/22 的路由			
	外部路由汇总后 11.1.0.0/22 的路由			
RTC	路由器类型			
	多区域 OSPF 配置			
	display ospf routing 命令结果		Type	AdvRouter
		10.x.1.0/25		
		10.x.1.128/26		
	区域间路由汇总前 172.16.0.0/22 的路由			
	区域间路由汇总后 172.16.0.0/22 的路由			
	外部路由汇总配置			

4.9.6　OSPF 认证和末梢区域配置实训

实验学时:2 学时;每实验组学生人数:3 人。

1. 实验目的

掌握 OSPF 认证的配置方法和步骤;掌握末梢区域、完全末梢区域和次末梢区域的配置和验证方法。

2. 实验环境

(1) 安装有 TCP/IP 通信协议的 Windows 系统 PC:2 台。

(2) H3C 路由器:3 台。

（3）UTP 电缆：4 条。

（4）V.35 背对背电缆：1 条。

（5）Console 电缆：3 条。

保持所有的路由器为出厂配置。

3. 实验内容

（1）配置 OSPF 的明文认证和 MD5 认证。

（2）配置末梢区域、完全末梢区域和次末梢区域。

4. 实验指导

（1）本次实验沿用实训 4.9.5 中图 4-21 的网络拓扑，按图中要求搭建网络，完成网络连接。

（2）按照图 4-21 所示为 PC、路由器的以太口和串口配置 IP 地址。

（3）为路由器配置多区域 OSPF 协议，并进行默认路由的传播。具体配置参考实训 4.9.5。

（4）在 OSPF 的区域 0 中配置简单口令认证，并设置路由器 RTB 的接口 Serial 1/0 和路由器 RTC 的接口 Serial 2/0 之间的链路上使用的口令为 H3C，参考命令如下。

```
[RTB]ospf
[RTB-ospf-1]area 0
[RTB-ospf-1-area-0.0.0.0]authentication-mode simple
[RTB-ospf-1-area-0.0.0.0]quit
[RTB-ospf-1]quit
[RTB]interface Serial 1/0
[RTB-Serial1/0]ospf authentication-mode simple plain H3C

[RTC]ospf
[RTC-ospf-1]area 0
[RTC-ospf-1-area-0.0.0.0]authentication-mode simple
[RTC-ospf-1-area-0.0.0.0]quit
[RTC-ospf-1]quit
[RTC]interface Serial 2/0
[RTC-Serial2/0]ospf authentication-mode simple plain H3C
```

配置完成后，在路由器 RTB 和 RTC 上分别使用命令 debugging ospf 1 packet 在用户视图下查看两台路由器之间交互的 LSA 的基本信息，并记录两台路由器之间的认证类型和认证使用的口令。

（5）在 OSPF 的区域 1 中配置 MD5 认证，认证方式为 hmac-md5，并设置路由器 RTA 的接口 Ethernet 0/1 和路由器 RTB 的接口 Ethernet 0/1 之间的链路上使用的 Key-Id 为 1，口令为 H3C。其参考命令如下。

```
[RTA]ospf
[RTA-ospf-1]area 1
[RTA-ospf-1-area-0.0.0.1]authentication-mode md5
[RTA-ospf-1-area-0.0.0.1]quit
```

```
[RTA-ospf-1]quit
[RTA]interface Ethernet 0/1
[RTA-Ethernet0/1]ospf authentication-mode hmac-md5 1 cipher H3C

[RTB]ospf
[RTB-ospf-1]area 1
[RTB-ospf-1-area-0.0.0.1]authentication-mode md5
[RTB-ospf-1-area-0.0.0.1]quit
[RTB-ospf-1]quit
[RTB]interface Ethernet 0/1
[RTB-Ethernet0/1]ospf authentication-mode hmac-md5 1 cipher H3C
```

配置完成后，在路由器 RTA 和 RTB 上分别使用命令 debugging ospf 1 packet 在用户视图下查看两台路由器之间交互的 LSA 的基本信息，并记录两台路由器之间的认证类型和认证使用的口令。

(6) 配置末梢区域。在配置末梢区域之前，在路由器 RTA 上使用 display ospf lsdb 命令查看 OSPF 协议的链路状态数据库中 LSA 的类型，确认是否有 Type3、Type4 和 Type5 的 LSA 存在，并将区域 1 配置为末梢区域，参考命令如下。

```
[RTA]ospf
[RTA-ospf-1]area 1
[RTA-ospf-1-area-0.0.0.1]stub

[RTB]ospf
[RTB-ospf-1]area 1
[RTB-ospf-1-area-0.0.0.1]stub
```

配置完成后，在路由器 RTA 上使用 display ospf lsdb 命令查看并记录 OSPF 协议的链路状态数据库中 LSA 的类型，确认是否有 Type4 和 Type5 的 LSA 存在，是否有 Type3 的默认路由存在。

(7) 配置完全末梢区域。将区域 1 进一步配置为完全末梢区域，参考命令如下。

```
[RTB]ospf
[RTB-ospf-1]area 1
[RTB-ospf-1-area-0.0.0.1]stub no-summary
```

配置完成后，在路由器 RTA 上使用 display ospf lsdb 命令查看并记录 OSPF 协议的链路状态数据库中 LSA 的类型，确认除默认路由外是否还有 Type3 的 LSA 存在。

(8) 配置次末梢区域。

① 将完全末梢区域的配置删除，参考命令如下。

```
[RTA]ospf
[RTA-ospf-1]area 1
[RTA-ospf-1-area-0.0.0.1]undo stub

[RTB]ospf
[RTB-ospf-1]area 1
[RTB-ospf-1-area-0.0.0.1]undo stub
```

② 在路由器 RTA 上配置一条默认路由,并将其注入 OSPF 中,参考命令如下。

[RTA]ip route-static 11.1.1.0 24 10.x.1.2
[RTA]ospf
[RTA-ospf-1]import-route static

③ 将区域 1 设置为次末梢区域,参考命令如下。

[RTA]ospf
[RTA-ospf-1]area 1
[RTA-ospf-1-area-0.0.0.1]nssa

[RTB]ospf
[RTB-ospf-1]area 1
[RTB-ospf-1-area-0.0.0.1]nssa

配置完成后,在路由器 RTA 和 RTC 上分别使用 display ospf lsdb 命令查看并记录 OSPF 协议的链路状态数据库中关于 11.1.1.0 网络的 LSA 的类型,并比较其区别;在路由器 RTB 和 RTC 上分别使用 display ip routing-table 命令查看路由器的路由表中关于网络 11.1.1.0/24 的路由,并比较其区别。

5. 实验报告

填写表 4-10 所示实验报告。

表 4-10 实训 4.9.6 实验报告

	MD5 认证配置				
RTA	debugging ospf 1 packet 显示结果	AuType		Key(ascii)	
		Type	LinkState ID	AdvRouter	Metric
	配置末梢区域前 display ospf lsdb Type3、4、5 的情况				
	末梢/完全末梢区域的配置				
		Type	LinkState ID	AdvRouter	Metric
	配置末梢区域后 display ospf lsdb Type3、4、5 的情况				
	配置完全末梢区域后 display ospf lsdb Type3、4、5 的情况	Type	LinkState ID	AdvRouter	Metric
	次末梢区域的配置				
	配置次末梢区域后 display ospf lsdb 11.1.1.0 的情况	Type	LinkState ID	AdvRouter	Metric

续表

RTB	简单口令认证配置				
	debugging ospf 1 packet 显示结果	AuType		Key(ascii)	
	MD5 认证配置				
	debugging ospf 1 packet 显示结果	AuType		Key(ascii)	
	末梢区域的配置				
	完全末梢区域的配置				
	次末梢区域的配置				
	配置次末梢区域后 display ip routing-table 11.1.1.0/24 的路由	11.1.1.0/24		Proto	Pre
RTC	简单口令认证配置				
	debugging ospf 1 packet 显示结果	AuType		Key(ascii)	
	配置次末梢区域后 display ospf lsdb 11.1.1.0 的情况	Type	LinkState ID	AdvRouter	Metric
	配置次末梢区域后 display ip routing-table 11.1.1.0/24 的路由	11.1.1.0/24		Proto	Pre

4.9.7 路由引入实训

实验学时：2 学时；每实验组学生人数：3 人。

1. 实验目的

掌握 RIP、OSPF、直连和静态路由之间进行路由引入的配置和验证。

2. 实验环境

(1) 安装有 TCP/IP 通信协议的 Windows 系统 PC 机：2 台。

(2) H3C 路由器：3 台。

(3) UTP 电缆：3 条。

(4) V.35 背对背电缆：2 条。

(5) Console 电缆：3 条。

保持所有的路由器为出厂配置。

3. 实验内容

(1) 配置 RIP 和 OSPF 的双向路由引入。

(2) 配置直连路由到 OSPF 的路由引入。

(3) 配置静态路由到 RIP 的路由引入。

(4) 配置默认路由到 OSPF 的路由引入。

4. 实验指导

(1) 按照图 4-22 所示的网络拓扑结构搭建网络,完成网络连接。

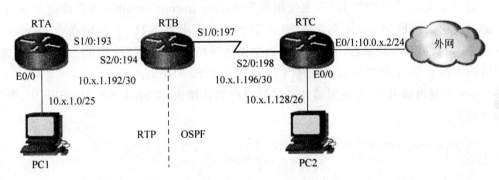

图 4-22 路由引入实训网络拓扑结构

(2) 按照图 4-22 所示为 PC、路由器的以太口和串口配置 IP 地址。

(3) 按照图 4-22 所示在 3 台路由器上进行相应路由的配置,参考命令如下。

```
[RTA]rip
[RTA-rip-1]version 2
[RTA-rip-1]undo summary
[RTA-rip-1]network 10.0.0.0

[RTB]rip
[RTB-rip-1]version 2
[RTB-rip-1]undo summary
[RTB-rip-1]network 10.0.0.0
[RTB-rip-1]quit
[RTB]ospf
[RTB-ospf-1]area 0
[RTB-ospf-1-area-0.0.0.0]network 10.x.1.196 0.0.0.3

[RTC]ospf
[RTC-ospf-1]area 0
[RTC-ospf-1-area-0.0.0.0]network 10.x.1.128 0.0.0.63
[RTC-ospf-1-area-0.0.0.0]network 10.x.1.196 0.0.0.3
```

配置完成后,在 3 台路由器上分别使用命令 display ip routing-table 查看路由器的路由表。此时在路由器 RTA 上没有去往网络 10.x.1.128/26 的路由;在路由器 RTC 上没有去往网络 10.x.1.0/25 和 10.x.1.192/30 的路由。

（4）在路由器 RTB 上配置 RIP 和 OSPF 之间的双向路由引入。要求引入到 OSPF 中的路由类型为 E1；引入到 RIP 中的路由的初始度量值为 3，参考命令如下。

[RTB]ospf
[RTB-ospf-1]import-route rip type 1
[RTB-ospf-1]quit
[RTB]rip
[RTB-rip-1]import-route ospf cost 3

配置完成后，在路由器 RTA 上使用命令 display ip routing-table 查看并记录路由器的路由表中去往网络 10.x.1.128/26 的路由；在路由器 RTC 上使用命令 display ip routing-table 查看并记录路由器的路由表中去往网络 10.x.1.0/25 的路由。需要注意，此时路由器 RTC 上依然没有去往网络 10.x.1.192/30 的路由。

（5）在路由器 RTC 上配置通往外部网络的默认路由，并将其引入到 OSPF 中，参考命令如下。

[RTC]ip route-static 0.0.0.0 0 10.0.x.1
[RTC]ospf
[RTC-ospf-1]default-route-advertise

配置完成后，在路由器 RTA 上使用命令 display ip routing-table 查看并记录路由器的路由表中的默认路由，然后考虑默认路由在网络中的传播过程。

（6）在路由器 RTB 上配置直连路由到 OSPF 的路由引入，要求引入到 OSPF 中的直连路由的初始度量值为 10，参考命令如下。

[RTB]ospf
[RTB-ospf-1]import-route direct cost 10

配置完成后，在路由器 RTC 上使用命令 display ip routing-table 查看并记录路由器的路由表中去往网络 10.x.1.192/30 的路由。

（7）在路由器 RTA 上配置静态路由到 RIP 的路由引入，参考命令如下。

[RTA]ip route-static 11.1.1.0 24 10.x.1.2
[RTA]rip
[RTA-rip-1]import-route static

配置完成后，在路由器 RTB 和 RTC 上分别使用命令 display ip routing-table 查看并记录路由器的路由表中去往网络 11.1.1.0/24 的路由，然后考虑该路由在网络中的传播过程。

5. 实验报告

填写如表 4-11 所示实验报告。

表 4-11　实训 4.9.7 实验报告

			Proto	Pre	Cost
RTA	RIP 和 OSPF 双向路由引入后	10.x.1.128/26			
	默认路由引入后	0.0.0.0/0	Proto	Pre	Cost
	静态路由到 RIP 的路由引入配置				
RTB	RIP 和 OSPF 双向路由引入配置				
	直连路由到 OSPF 的路由引入配置				
	静态路由到 RIP 的路由引入后	11.1.1.0/24	Proto	Pre	Cost
RTC	RIP 和 OSPF 双向路由引入后	10.x.1.0/25	Proto	Pre	Cost
	默认路由引入配置				
	直连路由到 OSPF 的路由引入后	10.x.1.192/30	Proto	Pre	Cost
	静态路由到 RIP 的路由引入后	11.1.1.0/24	Proto	Pre	Cost

4.9.8　VRRP 配置实训

实验学时：2 学时；每组实验学生人数：5 人。

1. 实验目的

掌握典型以太网环境下 VRRP 的配置。

2. 实验环境

(1) 安装有 TCP/IP 协议的 Windows 系统 PC：4 台。

(2) H3C 二层交换机：1 台。

(3) H3C 三层交换机：3 台。

(4) UTP 电缆：9 条。

(5) Console 电缆：4 条。

保持所有交换机均为出厂配置。

3. 实验内容

(1) 配置各台交换机，实现网络的路由。

(2) 配置 VRRP，实现网关设备的互备。

4. 实验指导

(1) 按照图 4-23 所示的网络拓扑结构搭建网络，完成网络连接。

(2) 按照图 4-23 所示为各个交换机和 PC 配置 IP 地址以及 RIPv2 协议，参考命令如下。

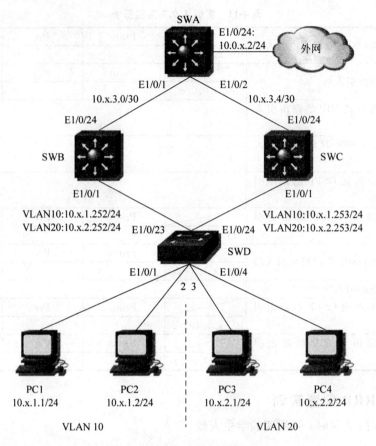

图 4-23　VRRP 配置实训网络拓扑结构

[SWA]interface Ethernet 1/0/1
[SWA-Ethernet1/0/1]port link-mode route
[SWA-Ethernet1/0/1]ip address 10.x.3.2/30
[SWA-Ethernet1/0/1]quit
[SWA]interface Ethernet 1/0/2
[SWA-Ethernet1/0/2]port link-mode route
[SWA-Ethernet1/0/2]ip address 10.x.3.6/30
[SWA-Ethernet1/0/2]quit
[SWA]interface Ethernet 1/0/24
[SWA-Ethernet1/0/24]port link-mode route
[SWA-Ethernet1/0/24]ip address 10.0.x.2/24
[SWA-Ethernet1/0/24]quit
[SWA]ip route-static 0.0.0.0 0 10.0.x.1
[SWA]rip
[SWA-rip-1]version 2
[SWA-rip-1]undo summary
[SWA-rip-1]network 10.0.0.0
[SWA-rip-1]default-route originate

[SWB]vlan 10

```
[SWB-vlan10]quit
[SWB]vlan 20
[SWB-vlan20]quit
[SWB]interface Ethernet 1/0/1
[SWB-Ethernet1/0/1]port link-type trunk
[SWB-Ethernet1/0/1]port trunk permit vlan all
[SWB-Ethernet1/0/1]quit
[SWB]interface vlan-interface 10
[SWB-vlan-interface10]ip address 10.x.1.252/24
[SWB-vlan-interface10]quit
[SWB]interface vlan-interface 20
[SWB-vlan-interface20]ip address 10.x.2.252/24
[SWB-vlan-interface20]quit
[SWB]interface Ethernet 1/0/24
[SWB-Ethernet1/0/24]port link-mode route
[SWB-Ethernet1/0/24]ip address 10.x.3.1/30
[SWB-Ethernet1/0/24]quit
[SWB]rip
[SWB-rip-1]version 2
[SWB-rip-1]undo summary
[SWB-rip-1]network 10.0.0.0

//交换机 SWC 的配置与 SWB 类似,在此省略

[SWD]vlan 10
[SWD-vlan10]port Ethernet 1/0/1 to Ethernet 1/0/2
[SWD-vlan10]quit
[SWD]vlan 20
[SWD-vlan20]port Ethernet 1/0/3 to Ethernet 1/0/4
[SWD-vlan20]quit
[SWD]interface Ethernet 1/0/23
[SWD-Ethernet1/0/23]port link-type trunk
[SWD-Ethernet1/0/23]port trunk permit vlan all
[SWD]interface Ethernet 1/0/24
[SWD-Ethernet1/0/24]port link-type trunk
[SWD-Ethernet1/0/24]port trunk permit vlan all
```

注意：在图 4-23 所示的网络中,对汇聚层交换机进行了冗余,对于接入层交换机下连接的 VLAN 10 和 VLAN 20 中的主机可以使用交换机 SWB 上相应的三层虚接口作为默认网关,也可以使用交换机 SWC 上相应的三层虚接口作为默认网关。而且在核心层交换机 SWA 上去往 10.x.1.0/24 和 10.x.2.0/24 网段存在两条等价路由,下一跳分别是交换机 SWB 和 SWC。

(3) 配置 VRRP,要求在 VLAN 10 中交换机 SWB 作为 Master 路由器(注意：在 VRRP 中所说的路由器包括一般意义上的路由器以及运行了路由协议的三层交换机),交换机 SWC 作为 Backup 路由器,虚拟 IP 地址为 10.x.1.254/24；在 VLAN20 中交换机 SWC 作为 Master 路由器,交换机 SWB 作为 Backup 路由器,虚拟 IP 地址为 10.x.2.254/24。其参考命令如下：

```
[SWB]interface vlan-interface 10
[SWB-vlan-interface10]vrrp vrid 1 virtual-ip 10.x.1.254
[SWB-vlan-interface10]vrrp vrid 1 priority 120
[SWB-vlan-interface10]quit
[SWB]interface vlan-interface 20
[SWB-vlan-interface20]vrrp vrid 2 virtual-ip 10.x.2.254

[SWC]interface vlan-interface 10
[SWC-vlan-interface10]vrrp vrid 1 virtual-ip 10.x.1.254
[SWC-vlan-interface10]quit
[SWC]interface vlan-interface 20
[SWC-vlan-interface20]vrrp vrid 2 virtual-ip 10.x.2.254
[SWC-vlan-interface20]vrrp vrid 2 priority 120
```

配置完成后，在交换机 SWB 和 SWC 上分别执行 display vrrp verbose 命令查看 VRRP 备份组的详细信息，应该可以看到在 VLAN10 中交换机 SWB 为 Master 路由器，而在 VLAN20 中交换机 SWC 为 Master 路由器。

将 PC1 和 PC2 的默认网关设置为 10.x.1.254，将 PC3 和 PC4 的默认网关设置为 10.x.2.254，并在 4 台 PC 上使用 ping 命令测试与外部网络的连通性，应该可以连通。其中隶属于 VLAN10 的 PC1 和 PC2 通过交换机 SWB 与外部网络进行通信；隶属于 VLAN20 的 PC3 和 PC4 通过交换机 SWC 与外部网络进行通信。

测试完成后，在 4 台 PC 的命令行模式下执行 arp-a 命令查看 ARP 缓存中网关 IP 地址与 MAC 地址的映射关系，并与在交换机 SWB 和 SWC 上使用 display vrrp verbose 查看的结果进行比较，理解备份组中虚拟 IP 地址与虚拟 MAC 地址的映射关系。

注意：本实验的例子与 4.5.5 节中负载分担的例子不同，负载分担是指对同一个网段配置多个备份组，而且每个备份组选择不同的 Master 路由器。而在这里两个备份组分别属于两个不同的网段 VLAN10 和 VLAN20，且每个网段中只有一个备份组。

在交换机的三层虚接口上配置 VRRP 与在路由器的接口上配置 VRRP 完全相同，但由于是在逻辑接口上进行配置，因此需要读者对 VRRP 有比较清楚的分析和理解。在实际网络中，VRRP 也主要是应用在局域网中的汇聚层交换机上。

（4）配置监视指定接口，在交换机 SWB 的三层虚接口 VLAN10 上配置监视 Ethernet 1/0/24 接口，如果 Ethernet 1/0/24 接口出现故障，则优先级降低 30，使交换机 SWC 在 10.x.1.0/24 网段中赢得选举，成为新的 Master 路由器；在交换机 SWC 的三层虚接口 VLAN20 上配置监视 Ethernet 1/0/24 接口，如果 Ethernet 1/0/24 接口出现故障，则优先级降低 30，使交换机 SWB 在 10.x.2.0/24 网段中赢得选举，成为新的 Master 路由器。其参考命令如下。

```
[SWB]interface vlan-interface 10
[SWB-vlan-interface10]vrrp vrid 1 track interface Ethernet 1/0/24 reduced 30

[SWC]interface vlan-interface 20
[SWC-vlan-interface20]vrrp vrid 2 track interface Ethernet 1/0/24 reduced 30
```

配置完成后，首先将交换机 SWB 的接口 Ethernet 1/0/24 的物理连接断开或逻辑上

Shutdown，然后在交换机 SWB 上执行 display vrrp verbose 命令，应该可以看到在 VLAN10 的备份组 1 中，交换机 SWB 的运行优先级由 120 降成了 90，其状态为 Backup。恢复交换机 SWB 的接口 Ethernet 1/0/24 的连接，再执行 display vrrp verbose 命令，可以看到在 VLAN10 的备份组 1 中，交换机 SWB 的运行优先级恢复为了 120，其状态也恢复为 Master。

在交换机 SWC 上进行相同的测试，可以得到类似的结果。

5．实验报告

填写表 4-12 所示实验报告。

表 4-12　实训 4.9.8 实验报告

	VRRP 配置					
SWB	display vrrp verbose	vlan-interface10	State		Run Pri	
			Virtual IP		Master IP	
			Virtual MAC			
		vlan-interface20	State		Run Pri	
			virtual IP		Master IP	
	监视指定接口配置					
	Down 掉 E1/0/24 后 display vrrp verbose	vlan-interface10	State		Run Pri	
			Master IP			
SWC	VRRP 配置					
	display vrrp verbose	vlan-interface10	State		Run Pri	
			Virtual IP		Master IP	
		vlan-interface20	State		Run Pri	
			virtual IP		Master IP	
			Virtual MAC			
	监视指定接口配置					
	Down 掉 E1/0/24 后 display vrrp verbose	vlan-interface20	State		Run Pri	
			Master IP			

第 5 章

企业网络广域网连接

对于学院网络而言,由于各个校区距离相对较远,无法使用以太网进行连接,因此校区之间需要使用广域网连接。广域网连接需要学院租用服务提供商的线路来实现。

5.1 企业网络广域网连接项目介绍

在学院广域网连接中,3 个校区通过租用服务提供商的专线来实现网络连接。在专线连接中,服务提供商只是提供一条端到端的传输通道,并不负责建立数据链路,也不关心实际的传输内容。这就要求在广域网连接的数据链路层配置相应的封装协议来承载网络层的数据报文。当前广域网链路层常用的封装协议包括高级数据链路控制协议和点到点协议两种。

5.2 HDLC

HDLC 是一种面向位的同步数据链路层协议,其使用同步串行传输在两点之间提供无差错的通信。HDLC 协议是早期常用的一种广域网二层封装协议,目前 CISCO 设备的串行链路默认封装即为 HDLC。HDLC 在应用上存在一定的局限性,主要表现为 HDLC 只支持点到点链路,不能提供对点到多点链路的支持,而且 HDLC 不提供认证的功能,无法对对端的设备进行身份鉴别,但 HDLC 的配置和应用都相对比较简单。

5.2.1 HDLC 帧结构

标准的 HDLC 帧结构如图 5-1 所示。

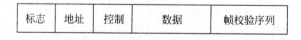

图 5-1 标准的 HDLC 帧结构

(1) 标志:长度为 1 字节,取值为 0111110,用来标识一个帧的开始和结束。由于在实际传输的业务数据中也可能出现这样的数据,因此当发送系统在检测到数据字段中出现了连续的 5 个 1 时,将在其后插入一个 0,以避免连续 6 个 1 的出现导致错误地认为帧已结束。而接收系统在接收数据时会把发送系统插入的 0 剔除掉以恢复数据。

在连续传输多个帧时,前一个帧的结束标志将作为下一个帧的开始标志。

(2) 地址:长度为 1 字节,用来标识接收或发送帧的地址,默认取值为全 0。

(3) 控制:长度为 1 字节,用来实现 HDLC 协议的各种控制信息,并标识传递的是否是有效数据信息。控制字段的格式和取值取决于 HDLC 帧的类型。HDLC 有 3 种不同类型的帧,分别是信息帧、监控帧和无编号帧。

信息帧简称为 I 帧,它用来传输有效信息或数据。在 I 帧中携带有上层信息和一些控制信息,包括发送序列号和接收序列号以及用于执行流量和差错控制的轮询/终止(P/F)位。

监控帧简称为 S 帧,它用来提供差错控制和流量控制。S 帧可能请求和暂停传输、报告状态和确认收到 I 帧。在 S 帧中没有数据字段。

无编号帧简称为 U 帧,它同样用来提供控制功能,但不对其进行编号,一般用于对链路的建立和拆除提供控制信息。

(4) 数据:数据字段用来承载传递的上层协议数据信息。这是一个变长字段,其长度上限由"帧校验序列"字段或通信节点的缓冲容量来决定,一般是 1000~2000 比特;而其长度下限为 0,即没有数据字段,例如监控帧。

(5) 帧校验序列:长度为 2 字节,采用循环冗余校验(CRC)机制对两个标志字段之间的整个帧进行校验。

对于标准的 HDLC 而言,由于没有相应的字段对上层协议进行标识,因此只能应用于单协议的环境。为解决这个问题,CISCO 对 HDLC 协议进行了扩展,即在标准 HDLC 帧结构的基础上增加了一个用于指示网络协议的字段以标识帧中封装的协议类型,长度为 2 个字节,例如使用 0x0800 来标识上层协议为 IP 协议。CISCO HDLC 的帧结构如图 5-2 所示。

标志	地址	控制	协议	数据	帧校验序列

图 5-2 CISCO HDLC 帧结构

由于 CISCO 设备上的 HDLC 封装与标准的 HDLC 封装存在区别,因此在多厂商设备共存的情况下,可能会出现虽然都配置了 HDLC 协议,但依然无法进行通信的情况。所以,在存在多厂商设备时,一般建议采用 PPP 协议进行串行链路的封装。

5.2.2 HDLC 的配置

在串行链路上配置 HDLC 涉及的命令如下。

[H3C-Serial1/0]link-protocol hdlc

由于在 H3C 设备上串行链路默认使用的是 PPP 协议,因此首先需要将其二层封装协议设置为 HDLC。

[H3C-Serial1/0]timer hold *seconds*

在 HDLC 协议中通过定期发送 KeepAlive 报文来检测链路状态是否正常，还可以通过 timer hold 命令来配置发送 KeepAlive 报文的时间间隔，而且在配置时应保证链路两端的时间间隔相同，如果时间间隔设置为 0 则禁止链路状态检测功能。在网络延迟较大或拥塞程度较高的情况下，可以适当加大轮询时间的间隔，以减少网络震荡的发生。

[H3C-Serial1/0]hdlc compression stac

在低速链路上，由于受限于链路的速度，数据的传输效率一般都比较低。在这种情况下，可以对 HDLC 链路上所承载报文的净负荷进行压缩，提高传输数据效率以节约网络带宽、降低网络负载。

在如图 5-3 所示的网络中，要求配置串行链路为 HDLC 封装，并配置 HDLC 链路上的压缩。

具体的配置命令如下。

[RTA]interface Serial 1/0
[RTA-Serial1/0]link-protocol hdlc
[RTA-Serial1/0]hdlc compression stac

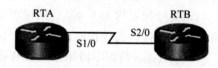

图 5-3 HDLC 配置

[RTB]inter Serial 2/0
[RTB-Serial2/0]link-protocol hdlc
[RTB-Serial2/0]hdlc compression stac

配置完成后，在路由器 RTA 上执行 display interface 命令，显示结果如下。

[RTA]display interface Serial 1/0
Serial 1/0 current state: UP
Line protocol current state: UP
Description: Serial 1/0 Interface
The Maximum Transmit Unit is 1500, Hold timer is 10(sec)
Internet Address is 10.0.9.1/24 Primary
Link layer protocol is HDLC
--------output omitted--------

从上面的显示结果可以看出，在接口 Serial 1/0 所在的链路上采用的封装协议是 HDLC。

在路由器 RTA 上执行 display hdlc compression stac 命令查看 HDLC 链路上的压缩统计信息如下。

[RTA]display hdlc compression stac
STAC compression:
  Interface: Serial 1/0
    Received:
      Compress/Error/Discard/Total: 10/0/0/10 (Packets)
    Sent:
      Compress/Error/Total: 10/0/10 (Packets)

从上面的显示结果可以看到在接口 Serial 1/0 上发送和接收的数据报文情况。

5.3 PPP

点到点协议是目前使用最为广泛的广域网协议,它提供了同步和异步电路上的路由器到路由器、主机到网络的连接。它支持多种网络层协议,并提供有身份验证功能。PPP是一个分层的协议,它涉及了 OSI 中的下三层,PPP 各层的功能如图 5-4 所示:在物理层实现点到点的物理连接;在数据链路层通过链路控制协议(LCP)来建立和配置连接;在网络层通过网络控制协议(NCP)来配置不同的网络层协议。

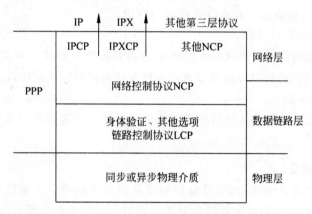

图 5-4 PPP 协议的组成

5.3.1 PPP 基础

1. PPP 帧结构

PPP 的帧结构如图 5-5 所示。

图 5-5 PPP 帧结构

(1) 标志:长度为 1 字节,取值 01111110,标识一个帧的开始和结束。

(2) 地址:长度为 1 字节,全"1"地址。PPP 不指定单台设备的地址。

(3) 控制:长度为 1 字节,取值 00000011,表示用户数据采用无序帧方式传输。

(4) 协议:长度为 2 字节,用于标识被封装在帧中数据字段里的协议类型。

(5) 数据:长度为 0 或多个字节,为符合协议字段指定协议的数据报。

(6) 帧校验序列:长度为 2 字节,采用循环冗余校验(CRC)机制对两个标志字段之间的整个帧进行校验。

2. PPP 会话过程

一次完整的 PPP 会话过程包括 4 个阶段,分别如下。

(1) 链路建立阶段

在该阶段,每一台运行 PPP 的设备都发送链路控制协议(LCP)帧来配置和测试数据链路。LCP 位于物理层之上,用来建立、配置和测试数据链路连接。在 LCP 帧中包含有一些配置选项字段,来进行设备间配置的协商,例如最大传输单元、是否使用身份验证等。一旦配置信息协商成功,链路即宣告建立。在链路建立过程中,任何非链路控制协议的数据包均会被没有任何通告的丢弃。

(2) 链路质量检测阶段

在该阶段,链路将被检测,从而判断链路的质量是否能够携带网络层信息。如果使用了身份验证,则身份验证的过程也将在该阶段完成。

(3) 网络层控制协议协商阶段

PPP 设备发送网络控制协议(NCP)帧来选择和配置一种或多种网络层协议,如 IP、IPX。在配置完成后,通信双方就可以通过链路发送各自的网络层协议分组。

(4) 链路终止阶段

通信链路一直保持到链路控制协议的链路终止帧关闭链路或者发生一些外部事件,将链路终止。

3. PPP 身份验证

PPP 提供了身份验证的功能,且身份验证功能是可选项。如果使用身份验证功能,则在链路建立后,网络层协议配置阶段开始之前对等的两端进行相互鉴别。PPP 提供了两种不同的验证方式:PAP 和 CHAP。

(1) 密码验证协议(Password Authentication Protocol,PAP)

PAP 通过两次握手,为远程节点的验证提供了一个简单的方法。如图 5-6 所示,在链路建立后,远程节点将不停地在链路上反复发送自己进行 PAP 认证的用户名和密码,直到身份验证通过或者连接被终止。

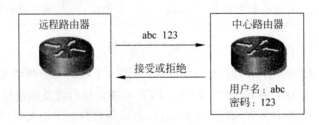

图 5-6 PAP 身份验证过程

在 PAP 验证中,密码在链路上是以明文的方式进行传输的,而且由于有远程节点来控制验证重试的频率和次数,因此不能够防止再生攻击和重复的尝试攻击。

(2) 质询握手验证协议(Challenge Handshake Authentication Protocol,CHAP)

CHAP 使用 3 次握手来启动一条链路并周期性地验证远程节点。CHAP 作用在初始链路建立之后,并且在链路建立后的任何时间都可以进行重复验证。CHAP 身份验证过程如图 5-7 所示。

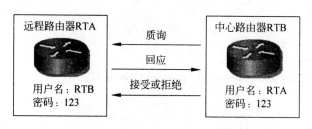

图 5-7　CHAP 身份验证过程

在链路建立后,由中心路由器发送一个质询消息到远程节点,质询消息中包含了一个 ID、一个随机数以及中心路由器的名称。远程节点基于 ID、随机数以及通过中心路由器的名称查找到的密码计算出一个单向哈希函数,并把它放到 CHAP 回应中,回应的 ID 直接从质询消息中复制过来。质询方在接收到回应后,通过 ID 找出原始的质询消息,基于 ID、原始质询消息的随机数和通过远程节点名称查找到的密码计算出一个单向哈希函数,如果计算出的结果与收到的回应中的数值一致,则验证成功。

5.3.2　PPP 的配置

在串行链路上配置 PPP 的命令如下。

[H3C-Serial1/0]link-protocol ppp

实际上,由于在 H3C 设备上串行链路默认的封装即为 PPP 协议,因此上面的这条命令可以不进行配置。

1. PAP 身份验证配置

在 H3C 路由器上,PAP 验证的配置分为主验证方的配置和被验证方的配置。主验证方的配置如下。

[H3C-Serial1/0]link-protocol ppp
[H3C-Serial1/0]ppp authentication-mode pap
[H3C]local-user *username*
[H3C-luser-*username*]password {simple|cipher} *password*
[H3C-luser-*username*]service-type ppp

在主验证方,配置串口的封装类型为 PPP(该步骤可以省略),指定串口上使用的验证类型为 PAP。在全局视图下将被验证方的用户名和密码加入到本地用户列表并指定其服务类型为 PPP。

被验证方的配置如下。

[H3C-Serial1/0]link-protocol ppp
[H3C-Serial1/0]ppp pap local-user *username* password {simple|cipher} *password*

在被验证方,配置串口的封装类型为 PPP(该步骤可以省略),指定被验证方进行 PAP 验证时在链路上发送的用户名和密码。

在此依然使用图 5-3 所示的网络,要求配置 PAP 验证,其中路由器 RTA 为被验证方,路由器 RTB 为主验证方。

具体配置如下。

[RTA]interface Serial 1/0
[RTA-Serial1/0]link-protocol ppp
[RTA-Serial1/0]ppp pap local-user abc password simple 123

[RTB]interface Serial 2/0
[RTB-Serial2/0]link-protocol ppp
[RTB-Serial2/0]ppp authentication-mode pap
[RTB-Serial2/0]quit
[RTB]local-user abc
[RTB-luser-abc]password simple 123
[RTB-luser-abc]service-type ppp

配置完成后，路由器 RTA 向路由器 RTB 发送自己的用户名 abc 和密码 123，请求 PAP 验证。在路由器 RTA 上执行 debugging ppp pap all 命令查看验证过程，显示结果如下。

```
<RTA>debugging ppp pap all
<RTA>system-view
System View: return to User View with Ctrl+Z
[RTA]interface Serial 1/0
[RTA-Serial1/0]shutdown
[RTA-Serial1/0]
%Sep 17 10:00:28:385 2010 RTA IFNET/3/LINK_UPDOWN: Serial 1/0 link status is DOWN
%Sep 17 10:00:28:386 2010 RTA IFNET/5/LINEPROTO_UPDOWN: Line protocol on the
    interface Serial 1/0 is DOWN
%Sep 17 10:00:28:386 2010 RTA IFNET/5/PROTOCOL_UPDOWN: Protocol PPP IPCP on the
    interface Serial 1/0 is DOWN
[RTA-Serial1/0]undo shutdown
[RTA-Serial1/0]
%Sep 17 10:00:37:518 2010 RTA IFNET/3/LINK_UPDOWN: Serial 1/0 link status is UP
%Sep 17 10:00:40:526 2010 RTA IFNET/5/LINEPROTO_UPDOWN: Line protocol on the
    interface Serial 1/0 is UP
*Sep 17 10:00:40:526 2010 RTA PPP/7/debug2:
PPP Event:
Serial 1/0 PAP Initial   Event
    state Initial
*Sep 17 10:00:40:526 2010 RTA PPP/7/debug2:
PPP Event:
    Serial 1/0 PAP Client Lower Up Event
    state Initial
*Sep 17 10:00:40:527 2010 RTA PPP/7/debug2:
PPP Packet:
    Serial 1/0 Output PAP(c023) Pkt, Len 16
    State Initial, code Request(01), id 1, len 12
    Host Len:   3   Name:abc
```

　　　　Pwd Len: 3　Pwd:123
*Sep 17 10:00:40:527 2010 RTA PPP/7/debug2:
PPP State Change:
　　　　Serial 1/0 PAP : Initial --> SendRequest
*Sep 17 10:00:40:537 2010 RTA PPP/7/debug2:
PPP Packet:
　　　　Serial 1/0 Input　PAP(c023) Pkt, Len 36
　　　　State ServerListen, code Ack(02), id 1, len 32
　　　　Msg Len: 27　Msg:Welcome to use this device
*Sep 17 10:00:40:537 2010 RTA PPP/7/debug2:
PPP Event:
　　　　Serial 1/0 PAP Receive Ack Event
　　　　state SendRequest
*Sep 17 10:00:40:537 2010 RTA PPP/7/debug2:
PPP State Change:
　　　　Serial 1/0 PAP : SendRequest --> ClientSuccess
%Sep 17 10:00:40:544 2010 RTA IFNET/5/PROTOCOL_UPDOWN: Protocol PPP IPCP on the interface Serial 1/0 is UP.

　　在这里先将路由器 RTA 的接口 Serial 1/0 关闭，然后激活，使两台路由器之间重新建立 PPP 连接，即可以看到 PAP 的验证过程。

　　在本例中，只是配置了单向验证，也可以配置双向验证，使路由器 RTA 和 RTB 互相进行验证。

2. CHAP 身份验证配置

　　在 H3C 路由器上，CHAP 验证的配置存在两种不同的方式，下面分别对其进行介绍。

　　（1）方式一

　　主验证方的配置如下。

[H3C-Serial1/0]link-protocol ppp
[H3C-Serial1/0]ppp authentication-mode chap
[H3C-Serial1/0]ppp chap user *username*
[H3C]local-user *username*
[H3C-luser-*username*]password {simple|cipher} *password*
[H3C-luser-*username*]service-type ppp

　　在主验证方，配置串口的封装类型为 PPP（该步骤可以省略），指定串口上使用的验证类型为 CHAP。通过 ppp chap user 命令指定发送到对端设备进行 CHAP 验证时使用的用户名，该用户名要求必须与被验证方的 local-user 指定的用户名一致。在全局视图下将被验证方的用户名和密码加入到本地用户列表并指定其服务类型为 PPP，要求密码必须与被验证方的密码相同。

　　被验证方的配置如下。

[H3C-Serial1/0]link-protocol ppp
[H3C-Serial1/0]ppp chap user *username*

[H3C]local-user *username*
[H3C-luser-*username*]password ｛simple|cipher｝ *password*
[H3C-luser-*username*]service-type ppp

可以看出，被验证方的配置只是少了一条指定验证类型的命令 ppp authentication-mode chap，其他命令相同。同样要求命令 ppp chap user 中指定的用户名要与主验证方的 local-user 指定的用户名一致，密码也必须与主验证方的密码相同。

在此依然使用如图 5-3 所示的网络，配置 CHAP 验证，要求路由器 RTA 为被验证方，路由器 RTB 为主验证方。

具体配置如下。

[RTA]interface Serial 1/0
[RTA-Serial1/0]link-protocol ppp
[RTA-Serial1/0]ppp chap user RTA
[RTA-Serial1/0]quit
[RTA]local-user RTB
[RTA-luser-RTB]password simple 123
[RTA-luser-RTB]service-type ppp

[RTB]interface Serial 2/0
[RTB-Serial2/0]link-protocol ppp
[RTB-Serial2/0]ppp authentication-mode chap
[RTB-Serial2/0]ppp chap user RTB
[RTB-Serial2/0]quit
[RTB]local-user RTA
[RTB-luser-RTA]password simple 123
[RTB-luser-RTA]service-type ppp

在上述配置中，路由器 RTA 和 RTB 配置的本地用户名称均为对端的用户名，实际上 local-user 配置的本地用户名只要和对端的 ppp chap user 命令配置的用户名相同即可，并不要求一定使用对端的用户名称。

配置完成后，在路由器 RTA 上执行 debugging ppp chap all 命令查看验证过程如下。

<RTA>debugging ppp chap all
<RTA>system-view
System View: return to User View with Ctrl+Z
[RTA]interface Serial 1/0
[RTA-Serial1/0]shutdown
[RTA-Serial1/0]
%Sep 17 10:38:31:958 2010 RTA IFNET/3/LINK_UPDOWN: Serial 1/0 link status is DOWN
%Sep 17 10:38:31:958 2010 RTA IFNET/5/LINEPROTO_UPDOWN: Line protocol on the interface Serial 1/0 is DOWN
%Sep 17 10:38:31:959 2010 RTA IFNET/5/PROTOCOL_UPDOWN: Protocol PPP IPCP on the interface Serial 1/0 is DOWN
[RTA-Serial1/0]undo shutdown
[RTA-Serial1/0]

%Sep 17 10:38:39:498 2010 RTA IFNET/3/LINK_UPDOWN: Serial 1/0 link status is UP
%Sep 17 10:38:42:505 2010 RTA IFNET/5/LINEPROTO_UPDOWN: Line protocol on the interface Serial 1/0 is UP
*Sep 17 10:38:42:506 2010 RTA PPP/7/debug2:
PPP Event:
  Serial 1/0 CHAP Initial Event
  state Initial
*Sep 17 10:38:42:506 2010 RTA PPP/7/debug2:
PPP Event:
  Serial 1/0 CHAP Client Lower Up Event
  state Initial
*Sep 17 10:38:42:506 2010 RTA PPP/7/debug2:
PPP State Change:
  Serial 1/0 CHAP : Initial --> ListenChallenge
*Sep 17 10:38:42:510 2010 RTA PPP/7/debug2:
PPP Packet:
  Serial 1/0 Input CHAP(c223) Pkt, Len 28
  State ListenChallenge, code Challenge(01), id 1, len 24
  Value_Size: 16 Value: 3e ee c b4 fe 6d e f1 44 6b 67 af 70 73 64 37
  Name: RTB
*Sep 17 10:38:42:510 2010 RTA PPP/7/debug2:
PPP Event:
  Serial 1/0 CHAP Receive Challenge Event
  state ListenChallenge
*Sep 17 10:38:42:511 2010 RTA PPP/7/debug2:
PPP Packet:
  Serial 1/0 Output CHAP(c223) Pkt, Len 28
  State ListenChallenge, code Response(02), id 1, len 24
  Value_Size: 16 Value: 34 42 87 a7 3 9f df 38 7f 22 4a 68 4d 58 96 84
  Name: RTA
*Sep 17 10:38:42:511 2010 RTA PPP/7/debug2:
PPP State Change:
  Serial 1/0 CHAP : ListenChallenge --> SendResponse
*Sep 17 10:38:42:521 2010 RTA PPP/7/debug2:
PPP Packet:
  Serial 1/0 Input CHAP(c223) Pkt, Len 23
  State SendResponse, code SUCCESS(03), id 1, len 19
  Message: Welcome to RTB.
*Sep 17 10:38:42:621 2010 RTA PPP/7/debug2:
PPP Event:
  Serial 1/0 CHAP Receive Success Event
  state SendResponse
*Sep 17 10:38:42:772 2010 RTA PPP/7/debug2:
PPP State Change:
  Serial 1/0 CHAP : SendResponse --> ClientSuccess
%Sep 17 10:38:42:872 2010 RTA IFNET/5/PROTOCOL_UPDOWN: Protocol PPP IPCP on the interface Serial 1/0 is UP

在这里先将路由器 RTA 的接口 Serial 1/0 关闭,然后激活,使两台路由器之间重新建立 PPP 连接,即可以看到 CHAP 的验证过程。从验证过程中可以看出,与 PAP 在发送的验证报文中包含了用户名和密码不同,在 CHAP 报文中只包含了用户名,并不包含密码。

(2) 方式二

主验证方配置如下。

[H3C-Serial1/0]link-protocol ppp
[H3C-Serial1/0]ppp authentication-mode chap
[H3C]local-user *username*
[H3C-luser-*username*]password {simple|cipher} *password*
[H3C-luser-*username*]service-type ppp

被验证方配置如下。

[H3C-Serial1/0]link-protocol ppp
[H3C-Serial1/0]ppp chap user *username*
[H3C-Serial1/0]ppp chap password {simple|cipher} *password*

方式二的配置比方式一相对要简单一些。在方式二中,被验证方在接口视图下通过命令 ppp chap password 配置进行 CHAP 验证时使用的密码,而不再进行本地用户的配置。由于被验证方不再通过查找本地用户获得密码,因此在主验证方也就不再需要配置 ppp chap user 命令。

在此依然使用图 5-3 所示的网络,要求使用方式二配置 CHAP 验证,其中路由器 RTA 为被验证方,路由器 RTB 为主验证方。

具体配置如下。

[RTA]interface Serial 1/0
[RTA-Serial1/0]link-protocol ppp
[RTA-Serial1/0]ppp chap user RTA
[RTA-Serial1/0]ppp chap password simple 123

[RTB]interface Serial 2/0
[RTB-Serial2/0]link-protocol ppp
[RTB-Serial2/0]ppp authentication-mode chap
[RTB-Serial2/0]quit
[RTB]local-user RTA
New local user added.
[RTB-luser-RTA]password simple 123
[RTB-luser-RTA]service-type ppp

CHAP 也可以配置双向验证,使路由器 RTA 和 RTB 互相进行验证。

在进行验证的配置时,也可以同时启用 PAP 和 CHAP,如[H3C-Serial1/0]ppp authentication-mode pap chap。如果同时启用了 PAP 和 CHAP,则配置中指定的第一种验证方式在链路协商过程中被请求使用。如果另一端设备建议使用第二种验证方法,或简单地拒绝了第一种验证方法,则尝试使用第二种验证方法。

5.4 企业网络广域网连接配置

在学院网络中，两个分校区与主校区之间的两条广域网链路使用 PPP 协议进行封装，为保证对端设备的真实可靠，要求在 PPP 链路上配置双向的 CHAP 认证。由于两条链路的配置类似，在此只给出主校区与分校区 1 之间链路的相关配置。

主校区的出口路由器相关的配置如下。

[M-O]local-user userb
[M-O-luser-userb]password simple xywlaut
[M-O-luser-userb]service-type ppp
[M-O-luser-userb]quit
[M-O]interface Serial 1/0
[M-O-Serial1/0]ip address 202.207.127.249/30
[M-O-Serial1/0]link-protocol ppp
[M-O-Serial1/0]ppp authentication-mode chap
[M-O-Serial1/0]ppp chap user usera

分校区 1 的出口路由器相关的配置如下。

[B-O-1]local-user usera
[B-O-1-luser-usera]password simple xywlaut
[B-O-1-luser-usera]service-type ppp
[B-O-1-luser-usera]quit
[B-O-1]interface Serial 1/0
[B-O-1-Serial1/0]ip address 202.207.127.250/30
[B-O-1-Serial1/0]link-protocol ppp
[B-O-1-Serial1/0]ppp authentication-mode chap
[B-O-1-Serial1/0]ppp chap user userb

5.5 小结

本章对广域网中常用的两种数据链路层封装协议 HDLC 和 PPP 进行了介绍，其中详细介绍了 PPP 协议中两种身份验证方式的验证过程和配置方法，并在最后给出了企业网络中广域网链路上 PPP 协议的配置。

5.6 习题

1. CISCO HDLC 与标准 HDLC 在帧结构上有什么区别？
2. HDLC 在应用上有哪些局限性？
3. 简述在 PPP 协议中 LCP 和 NCP 各自的作用。
4. 简述 PAP 验证的过程及其存在的问题。
5. 简述 CHAP 验证的过程。

5.7 实训　PPP 身份验证实训

实验学时：2 学时；每实验组学生人数：3 人。

1. 实验目的

掌握 PPP 的 PAP 身份验证的配置和验证方法；掌握 PPP 的 CHAP 身份验证的配置和验证方法。

2. 实验环境

（1）安装有 TCP/IP 通信协议的 Windows 系统 PC：2 台。

（2）H3C 路由器：3 台。

（3）UTP 电缆：3 条。

（4）V.35 背对背电缆：2 条。

（5）Console 电缆：3 条。

保持所有的路由器为出厂配置。

3. 实验内容

（1）PAP 身份验证的配置和验证。

（2）CHAP 身份验证的配置和验证。

4. 实验指导

（1）按照图 5-8 所示的网络拓扑结构搭建网络，完成网络连接。

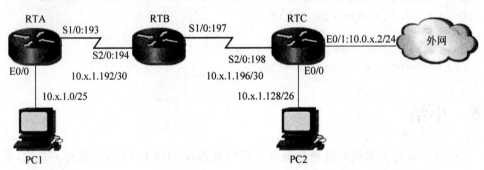

图 5-8　PPP 身份验证配置网络拓扑结构

（2）按照图 5-8 所示为 PC、路由器的以太口和串口配置 IP 地址。配置完成后，在 3 台路由器上分别使用命令 display interface Serial 1/0 或 display interface Serial 2/0 查看路由器的串口信息，确认 PPP 协议中 LCP 和 IPCP 协议的状态。

（3）在路由器 RTA 和 RTB 之间的串行链路上进行双向的 PAP 验证配置。要求 RTA 到 RTB 上进行验证的用户名为 H3C，密码为 123；RTB 到 RTA 上进行验证的用户名为 NET，密码为 abc，参考命令如下。

[RTA]interface Serial 1/0
[RTA-Serial1/0]link-protocol ppp

[RTA-Serial1/0]ppp authentication-mode pap
[RTA-Serial1/0]ppp pap local-user H3C password simple 123
[RTA-Serial1/0]quit
[RTA]local-user NET
[RTA-luser-NET]password simple abc
[RTA-luser-NET]service-type ppp

[RTB]interface Serial 2/0
[RTB-Serial2/0]link-protocol ppp
[RTB-Serial2/0]ppp authentication-mode pap
[RTB-Serial2/0]ppp pap local-user NET password simple abc
[RTB-Serial2/0]quit
[RTB]local-user H3C
[RTB-luser-H3C]password simple 123
[RTB-luser-H3C]service-type ppp

配置完成后,在路由器 RTA 和 RTB 上分别使用命令 debugging ppp pap all 查看双向 PAP 的验证过程,确认在验证过程中是否传送了用户名和密码。注意考虑 PAP 身份验证方式是否安全。

(4) 在路由器 RTB 和 RTC 之间的串行链路上进行双向的 CHAP 验证配置。要求验证使用的用户名为路由器名称,密码均为 123,参考命令如下。

[RTB]interface Serial 1/0
[RTB-Serial1/0]link-protocol ppp
[RTB-Serial1/0]ppp authentication-mode chap
[RTB-Serial1/0]ppp chap user RTB
[RTB-Serial1/0]quit
[RTB]local-user RTC
[RTB-luser-RTC]password simple 123
[RTB-luser-RTC]service-type ppp

[RTC]interface Serial 2/0
[RTC-Serial2/0]link-protocol ppp
[RTC-Serial2/0]ppp authentication-mode chap
[RTC-Serial2/0]ppp chap user RTC
[RTC-Serial2/0]quit
[RTC]local-user RTB
[RTC-luser-RTB]password simple 123
[RTC-luser-RTB]service-type ppp

配置完成后,在路由器 RTB 和 RTC 上分别使用命令 debugging ppp chap all 查看双向 CHAP 的验证过程,确认在验证过程中是否传送了用户名和密码。注意考虑 CHAP 身份验证方式是否安全。

(5) 在 3 台路由器上配置 OSPF 协议并传播默认路由,确保网络的连通性。

5. 实验报告

填写如表 5-1 所示实验报告。

表 5-1　实训 5.7 实验报告

				Name	Pwd
RTA	PAP 身份验证配置				
	debugging ppp pap all 结果	Input Request			
		Output Request			
		Ack Msg			
RTB	PAP 身份验证配置			Name	Pwd
	debugging ppp pap all 结果	Input Request			
		Output Request			
		Ack Msg			
	CHAP 身份验证配置				
	debugging ppp chap all 结果	Input Challenge Name		Output Challenge Name	
		Input Response Name		Output Response Name	
		Input SUCCESS Message			
		Output SUCCESS Message			
RTC	CHAP 身份验证配置				
	debugging ppp chap all 结果	Input Challenge Name		Output Challenge Name	
		Input Response Name		Output Response Name	
		Input SUCCESS Message			
		Output SUCCESS Message			

第 6 章

企业网络热点区域无线覆盖

作为有线网络的补充,无线网络能够对非办公区域进行覆盖,很好地满足用户便捷接入网络的需求。但无线网络的开放特性也导致其容易受到攻击,因此如何保障无线网络的安全接入是其必须要解决的问题。另外,多 AP 覆盖的情况下如何确保无盲区并且信道无冲突的覆盖是其需要解决的另外一个问题。

6.1 企业网络无线覆盖项目介绍

在学院网络中,要求对于诸如教学楼大厅、图科楼大厅、院属公司办公区域等位置进行无线网络的覆盖,以保障师生及公司用户可以方便快捷的接入学院网络。在进行无线覆盖时,需要考虑以下几点。

(1) 在无线网络组网方式的选择上,考虑到需要覆盖的热点区域所处的位置相对分散,而且区域比较小,均处于一台 AP 的覆盖范围内,因此可以采用 Fat AP 方式进行覆盖,即将 Fat AP 连接到相应的接入层交换机端口上即可。

(2) 在 AP 布放位置的选择上,需要考虑具体覆盖区域的物理环境。对于存在承重柱等障碍物的环境,应调整 AP 的布置位置,尽量降低障碍物的影响,以避免出现覆盖的盲区。对于 AP 具体的安装位置,一般可以选择壁挂安装,对壁挂安装敏感时可以采用吸顶安装。

(3) 在两个或多个覆盖区域距离较近的情况下,在 AP 信道的选择上应尽量保证蜂窝式的覆盖,以避免出现因多路无线信号的信道重叠而导致的冲突。

(4) 为保障无线网络的安全,必须要对无线网络的接入进行认证,并对无线传输信号进行加密,以避免出现非法用户接入无线网络或因窃听导致的数据失密。

6.2 IEEE 802.11

IEEE 802 标准化委员会于 1990 年成立 IEEE 802.11 无线局域网标准工作组进行 WLAN 相关领域的技术研究和标准定义,该工作组通过制定 IEEE 802.11 标准定义了如何使用免授权(Free License)的 ISM(Industrial Scientific Medical)频段的射频(Radio

Frequency)信号进行网络数据的传输。

RF 频段由国际电信联盟的无线电部门(ITU-R)负责分配,ITU-R 指定 902~928MHz、2400~2483.5MHz 和 5725~5850MHz 共 3 个频段为 ISM 社区的免授权频段,并开放给工业、科学和医疗机构使用。ISM 频段在各国的规定并不统一,但其中 2400~2483.5MHz 的频段范围为各国共同的 ISM 频段。

6.2.1　IEEE 802.11

IEEE 802.11 标准于 1997 年发布,该标准是无线局域网领域内的第一个被国际认可的标准,又称为原始标准。该标准规定无线局域网使用 2.4GHz 的工作频段,能够提供的最高数据传输速率为 2Mbps,但由于其速率相对较低,因此并没有获得广泛的应用。

6.2.2　IEEE 802.11a

IEEE 802.11a 标准于 1999 年发布,它工作在 5GHz 频段,数据传输速率可达到 54Mbps。IEEE 802.11a 拥有 12 条非重叠的信道,在中国共开放了 5 个信道,分别是 149、153、157、161 和 165 信道,由于信道资源较多,802.11a 能够给接入点提供更多的选择,有效降低信道间的冲突,提供更大的接入容量。另外,由于使用 5GHz 频段的电器较少,因此与运行在 2.4GHz 的设备相比,802.11a 设备出现干扰的可能性更小。但由于 802.11a 使用的工作频率较高,因此相对于 2.4GHz 的电磁波而言更容易被障碍物吸收,因此覆盖范围较小,802.11a 的覆盖范围一般只有 802.11b/g 的一半甚至更小。另外,由于部分国家禁止使用 5GHz 频段,因此 802.11a 也没有被广泛应用。

6.2.3　IEEE 802.11b

IEEE 802.11b 标准于 1999 年发布,它可以被看做是对原始标准的修订,与 802.11 相同,802.11b 同样工作在 2.4GHz 频段,但其数据传输速率可达到 11Mbps。由于 2.4GHz 的 ISM 频段在各国均开放使用,因此 802.11b 在全球得到了广泛的普及,成为无线局域网中著名的"慢速"标准。

802.11b 所在的 2.4GHz 频段共有 14 个信道,且每个信道的带宽为 22MHz,相邻的两个信道的中心频率之间的间隔为 5MHz,而信道 14 与信道 13 的中心频率之间的间隔为 12MHz。需要注意的是,并非所有的国家都开放了所有的信道,其中在北美地区开放了 1~11 信道,在中国以及欧洲的大部分地区开放了 1~13 信道,而在日本则开放了全部的 14 个信道。

由于信道之间的间隔较信道带宽小,因此相邻的信道之间必然出现频率的重叠。如果多个无线设备同时工作,并且选择了存在重叠的信道,则彼此发出的无线信号就会互相干扰,从而导致网络传输效率的降低。因此当在同一区域内存在多个无线设备时,应选择互不干扰的信道来进行无线覆盖,考虑到不同国家对信道的开放情况不同,一般建议采用 1、6 和 11 这 3 个互不干扰的信道来进行覆盖,如图 6-1 所示。这也就意味着,在无线网络覆盖的任意位置,可见无线信号不应超过 3 个。

除可用信道较 802.11a 少以外,802.11b 还比较容易受到干扰,因为很多常见的家用电器,包括微波炉、无绳电话等均工作在 2.4GHz 频段。因此在使用 802.11b 进行无线覆盖时,需要注意周围是否存在干扰源。

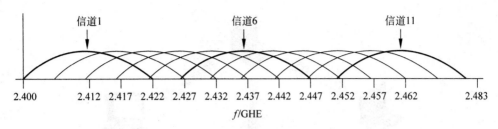

图 6-1 2.4GHz 频段信道选择

6.2.4 IEEE 802.11g

IEEE 802.11g 标准于 2003 年发布，它可以被看做是对 802.11b 标准的提速。802.11g 同样工作在 2.4GHz 频段，但其数据传输速率可达到 54Mbps，并向后兼容 802.11b。基于 802.11g 的产品是目前市场上的主流。

6.2.5 IEEE 802.11n

IEEE 802.11n 标准于 2009 年发布，它通过对 802.11 物理层和 MAC 层的技术改进，使无线网络通信在性能和可靠性方面都得到了显著的提高。其数据传输速率可达到 300Mbps，从而使其可以同时为多个移动设备提供与百兆以太网相媲美的服务。802.11n 的核心技术为 MIMO+OFDM(Multiple Input Multiple Output+Orthogonal Frequency Division Multiplexing，多入多出+正交频分复用)。另外，802.11n 可以工作在 2.4GHz 和 5GHz 两个频段，从而可以向后兼容 802.11a、802.11b 和 802.11g。

6.3 无线网络拓扑

作为有线网络在接入层的延伸，无线网络的拓扑结构一般都比较简单，基本上可以分为基本服务集(Basic Service Set，BSS)和扩展服务集(Extended Service Set，ESS)两种。当然，不管是哪一种拓扑结构，无线网络都需要有唯一的标识，该标识称为服务集识别码(Service Set ID，SSID)，SSID 用来唯一标识并区分不同的无线网络。

6.3.1 BSS

BSS 是 WLAN 体系结构的基本构成单位，由一组相互通信的工作站(Stations，STA)组成。其可以分为独立基本服务集(Independent BSS，IBSS)和基础结构型基本服务集(Infrastructure BSS)两种。

1. IBSS

如果一个 BSS 完全由工作站组成，而不存在无线接入点(Access Point，AP)，则该 BSS 被称为 IBSS，如图 6-2 所示。

在 IBSS 中，工作站之间直接相互连接，并进行点对点的对等通信。IBSS 也被称为特设 BSS(Ad Hoc BSS)。

2. Infrastructure BSS

如果在 BSS 中存在且仅存在一个 AP，则该 BSS 称为 Infrastructure BSS，在

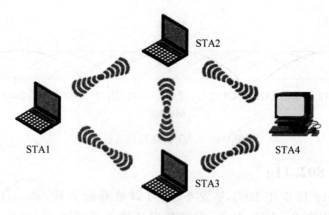

图 6-2　IBSS 网络

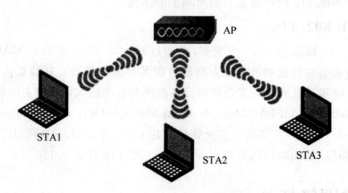

图 6-3　Infrastructure BSS 网络

Infrastructure BSS 中，AP 负责网络中所有工作站之间的通信，如图 6-3 所示。

注意：Infrastructure BSS 不可简称为 IBSS，以免与 Independent BSS 混淆。

6.3.2　ESS

单个 BSS 覆盖的区域一般较小，而当无线网络需要覆盖较大的区域时，可以通过公共分布系统将多个 BSS 串联起来形成 ESS。ESS 实际上就是由具有相同的 SSID 的多个 BSS 形成的更大规模的虚拟 BSS，以扩展无线网络的覆盖范围。

在 ESS 中，各个 BSS 之间通过 BSS 标识符（BSSID）进行区分，BSSID 实际上就是为 BSS 提供服务的 AP 的 MAC 地址。ESS 网络如图 6-4 所示。

在 ESS 网络中，每一个 BSS 中的 AP 都工作在一个特定的信道上，单个信道的覆盖区域称为一个蜂窝。相邻的两个蜂窝应工作于互不干扰的信道上并要有 10%~15% 的重叠，以实现工作站在不同 BSS 之间的漫游。

注意：漫游只能在同一 ESS 中的 AP 之间进行，即参与客户端漫游的 AP 必须具有相同的 SSID，在漫游的过程中，客户端的 IP 地址不变，并且客户端的业务不能出现中断。漫游往往是由客户端的无线网卡自身的驱动程序算法来实现的，是否进行漫游（即切换 AP）一般取决于客户端从 AP 收到的信号的强度或质量，这一过程对用户透明。

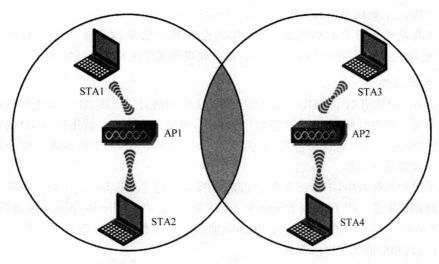

图 6-4　ESS 网络

6.4　无线接入过程

在工作站利用 AP 进行无线通信之前，首先需要在工作站和 AP 之间建立无线关联，而无线关联的建立需要经过扫描（Scanning）、认证（Authentication）和关联（Association）3 个步骤，在这 3 个步骤中会涉及多种不同类型的帧，按其功能可分为以下 3 种类型。

（1）管理帧：管理帧负责工作站和 AP 之间的能力级的交互，包括认证、关联等管理工作。常见的管理帧有 Beacon 帧、Probe 帧、Authentication 帧和 Association 帧等，其中 Beacon 帧和 Probe 帧用于工作站和 AP 之间的互相发现，Authentication 帧和 Association 帧用于工作站和 AP 之间的认证和关联。

（2）控制帧：控制帧是用来协助数据帧收发的控制报文，如 RTS（Ready To Send）帧、CTS（Clear To Send）帧和 ACK（Acknowledgement）帧等。RTS/CTS 帧是避免在无线覆盖范围内出现隐藏节点的帧，而 ACK 帧则是常见的确认帧，在 WLAN 中，无线设备每发送一个数据报文，都要求对方回复一个 ACK 帧，以确定数据发送成功。

（3）数据帧：数据帧是无线用户发送的数据报文，也就是无线网络实际需要传输的信息。

6.4.1　扫描

扫描是工作站接入到无线网络的第一个步骤，工作站通过扫描功能来寻找周围可用的无线网络，或者在漫游时寻找新的 AP。扫描有两种实现方式，分别是被动扫描（Passive Scanning）和主动扫描（Active Scanning）。

1. 被动扫描

在 AP 上开启了 SSID 广播功能后，AP 会在自己的工作信道上定期（默认发送间隔为 100ms）地发送 Beacon 帧，Beacon 帧被称为信标信号或灯塔信号，帧中包含了 AP 所属的 BSS 的基本信息以及 AP 的基本能力级，包括 SSID、BSSID、支持的速率以及认证方式等信息。Beacon 帧向周围的工作站宣示 AP 的存在。

在工作站使用被动扫描模式时,工作站会在各个信道间不断切换并监听是否有 Beacon 帧的存在,一旦接收到 Beacon 帧,就可发现周围存在的无线网络服务。

2. 主动扫描

如果在 AP 上开启了 SSID 广播功能,则此无线网络对位于该 AP 覆盖范围内的所有工作站可见。很多时候,为防止非法用户的接入,可能会在 AP 上禁用掉 SSID 的广播功能,在这种情况下,AP 将保持静默,不再发送 Beacon 帧。此时,工作站就需要采用主动扫描的方式来发现 AP。

在主动扫描模式中,工作站在每个信道上都会发送 Probe Request 帧以请求需要连接的无线网络服务,AP 在收到 Probe Request 帧后,会以 Probe Response 帧进行响应。Probe Response 帧所包含的信息与 Beacon 帧类似。工作站在收到 Probe Response 帧后,即可发现相应的无线网络服务。

需要注意的是,在 AP 禁用 SSID 广播的情况下,工作站所发出的 Probe Request 帧中必须要包含有期望的 SSID,否则 AP 将不予响应。

6.4.2 认证

在通过扫描发现无线网络服务后,工作站将向相应的 AP 发起认证过程。目前,IEEE802.11 可以提供 3 种不同的认证方式。

1. 开放式认证

在开放式认证中,工作站以自己的 MAC 地址作为身份证明,认证要求是工作站的 MAC 地址必须唯一,因此开放式认证实际上等于不需要认证,没有任何的安全防护能力。

2. WEP 认证

有线等效保护(Wired Equivalent Privacy,WEP)认证方式通过在工作站和 AP 之间的共享密钥进行认证,它被设计用来为无线网络提供与有线网络相当的安全保护。其具体的认证过程如图 6-5 所示。

具体进程:工作站向 AP 发送认证请求;AP 在接收到认证请求后,向工作站发出一个明文的质询;工作站使用"共享密钥+初始向量(Initialization Vector,IV)"形成的加密密钥对质询进行加密,并将加密后的密文连同 IV 值一同发送给 AP;AP 在接收到密文后,使用自身保存的共享密钥加上接收到的 IV 生成解密密钥,并对接收到的密文进行解密,将解密后的密文与原始明文进行比较以确定认证是否成功。

WEP 是一种较为简单的无线接入认证和无线数据加密方式,前些年被比较广泛地应用在无线网络的接入认证和加密中,但 WEP 在安全性上存在着诸多的缺陷,具体如下。

(1) WEP 对整个网络中的所有用户使用相同的密钥,这就意味着网络中任何一个员工的离职都需要重新分配密钥,以免网络遭到攻击。

(2) WEP 在接入认证和数据传输的加密中使用相同的密钥。在 WEP 的加密中,密钥除了静态的共享密钥部分外,还有 24b 的 IV。IV 值动态生成,而且对每个数据包进行加密的密钥中的 IV 值均不相同,这客观上保证了 WEP 的加密强度。但是实际上 24b 长

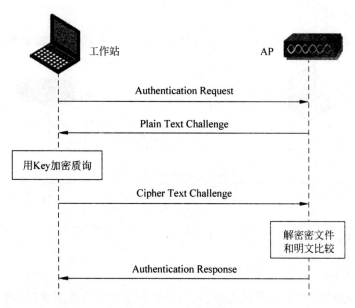

图 6-5　WEP 认证过程

度的 IV 并不能保证在忙碌的网络中不会重复,而对于 WEP 采用的流加密算法 RC4 而言,一旦密钥出现重复就很容易被破解。

事实上,基于 WEP 的认证和加密可以在两三分钟内被迅速破解,因此基本上已经没有什么安全性可言。在 IEEE 802.11n 中已经不提供对 WEP 的支持。

3. WPA/WPA-PSK

由于 WEP 方式存在的问题,在 IEEE 802.11i 中提出了 Wi-Fi 网络安全接入(Wi-Fi Protected Access,WPA)的安全模式,其有 WPA 和 WPA2 两个标准。

针对 WEP 对所有的用户使用相同的密钥的问题,在 WPA 中,可以采用 IEEE 802.1x 的认证方式为不同的用户提供不同的密钥,采用这种方式的 WPA 称为 WPA 企业版,或直接简称为 WPA。而对于安全性要求较低的小型企业或家庭用户,也可以采用预共享密钥的方式让所有用户使用同一个密钥,采用这种方式的 WPA 称为 WPA 个人版,或简称为 WPA-PSK。

在 WPA 中,接入认证时使用的静态密钥仅仅用于进行接入认证,而在数据传输过程中使用的加密密钥则是在认证成功后动态生成。

在 WPA 中,采用了临时密钥完整性协议(Temporal Key Integrity Protocol,TKIP),其核心算法仍然是 RC4,但 IV 向量的长度增加到了 48b,而且用户的密钥在使用过程中可以被动态的改变,有效地避免了密钥的重复,确保了加密传输的安全性。

在 WPA2 中,采用了计数器模式密码块链消息认证码协议(Counter CBC-MAC Protocol,CCMP),算法也由 AES 取代了 RC4,它能够提供比 WPA 更高等级的安全性。

在当前的无线网络中,建议使用 WPA2(AES)或者 WPA2-PSK(AES)的认证加密方式来保护网络的安全。TKIP 的加密方式也已经不被 IEEE 802.11n 支持。

6.4.3 关联

在认证成功后,进入关联阶段,关联操作由工作站发起,具体过程如图6-6所示。

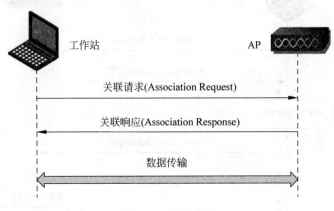

图6-6 关联过程

首先,工作站向AP发送关联请求,然后AP在接收到关联请求后,向工作站发送关联响应,在关联响应中包含有关联标识符(Association ID,AID)。通常在关联的过程中,没有任何的安全防护措施,认证成功后,关联即可成功。关联成功后,工作站和AP之间就可以进行数据的发送和接收。

6.5 无线设备介绍

在构建无线网络时,需要使用许多区别于有线网络的设备,包括无线接入点、天线、无线控制器、无线网卡等,下面分别对其进行介绍。

6.5.1 无线接入点

无线接入点(Access Point,AP)负责将无线客户端接入到无线网络中,它向下为无线客户端提供无线网络覆盖,而向上则一般通过接入层交换机连接到有线网络中。AP实现了有线网络和无线网络之间的桥接,并进行有线和无线的数据帧的转换。

AP按照其功能的区别可以分为Fat AP和Fit AP两种。其中Fat AP被称为胖AP,它具有完整的无线功能,可以独立工作。胖AP适合于规模较小且对管理和漫游要求都较低的无线网络的部署,尤其是在家庭网络和SOHO网络中得到了广泛的应用,平时在小型无线网络中常用的无线路由器实际上集成的就是胖AP的功能。但是在需要多台AP的较大型无线网络的组网中,胖AP会存在以下问题。

(1) 由于每台胖AP都需要单独进行配置,因此在大型无线网络中,AP配置的工作量将非常巨大。

(2) 胖AP的系统软件和配置参数都保存在AP上,当需要进行系统升级和配置修改时同样会带来很大的工作量,而且AP设备的丢失就会造成系统配置的泄露。

(3) 在大型的无线网络中,很多工作需要网络内的多台AP协同完成,而由于胖AP之间相互独立,因此很难完成此类的工作。

(4) 胖 AP 一般都不能提供对三层漫游的支持。

(5) 由于胖 AP 的功能较多,因此相对价格较高,在大规模部署时投资成本较大。

实际上在大型无线网络的组网中,一般都会使用"无线控制器+Fit AP"来实现。Fit AP 又称为瘦 AP,它只能提供可靠的、高性能的射频功能,而所有的配置均需要从无线控制器上下载,所有 AP 和无线客户端的管理都在无线控制器上完成。这样无论在网络中存在多少台 AP,均可以使用唯一的一台无线控制器来进行配置管理,从而极大地简化了管理工作的复杂度,而且采用"无线控制器+Fit AP"的方式还能够支持快速漫游、QoS、无线网络安全防护和网络故障自愈等高级功能。

在进行"无线控制器+Fit AP"的网络部署时,无线控制器和瘦 AP 之间可以采用直接连接、通过二层网络连接和跨越三层网络连接的任何一种连接方式,也就是说,只要在无线控制器和瘦 AP 之间存在逻辑可达的有线网络即可,因此可以在任何现有的有线网络中部署"无线控制器+Fit AP"的无线解决方案,而不需要对当前有线网络进行任何变动。

现在很多 AP 均为 Fat/Fit 双模 AP,通过更新 AP 的操作系统软件可以在胖瘦模式之间进行转换。

AP 按照射频特性可以分为单射频 AP 和双射频 AP,其中单射频 AP 只有一块射频卡,只能支持 IEEE 802.11b/g 或只能支持 IEEE 802.11a,有些型号的单射频 AP 既可以支持 IEEE 802.11b/g,也可以支持 IEEE 802.11a,但是在某一时刻只能提供对某一频段的支持,无法同时支持两个频段。而双射频 AP 有两块射频卡,因此可以同时支持 IEEE 802.11b/g 和 IEEE 802.11a。

AP 按照安装位置的区别可以分为室内型 AP 和室外型 AP,其中室内型 AP 适用于覆盖半径小、对周围环境要求不高的室内应用场景,室内型 AP 又可以分为壁挂式 AP 和吸顶式 AP;而室外型 AP 主要面向对高低温、防水、防潮、防雷以及防尘等有较高要求的室外应用场景。

壁挂式 AP、吸顶式 AP 和室外型 AP 如图 6-7 所示。

(a) 壁挂式AP   (b) 吸顶式AP   (c) 室外型AP

图 6-7　不同安装位置的 AP

6.5.2　天线

AP 与无线客户端之间的无线通信有赖于天线来进行,天线能够将有线链路中的高频电磁能转换为电磁波向自由空间辐射出去,同样也可以将自由空间中的电磁波转换为有线链路中的高频电磁能,从而实现无线网络与有线网络之间的信息传递。可以说,没有天线就没有无线通信。

天线按照其辐射电磁波的方向性可以分为全向天线和定向天线两种。作为无源设备，天线不会增加输入能量的总量，即在不考虑损耗的理想情况下，天线发出的电磁波的总能量与天线输入端的总能量相等。但是不同的天线可能会以不同的形状和方向将电磁波发送出去。

（1）全向天线

全向天线是指在水平方向上360°均匀辐射的天线，它在水平面的各个方向上辐射的能量一样大。理想的全向天线称为各向同性天线，即三维立体空间中的全向，它是一个点源天线，其能量辐射是一个规则的球体，且同一球面上所有点的电磁波辐射强度均相同。而实际中的全向天线只是在水平方向上的全向，如杆状天线，它将能量以一个类似面包圈的形状辐射出去，其水平方向图为一个圆，而从垂直方向图上可以看出，最大的能量强度在水平面上，而在天线的垂直方向上能量强度为零。各向同性天线和全向天线的能量辐射形状如图6-8所示，全向天线的水平方向图和垂直方向图如图6-9所示。

(a) 各向同性天线能量辐射形状　　(b) 全向天线能量辐射形状

图6-8　各向同性天线和全向天线的能量辐射形状

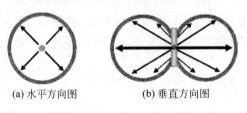

(a) 水平方向图　　(b) 垂直方向图

图6-9　全向天线水平方向图和垂直方向图

（2）定向天线

全向天线适合于应用距离近，无线客户端相对分散的情况，但是在很多时候无线客户端可能集中在某一个方向上，这就需要天线覆盖特定的某一部分区域，在这种情况下，一般会使用定向天线。定向天线的原理就是利用反射板把能量的辐射控制在单侧方向上从而形成一个扇形覆盖区域，如图6-10所示。定向天线在水平方向图上表现为一定角度范围的辐射。

定向天线由于将本来辐射向反射板后面的能量反射到了前面，因此增加了反射板前面的信号强度，所以定向天线一般具有较高的增益。定向天线一般用于通信距离远，覆盖范围小，目标密度大，频

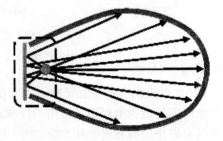

图6-10　定向天线能量辐射

率利用率高的环境。

天线的增益是指在输入功率相等的条件下,实际天线最强辐射方向上的功率密度与理想的辐射单元在空间同一点处的功率密度之比,它用来描述天线对发射功率的汇聚程度,增益越大,说明天线在特定方向上的覆盖能力越强。其具体的概念在此不再赘述,感兴趣的读者可以自行查阅相关资料。

按照天线的外形的区别可以将天线分为杆状天线、板状天线以及吸顶天线等。

杆状天线是一种常用的全向天线,分为进行室外覆盖和室内覆盖两种。室外杆状天线一般采用玻璃钢材质,需要安装到抱杆上;室内杆状天线一般采用阻燃塑料材质,可吸附于桌面上,如图6-11所示。

板状天线是一种典型的定向天线,主要用于室外信号的覆盖,与室外杆状天线类似,也需要安装到抱杆上。板状天线如图6-12所示。

吸顶天线用于室内的信号覆盖,一般吸附在天花板上,不需要占用额外的空间,并且相对美观。吸顶天线如图6-13所示。

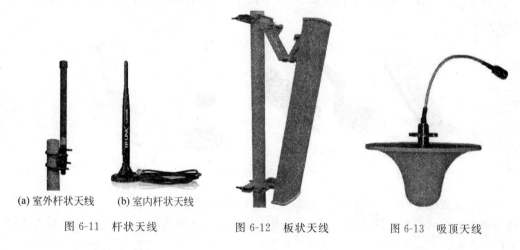

(a) 室外杆状天线　(b) 室内杆状天线

图6-11　杆状天线　　　　图6-12　板状天线　　　　图6-13　吸顶天线

6.5.3　无线控制器

无线控制器用于配置管理网络中的瘦AP,它一般都支持PoE(Power over Ethernet)供电,能够使连接在其上的AP通过网线获得供电而不需要单独再为AP配置电源。在中小型企业无线网络接入中使用到的无线控制器多为有线无线一体化交换机,它同时集成了无线控制器和以太网交换机的功能,能够较好地满足中小企业的有线无线一体化接入需求。

在有线无线一体化交换机中存在无线控制模块和交换模块共两个控制模块,而且两个模块之间通过内部接口进行连接。在默认情况下,有线无线一体化交换机的Console口是对无线控制模块进行配置操作,进入交换模块操作界面的配置命令如下。

```
<H3C>oap connect slot 0
```

在交换模块操作界面下可以通过Ctrl+k组合键返回无线控制模块的操作界面。

H3C的有线无线一体化交换机WX3024如图6-14所示。

图 6-14　H3C WX3024

6.5.4　无线网卡

无线网卡是无线客户端收发射频信号的设备，无线客户端通过无线网卡与 AP 进行无线连接，并进行数据的传输。当前市场上的笔记本电脑基本上都在内部集成了无线网卡，而对于没有配置无线网卡的台式机或希望提高无线传输质量的笔记本电脑可以选择外置的无线网卡。外置无线网卡一般采用 USB 接口与计算机进行连接，为在相对较差的传输环境中获得较好的通信稳定性，有些无线网卡还配置有外接的天线，以提升网卡的信号强度，获得更好的传输能力。

目前市场上的无线网卡品牌非常多，外形也千差外别，部分无线网卡的外形如图 6-15 所示。

图 6-15　各种无线网卡

需要注意的是，增加外置天线虽然可以提高无线网络传输质量，但信号强度的增大同时会带来更多的辐射问题，因此一般在室内应尽量避免使用高增益的天线，以免对人体健康产生影响。

6.6　无线网络勘测与设计

无线网络的勘测与设计是 WLAN 项目实施中非常关键的一个环节，随着当前无线网络应用方案的日趋丰富和覆盖范围的不断扩大，如何在复杂的环境中部署高效的无线网络成为 WLAN 项目中的重中之重。高质量的无线网络勘测设计方案不仅可以提高设备的使用效率、用户的使用体验，还可以减少后续大量的运维工作，提高整个无线网络的使用满意度。

6.6.1　无线网络勘测设计流程

无线网络的勘测与设计一般遵循以下 3 个步骤进行。

1. 勘测前的准备工作

在进行勘测前，首先需要制订勘测设计实施计划，并就勘测条件和勘测计划与客户进行协商,具体内容包括以下几方面。

(1) 确定无线网络需要覆盖的区域并明确覆盖的要求。根据客户不同的业务需求、需要遵循不同的勘测设计标准。

(2) 获取并熟悉覆盖区域的平面图。对于大面积的园区或者建筑的覆盖,在进行现场勘测设计时,覆盖区域的平面图可以帮助勘测设计人员熟悉覆盖区域的现场环境,有利于方便准确地进行勘测结果的记录和统计。

(3) 了解当前现有网络的组网情况。绝大部分的无线网络的建设均是依托在现有的有线网络上进行,因此在进行勘测和设计之前,勘测设计人员必须从客户处了解当前有线网络的组网信息,包括当前网络中的接入交换机是否支持 PoE 供电以及接入交换机是否有足够的空闲端口来进行 AP 的接入等信息。

另外,除了需要客户提供覆盖区域的平面图以及现有网络的组网情况外,在进行勘测时还需要客户提供其他的一些协助,包括提供 AP、天线等设备可能的安装位置、协调勘测现场等。在必要时,还需要客户单位相关的供电、网络管理人员或物业人员随同进行勘测。

为保证勘测结果的准确,在进行勘测前还需要准备常用的软硬件勘测工具。常用的硬件勘测工具有以下几种。

(1) 企业级无线网卡,即普遍使用的企业级无线终端,一般将此终端作为勘测时信号强度的标准。

(2) 客户实际中使用的无线终端:客户在实际中可能会使用到各种不同的终端设备连接到无线网络,例如掌上电脑(Personal Digital Assistant,PDA)、Wi-Fi 电话等,因此在进行勘测时需要针对客户具体使用到的终端设备进行相关的测试。

(3) 无线 AP:建议采用与该项目推荐的 AP 型号具有相同功率的 AP 进行勘测,以避免出现勘测误差。

(4) 长距离测距尺:用于进行覆盖范围的测量。

(5) 各类增益天线:根据现场环境,选择不同增益的天线进行勘测,以达到最好的无线效果。

(6) 后备电源:由于勘测的时间可能会比较长,因此需要为无线终端和 AP 准备好后备电源。

(7) 数码照相机:用于记录现场环境和安装位置,以便在进行实际安装时将设备安装位置与勘测结果进行比较。

(8) 胶带、塑料扎带等:在勘测的过程中用于对 AP 或天线等进行临时的固定。

除了硬件工具的准备,还需要准备用于对无线信号覆盖范围、无线信号强度以及无线信号质量等进行检测的软件工具。

2. 现场勘测

在准备工作完成后即可进入现场进行勘测。现场勘测的主要内容有了解现场的环境,根据客户的覆盖需求以及现场的环境情况,使用相关的软硬件设备进行现场测试,确定设备的数量、安装位置、安装方式、供电方式以及防雷和接地方式等,统计分析并输出勘测结果。

3. 整理生成勘测设计报告

将现场统计的勘测结果进行分析整理、给出勘测设计报告，并提交用户进行审核。勘测设计报告中应包括 AP、天线、馈线等设备的型号和数量，以为报价提供基础数据，还应该包括各种设备的安装位置和安装参数，以为工程安装提供实施依据。

6.6.2 无线网络勘测设计总体原则

在使用基于 IEEE 802.11b/g 标准的无线网络进行覆盖时，为避免出现同频干扰的问题，在二维平面上应按照蜂窝式覆盖的原则，交叉使用 1、6 和 11 共 3 个信道以实现任意覆盖区域无相同信道干扰的无线部署，如图 6-16 所示。

从上图中可以看到，任何一个信道周围均为不会与其发生频率重叠的非干扰信道，从而避免了同频干扰的产生。但实际上，当某个无线设备的功率过大时，依然会在部分区域出现干扰问题，此时就需要调整相关无线设备的发射功率来避免干扰。

在实际的无线组网中，需要覆盖的区域往往是三维的，例如进行多楼层的无线覆盖。而无线信号在空间中的传播也是三维的，这就要求在三维的空间中同样需要按照蜂窝式覆盖的原则来进行无线的部署。例如，在图 6-17 所示的三层建筑中进行无线的覆盖，考虑到跨楼

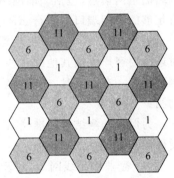

图 6-16 无线蜂窝式覆盖

层信号泄露的问题，在进行 AP 部署时同样遵循了蜂窝式覆盖的原则，以最大限度地避免楼层间的同频干扰问题。

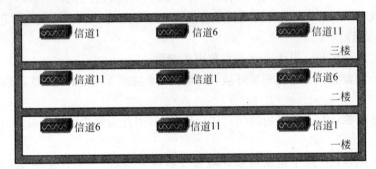

图 6-17 跨楼层无线覆盖

实际上，要想在三维空间中实现任意区域完全没有同频干扰几乎是不可能的。对于勘测设计人员需要做的就是如何通过合理的设计和优化尽量减少干扰带来的无线链路质量下降问题。例如，对于跨楼层信号泄露比较严重的建筑应考虑采用相邻楼层 AP 的交叉部署；对于个别无线设备可以调整其功率大小以调整其覆盖范围；而在采用定向天线的无线网络中还可以通过调整天线的方向角来调整其覆盖范围，以尽量减少干扰的发生。

在对用户密度比较高的区域，例如开放式的办公区域、大型会议中心、报告厅等进行无线覆盖时，由于覆盖区域小、AP 数量多，这种情况下单独使用 IEEE 802.11b/g 的频段可能已经无法有效地避免同频干扰，此时就可以考虑采用 IEEE 802.11a&g 双波段覆盖

的方式，即采用2.4GHz频段和5GHz频段的混合部署，从而避免干扰，增加无线终端用户的接入能力。

在进行无线网络的勘测设计时，还需要保证无线覆盖区域内无线信号的强度。最基本的需求是无线信号的强度至少要在无线终端的接收灵敏度以上，这样无线终端才能发现无线网络的存在。而实际上，为保证AP和无线终端之间有效可靠的数据传输，需要更好的信号强度作为保证。一般情况下，对于有业务需求的区域进行无线覆盖时，目标覆盖区域内95%以上位置的接收信号强度应大于等于-75dbm，重点覆盖区域的接收信号强度应大于等于-70dbm。同时，为保证用户具有较好的上网感受，单个AP上的并发用户数量一般不宜超过15个，否则将会导致用户无线传输速率的降低。

6.6.3 室内覆盖勘测设计原则

无线网络室内覆盖区域主要是针对家庭、办公室、会议室、教室、酒店、酒吧以及会展中心等场景。在进行室内无线覆盖时，主要需要考虑两方面的问题，一方面是确定一个AP能否覆盖所要求的区域；另一方面是在一个AP的覆盖范围内的实际并发用户数量是否超出了单AP的接入能力，因此按照具体覆盖的区域大小以及覆盖区域内并发接入用户的数量不同可以将其分为4种不同的覆盖类型，如表6-1所示。

表6-1 室内覆盖类型划分

覆盖区域半径	并发接入用户的数量	
	<15m	>15m
<60m	半径小，并发用户少 典型场景：家庭、酒吧、会议室	半径小，并发用户多 典型场景：教室、开放式办公区域
>60m	半径大，并发用户少 典型场景：酒店客房、写字楼	半径大，并发用户多 典型场景：体育馆、机场候机室

对于半径小、并发用户少的覆盖类型，一般使用一个AP即可实现覆盖，并能满足并发用户数量的需求。当然，考虑到墙体导致的信号衰减，在存在障碍物时应合理选择AP的布放位置，例如在家庭中，AP应布放在相对居中的位置以保证各个房间的无线信号覆盖。另外AP具体的安装方式要考虑用户的需求选择壁挂或吸顶安装。

对于半径小、并发用户多的覆盖类型，由于接入用户的数量原因，一般要求使用多个AP进行覆盖。当使用多个AP覆盖时，由于其覆盖范围的重叠，因此必须要遵循蜂窝式覆盖的原则，而对于覆盖区域存在重叠的AP应采用互不干扰的信道。

半径大、并发用户少的覆盖类型可以看做是多个半径小、并发用户少的覆盖类型的组合，而半径大、并发用户多的覆盖类型可以看做是多个半径小、并发用户多的覆盖类型的组合。

无论针对哪一种覆盖类型，在进行勘测与设计时都需要充分考虑用户需求，并根据现场情况进行详细的勘测。相同的覆盖要求对于不同的覆盖现场可能会产生完全不同的勘测与设计结果，其中在勘测与设计中重点需要考虑的问题有以下几种。

(1) 覆盖现场的各种障碍物导致的无线信号的损耗。覆盖现场可能存在各种不同的障碍物，例如承重柱、墙体、门窗、玻璃隔断、镜子、文件柜等。不同的障碍物对无线信号的损耗情况也不尽相同，其中承重柱或承重墙、镀水银的镜子以及金属制品如文件柜等都对无线信号有着非常强的损耗,会导致其背后区域成为无线覆盖的盲区。在这种情况下,就需要考虑选择合适的 AP 布放位置,或通过多 AP 实现区域的覆盖。

(2) 在满足用户需求的前提下,尽量减少三维空间中的信号可见数量。对于不同的建筑结构其跨楼层信号泄露情况也存在差异,对于一些老旧建筑以及存在跨层中厅的特殊建筑很容易因为信号的泄露导致干扰从而降低无线链路的传输质量。对于这种情况,必须要合理选择 AP 的布放位置并进行信号的优化,以尽量避免干扰的产生。原则上在无线网络覆盖的任意位置,可见无线信号都不应该超过 3 个。

(3) 尽量保证勘测时 AP 的部署位置与实际施工时的安装位置保持一致,以保证勘测数据的准确性。勘测时 AP 的位置和实际安装位置的差异往往会导致无线网络的部署无法实现预期的效果,影响用户的使用。例如,在勘测时可能只是将 AP 通过壁挂的方式放置在了天花板下方,而在实际安装时出于美观考虑,可能将 AP 放置在了天花板内部,这可能会导致实际覆盖情况和勘测情况产生非常大的差异,从而无法达到预期的覆盖效果。

【室内覆盖举例】

在此以学生宿舍为例介绍室内无线网络的覆盖。学生宿舍作为典型的无线网络室内覆盖区域,具有并发用户数量多、无线流量大以及业务种类复杂等特点。同样是针对学生宿舍的无线网络,对于不同的并发用户数量需求、不同的用户带宽需求以及建筑本身墙体对无线信号的损耗影响的不同,可能需要设计不同的无线覆盖方案。

针对无线接入用户数量较少、建筑墙体导致的信号损耗较小的情况,可以简单地将 AP 部署在楼道中以覆盖位于楼道两侧的宿舍房间,如图 6-18 所示。

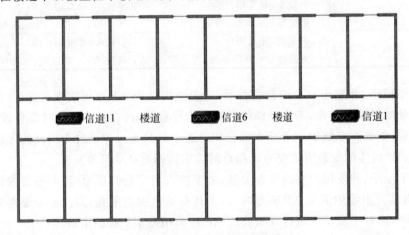

图 6-18　学生宿舍无线覆盖方案 1

针对无线接入用户数量较少,但对无线信号覆盖强度要求较高的情况,可以采用如图 6-19 所示的覆盖方案,即将 AP 部署在楼道中,然后通过功分器将天线引入到学生宿舍内。

通过在学生宿舍内安装天线,而且一个天线覆盖 3 个左右的房间,一方面保证了各宿舍内的无线信号的质量;另一方面利用宿舍间的墙体能够有效降低各 AP 之间的可见度,减少 AP 间的相互干扰。

针对无线接入用户数量较多的情况,需要根据具体需求增加 AP 的数量,并将 AP 直接安装到宿舍内,而且每个 AP 覆盖 3 个左右的房间,如图 6-20 所示。

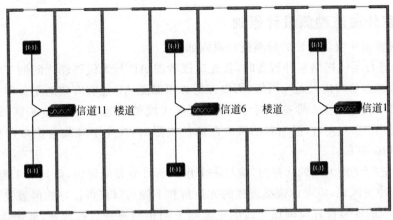

图 6-19 学生宿舍无线覆盖方案 2

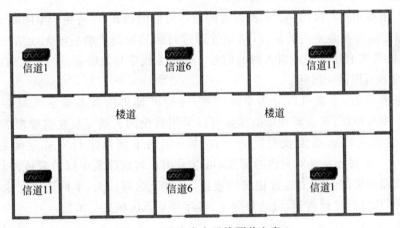

图 6-20 学生宿舍无线覆盖方案 3

针对建筑墙体导致的信号损耗较大的情况,如果在某房间内安装 AP 或天线,信号可能就无法很好地穿透宿舍间的墙体以覆盖两侧的房间。此时就需要通过功分器将天线引入到每一个宿舍房间内,以保证无线信号的良好覆盖,如图 6-21 所示。而一个 AP 能够覆盖多少个房间要根据具体的无线接入用户数量而定。

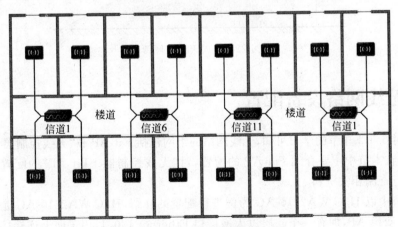

图 6-21 学生宿舍无线覆盖方案 4

6.6.4　室外覆盖勘测设计原则

无线网络室外覆盖主要的勘测设计原则如下。

（1）在进行无线网络室外覆盖时，首先应该考虑 AP 与无线终端之间的有效交互，即保证用户能够有效的接入无线网络，所以首先必须保证 AP 能够有效的覆盖用户区域，其次再考虑用户的有效接入带宽。对于 AP＋定向天线的覆盖方式，在空旷区域的覆盖距离一般可达到 300m 左右，但当到达覆盖距离的极限时，速率下降就会比较严重，一般会降到仅 1Mbps 左右。

（2）在进行室外天线的选择时，应尽量考虑到信号分布的均匀，而且对于覆盖的重点区域和信号冲突区域，应考虑调整天线的方位角和下倾角以获得较好的覆盖效果。

（3）天线的安装位置应确保天线的主波瓣方向正对覆盖目标区域，被覆盖区域与天线应尽可能直视，以保证良好的覆盖效果。

（4）工作在相同频段的 AP 的覆盖方向应尽可能的错开，以避免产生同频干扰。

（5）对于室外覆盖室内的情况，从室外透过封闭的混凝土墙后的无线信号几乎不可用，因此只能考虑利用从门或窗入射的信号。即使无线信号能够通过门窗入射，纵向最多只能覆盖约 8m，即两个房间。

对于室外覆盖，主要可以分为室外空旷/半空旷地带的覆盖和室外对室内的覆盖两种。其中室外空旷/半空旷地带的覆盖可以采用将全向天线安装在需要覆盖区域的中间位置，或者将定向天线架设在高处并保持一定的下倾角进行室外空间的覆盖，如图 6-22 所示。而对于室外对室内的覆盖，可以采用在对面建筑中间位置或路灯柱、抱杆上安装高增益的定向天线来进行建筑的覆盖，而对于纵深较大、单面无法完全覆盖的建筑，可以选择从双面进行覆盖，或选择卧室、客厅等重点区域进行覆盖。

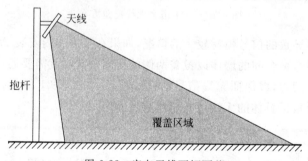

图 6-22　定向天线下倾覆盖

6.7　无线网络设备配置

通过对 6.5.1 小节的学习可知，无线网络的组网包括 Fat AP 和"无线控制器＋Fit AP"两种方式，在本节中主要介绍 Fat AP 的配置，对"无线控制器＋Fit AP"的配置感兴趣的读者可自行查阅相关资料。

在本节中以 H3C WA2210-AG 为例进行配置的介绍，H3C WA2210-AG 是一款室内型 Fat/Fit 双模 AP，拥有一个二层以太网接口 Ethernet 1/0/1，用于向上连接接入层交换机(注意：AP 属于接入层设备，一般位于网络的最底层，处于接入层交换机之下，用来将无线终端连接到网络中)。其出厂默认安装的是 Fit 版操作系统，因此在作为 Fat AP 使用前首先要将 Fit 版操作系统删除，并安装 Fat 版的操作系统。

6.7.1 Fat AP 基本配置

要想使终端可以通过 Fat AP 接入无线网络，在 Fat AP 上需要进行基本配置其中涉及的命令如下。

(1) 创建 WLAN-BSS 接口。

[H3C]interface WLAN-BSS *interface-number*

该命令用来创建一个 WLAN-BSS 接口并进入到该接口的配置视图，如果指定的 WLAN-BSS 接口已经存在，则进入接口配置视图。

WLAN-BSS 接口是一种虚拟的二层接口，类似于 access 类型的二层以太网接口，具有二层属性，并可配置多种二层协议。

(2) 将 WLAN-BSS 接口接入到 VLAN 中。

[H3C-WLAN-BSS1]port access vlan *vlan-id*

默认情况下，WLAN-BSS 接口位于 VLAN 1 中。

(3) 创建无线服务模板。

[H3C]wlan service-template *service-template-number* {clear|crypto}

在无线服务模板中进行一些无线相关属性的配置，模板包括明文模板(clear)和密文模板(crypto)两种类型。如果在无线网络中不进行任何安全的配置，则应选择明文模板。

(4) 配置 SSID 名称。

[H3C-wlan-st-1]ssid *ssid-name*

(5) 配置链路认证方式。

[H3C-wlan-st-1]authentication-method {open-system|shared-key}

链路认证方式包括开放系统认证(open-system)和共享密钥认证(shared-key)两种方式。其中开放系统认证为不进行认证，而共享密钥认证需要在客户端和设备端配置相同的共享密钥进行认证。

需要注意的是，在无线网络的接入认证中包括无线链路认证和用户接入认证两种，该命令配置的是无线链路的认证方式。WEP 的认证即在无线链路的接入认证上采用共享密钥的认证方式，因此如果配置 WEP，则链路认证方式必须为 shared-key。而 WPA/WPA2 的认证是对用户接入进行认证，因此在无线链路认证上采用的是 open-system 认证。

(6) 指定某个 SSID 下的关联客户端的最大个数。

[H3C-wlan-st-1]client max-count *max-number*

默认最多可以关联 64 个客户端。

(7) 使能无线服务模板。

[H3C-wlan-st-1]service-template enable

(8) 进入射频接口配置视图。

[H3C]interface WLAN-Radio *interface-number*

WLAN-Radio 接口是 AP 上的一种物理接口，用于提供无线接入服务，在 H3C WA2210-AG 上存在一个 WLAN-Radio 接口，即 WLAN-Radio 1/0/1。

(9) 配置射频类型。

[H3C-WLAN-Radio1/0/1]radio-type {dot11a|dot11b|dot11g}

(10) 配置射频工作信道。

[H3C-WLAN-Radio1/0/1]channel {channel-number|auto}

在使用 IEEE 802.11b/g 的情况下，推荐配置为信道 1、6 或 11。

(11) 配置当前射频的服务模板和使用的 WLAN-BSS 接口。

[H3C-WLAN-Radio1/0/1] service-template *service-template-number* interface WLAN-BSS *interface-number*

假设存在如图 6-23 所示的网络，要求配置 AP1 和交换机 SWA，使终端 PC1 和 PC2 可以通过 AP1 连接到网络中，其中 SSID 为 H3C，为终端主机分配的 IP 地址为 192.168.1.0/24 网段地址，网关为 192.168.1.1。

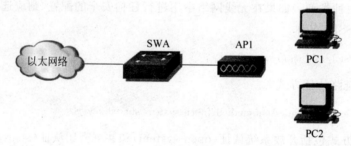

图 6-23 无线网络基本配置

具体的配置命令如下。

[SWA]interface vlan-interface 1
[SWA-vlan-interface1]ip address 192.168.1.2/24
[SWA-vlan-interface1]quit
[SWA]ip route-static 0.0.0.0 0 192.168.1.1
[SWA]dhcp enable
[SWA]dhcp server forbidden-ip 192.168.1.1 192.168.1.2
[SWA]dhcp server ip-pool zhangsf
[SWA-dhcp-pool-zhangsf]network 192.168.1.0 mask 255.255.255.0
[SWA-dhcp-pool-zhangsf]gateway-list 192.168.1.1

```
[AP1]interface WLAN-BSS 1
[AP1-WLAN-BSS1]quit
[AP1]wlan service-template 1 clear
[AP1-wlan-st-1]ssid H3C
[AP1-wlan-st-1]authentication-method open-system
[AP1-wlan-st-1]service-template enable
[AP1-wlan-st-1]quit
[AP1]interface WLAN-Radio 1/0/1
[AP1-WLAN-Radio1/0/1]radio-type dot11g
[AP1-WLAN-Radio1/0/1]channel 1
[AP1-WLAN-Radio1/0/1]service-template 1 interface WLAN-BSS 1
```

注意：由于 H3C WA2210-AG 不支持 DHCP 的配置，因此需要在二层交换机 SWA 上配置 DHCP，而为使 DHCP 正常工作，SWA 自身必须配置 IP 地址，否则将因为 DHCP 服务器无法发送 IP 报文而导致 DHCP 失败。在上面的配置中可以看出，交换机 SWA 和终端主机 PC1、PC2 在同一个网段 192.168.1.0/24 中，并且拥有相同的网关 192.168.1.1，网关是位于交换机 SWA 上游的三层设备的接口或三层虚接口。

配置完成后，在 PC1 和 PC2 上分别安装无线网卡，并进行无线网络的搜索，可以看到 SSID 为 H3C 的无线网络，如图 6-24 所示。

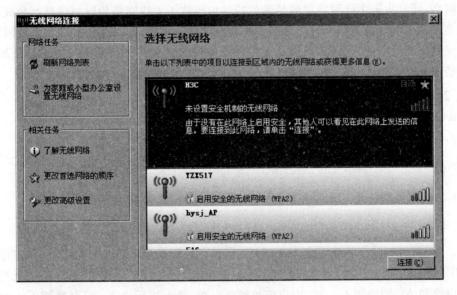

图 6-24　无线网络连接

由于该无线网络未设置任何安全机制，因此选中该无线网络，并单击"连接"按钮即可连接到该无线网络中。连接完成后，在 PC1 或 PC2 的命令行模式下使用 ipconfig 命令可以看到由交换机 SWA 为其分配的 IP 地址。

连接完成后，在 AP1 上使用 display wlan client 命令查看无线网络客户端信息如下。

```
[AP1]display wlan client
Total Number of Clients            : 2
Total Number of Clients Connected  : 2
```

Client Information

MAC Address	BSSID	AID	State	PS Mode	QoS Mode
0019-e07b-7a2e	0023-89c2-fe00	1	Running	Active	None
0019-e07b-828f	0023-89c2-fe00	2	Running	Active	None

从上面的显示结果可以看出，共有两台终端连接到了 AP1 上，其 MAC 地址分别是 0019-e07b-7a2e 和 0019-e07b-828f，而 AP1 的 MAC 地址是 0023-89c2-fe00。

此时，PC1 和 PC2 均可以通过网关连接外部网络，但使用 ping 命令进行 PC1 和 PC2 之间的连通性测试时会发现两台 PC 之间无法连通。这是因为在 AP 上默认启用了无线用户隔离功能，它使关联到同一个 AP 上的所有无线用户之间的二层报文，包括单播和广播报文均不能相互转发，从而使无线用户之间不能直接进行通信，以保护无线网络的安全。如果想要使 PC1 和 PC2 之间能够进行通信，可以输入［H3C］undo l2fw wlan-client-isolation enable 命令来解除无线用户之间的隔离。

在对 Fat AP 进行了基本的配置后，即可使终端主机接入到无线网络中，但由于没有进行任何的安全配置，因此任何一个终端只要处于该 AP 的有效覆盖区域内即可连接到无线网络，而且由于无线网络射频传输的特性也导致了无线网络传输的信息容易被窃听。这就要求在无线网络的接入时对终端用户的身份进行认证，并且在用户接入无线网络后，对无线传递的数据进行加密，以保障无线网络传输的安全。常用的无线网络认证加密技术包括 WEP 和 WPA/WPA2 两种。

6.7.2 WEP 配置

WEP 配置涉及的命令如下。

（1）创建密文的无线服务模板。

［H3C］wlan service-template *service-template-number* crypto

（2）配置链路认证方式为共享密钥认证。

［H3C-wlan-st-1］authentication-method shared-key

WEP 实际上包含了链路接入认证和对无线传输的数据进行加密两部分，从理论上来讲 WEP 可以配置为开放系统认证，此时 WEP 密钥只做加密，而不进行认证，也就是说即使客户端和 AP 的密钥不一致，用户依然可以上线，但上线后由于 WEP 密钥不一致数据将无法在客户端和 AP 之间传递，因此无法进行正常通信。这就要求在 WEP 的配置中，链路认证方式必须配置为共享密钥认证。

（3）配置加密套件。

［H3C-wlan-st-1］cipher-suite ｛wep40｜wep104｜wep128｝

加密套件用于对数据的加解密进行封装和解封装。WEP 支持 wep40、wep104 和 wep128 共 3 种密钥长度，密钥分别是 5 个、13 个和 16 个 ASCII 码字符，或者 10 个、26 个和 32 个十六进制数字符。

（4）配置 WEP 默认密钥。

[H3C-wlan-st-1] wep default-key *key-index* {wep40|wep104|wep128} {pass-phrase|raw-key} {simple|cipher} *key*

其中 *key-index* 是密钥的索引号，取值为 1～4，pass-phrase 是指密钥为 ASCII 码字符，而 raw-key 是指密钥为十六进制数字符。

（5）配置密钥的索引号。

[H3C-wlan-st-1] wep key-id *key-id*

密钥的索引号默认为 1，其他的配置与 Fat AP 的基本配置相同。

在此依然使用图 6-23 所示的网络，要求进行 WEP 认证和加密，密钥采用 ASCII 码字符的 WEP40，密钥值为 abcde。

交换机 SWA 上的配置与上一节相同，AP1 上的具体配置命令如下。

[AP1]interface WLAN-BSS 1
[AP1-WLAN-BSS1]quit
[AP1]wlan service-template 1 crypto
[AP1-wlan-st-1]ssid H3C
[AP1-wlan-st-1]authentication-method shared-key
[AP1-wlan-st-1]cipher-suite wep40
[AP1-wlan-st-1]wep default-key 1 wep40 pass-phrase simple abcde
[AP1-wlan-st-1]wep key-id 1
[AP1-wlan-st-1]service-template enable
[AP1-wlan-st-1]quit
[AP1]interface WLAN-Radio 1/0/1
[AP1-WLAN-Radio1/0/1]radio-type dot11g
[AP1-WLAN-Radio1/0/1]channel 1
[AP1-WLAN-Radio1/0/1]service-template 1 interface WLAN-BSS 1

配置完成后，在 PC1 和 PC2 上分别安装无线网卡，并进行无线网络的发现，可以看到 SSID 为 H3C 的无线网络，该网络为"启用安全的无线网络"。选中该无线网络并单击"连接"按钮，会弹出"无线网络连接"对话框，要求输入网络密钥，如图 6-25 所示。

图 6-25 "无线网络连接"对话框

输入 WEP 密钥 abcde，单击"连接"按钮即可连接到该无线网络中。连接完成后，在 PC1 或 PC2 的命令行模式下使用 ipconfig 命令可以看到由交换机 SWA 为其分配的 IP 地址。在 AP1 上使用 display wlan client 命令可以看到相关无线网络客户端的信息。

6.7.3 WPA/WPA2 配置

WPA/WPA2 的配置涉及的命令如下。

(1) 全局使能端口安全功能。

[H3C]port-security enable

WPA/WPA2 的认证是对用户接入进行认证,其认证可以分为预共享密钥(Pre-Share Key,PSK)认证和基于 IEEE 802.1x 的认证,无论采用哪一种认证方式,都需要全局的使能端口安全功能。

(2) 创建 WLAN-BSS 接口。

[H3C]interface WLAN-BSS *interface-number*

(3) 配置端口安全模式为预共享密钥模式。

[H3C-WLAN-BSS1]port-security port-mode psk

端口安全模式可以是 PSK 认证模式、userlogin-secure-ext 即 802.1x 认证模式以及 mac-authentication 即 MAC 认证模式,在此只对 PSK 认证模式进行介绍。

(4) 开启无线密钥协商功能。

[H3C-WLAN-BSS1]port-security tx-key-type 11key

(5) 配置进行 WPA/WPA2 认证使用的预共享密钥。

[H3C-WLAN-BSS1]port-security preshared-key {pass-phrase|raw-key} {simple|cipher} *key*

(6) 创建密文的无线服务模板。

[H3C]wlan service-template *service-template-number* crypto

(7) 配置链路认证方式为开放系统认证。

[H3C-wlan-st-1]authentication-method open-system

一定要注意,在这里链路认证方式必须配置为开放系统认证,即不进行链路的接入认证。

(8) 配置安全信息元素。

[H3C-wlan-st-1]security-ie {wpa|rsn}

其中 rsn 为健壮安全网络(Robust Security Network),即 WPA2,它提供了比 WPA 更强的安全性。

(9) 配置加密套件。

[H3C-wlan-st-1]cipher-suite {tkip|ccmp}

加密可以选择 TKIP 或 CCMP 两种协议,其中 CCMP 具有更高等级的安全性。
其他的配置与 Fat AP 的基本配置相同。
在此依然使用图 6-23 所示的网络,要求进行 WPA2-PSK 认证和加密,密钥采用

ASCII 码字符,密钥值为 abcdefgi。

交换机 SWA 上的配置与 6.7.1 小节相同,AP1 上的具体配置命令如下。

```
[AP1]port-security enable
[AP1]interface WLAN-BSS 1
[AP1-WLAN-BSS1]port-security port-mode psk
[AP1-WLAN-BSS1]port-security tx-key-type 11key
[AP1-WLAN-BSS1]port-security preshared-key pass-phrase simple abcdefgi
[AP1-WLAN-BSS1]quit
[AP1]wlan service-template 1 crypto
[AP1-wlan-st-1]authentication-method open-system
[AP1-wlan-st-1]ssid H3C
[AP1-wlan-st-1]security-ie rsn
[AP1-wlan-st-1]cipher-suite ccmp
[AP1-wlan-st-1]service-template enable
[AP1-wlan-st-1]quit
[AP1]interface WLAN-Radio 1/0/1
[AP1-WLAN-Radio1/0/1]service-template 1 interface WLAN-BSS 1
[AP1-WLAN-Radio1/0/1]radio-type dot11g
[AP1-WLAN-Radio1/0/1]channel 1
```

配置完成后,在 PC1 和 PC2 上分别安装无线网卡,并进行无线网络的发现,可以看到 SSID 为 H3C 的无线网络,该网络为"启用安全的无线网络(WPA2)",如图 6-26 所示。

图 6-26　SSID 为 H3C 的安全无线网络

选中该无线网络并单击"连接"按钮,会弹出"无线网络连接"对话框,然后在对话框中输入密钥 abcdefgi,单击"连接"按钮即可连接到该无线网络中。连接完成后,在 PC1 或 PC2 的命令行模式下使用 ipconfig 命令可以看到由交换机 SWA 为其分配的 IP 地址。在 AP1 上使用 display wlan client 命令可以看到相关无线网络客户端的信息。

在 AP1 上使用 display port-security preshared-key user 命令查看预共享密钥认证用户信息,显示结果如下。

```
[AP1]display port-security preshared-key user
  Index     Mac-Address       VlanID      Interface
--------------------------------------------------------------
    0      0019-e07b-828f       1         WLAN-BSS1
    1      0019-e07b-7a2e       1         WLAN-BSS1
```

注意:WEP 与 WPA/WPA2 在配置上的区别,两者虽然都对无线网络传输的数据进行加密,但在认证方面 WEP 是对无线链路接入进行认证,其认证配置在无线服务模板中进行,认证方式为 shared-key。而 WPA/WPA2 是对用户接入进行认证,其认证基于端口实现,因此需要首先全局使能端口安全的功能,具体的认证配置在 WLAN-BSS 接口中进行,而在无线服务模板中的认证方式为 open-system。

6.8　企业网络无线覆盖实现

在学院网络中，多处热点区域无线覆盖的实现方法基本相同，在此仅给出教学楼大厅无线 AP 的布放和配置。

教学楼大厅的 AP 通过以太网链路连接到教学楼一楼的接入层交换机上，并采用壁挂式安装在大厅的东面墙壁上。在无线接入安全方面要求使用 WPA-PSK 进行认证和加密。

AP 相关的配置如下。

[E-W-1]port-security enable
[E-W-1]interface WLAN-BSS 1
[E-W-1-WLAN-BSS1]port-security port-mode psk
[E-W-1-WLAN-BSS1]port-security tx-key-type 11key
[E-W-1-WLAN-BSS1]port-security preshared-key pass-phrase simple 12345678
[E-W-1-WLAN-BSS1]quit
[E-W-1]wlan service-template 1 crypto
[E-W-1-wlan-st-1]authentication-method open-system
[E-W-1-wlan-st-1]ssid EWLAN
[E-W-1-wlan-st-1]security-ie rsn
[E-W-1-wlan-st-1]cipher-suite ccmp
[E-W-1-wlan-st-1]service-template enable
[E-W-1-wlan-st-1]quit
[E-W-1]interface WLAN-Radio 1/0/1
[E-W-1-WLAN-Radio1/0/1]service-template 1 interface WLAN-BSS 1
[E-W-1-WLAN-Radio1/0/1]radio-type dot11g
[E-W-1-WLAN-Radio1/0/1]channel 6

6.9　小结

随着用户网络接入需求的变化，无线网络覆盖正在成为计算机网络规划和设计中不可或缺的一部分。本章通过对无线网络的基本概念、无线网络设备、无线网络勘测与设计、无线网络工程施工以及基本的 Fat AP 的配置进行介绍，力求使读者对无线网络有一个相对全面的认识。在本章最后给出的企业网络热点区域覆盖的解决方案是无线网络覆盖在企业网络覆盖中的具体应用。

6.10　习题

1. IEEE 802.11b/g 在中国一共开放了多少个信道，可提供多少个互不干扰信道？
2. IEEE 802.11n 的工作频段是多少？
3. 无线关联的建立需要经过哪几个步骤？在这几个步骤中会涉及几种不同类型

的帧?

4. AP 按照其功能的区别可以分为哪两种,其在组网应用中有什么不同?
5. 什么是全向天线?
6. 什么是定向天线?
7. 无线网络勘测设计的总体原则是什么?采用该原则的目的是什么?
8. 简述 WEP 认证和 WPA/WPA2 认证的区别。

6.11 实训 Fat AP 配置实训

实验学时:2 学时;每组实验学生人数:5 人。

1. 实验目的

掌握 Fat AP 的基本配置及 WPA/WPA2 的安全配置。

2. 实验环境

(1) 安装有 TCP/IP 协议的 Windows 系统 PC:5 台。

(2) H3C Fat AP:1 台。

(3) 无线网卡:5 块。

(4) 二层交换机:1 台。

(5) UTP 电缆:2 条。

(6) Console 电缆:2 条。

保持 AP 和交换机均为出厂配置。

3. 实验内容

(1) 配置二层交换机,实现 DHCP 地址分配。

(2) 配置 Fat AP,实现基于 WPA/WPA2 的安全无线网络的接入。

4. 实验指导

(1) 按照图 6-27 所示的网络拓扑结构搭建网络,完成网络连接。

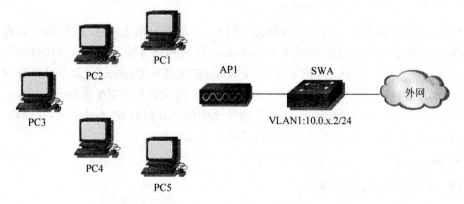

图 6-27 Fat AP 配置实训

(2) 配置二层交换机 SWA,使其可以为无线网络终端主机通过 DHCP 的方式分配地址,地址池为 10.0.x.0/24,参考命令如下。

[SWA]interface vlan-interface 1
[SWA-vlan-interface1]ip address 10.0.x.2/24
[SWA-vlan-interface1]quit
[SWA]ip route-static 0.0.0.0 0 10.0.x.1
[SWA]dhcp enable
[SWA]dhcp server forbidden-ip 10.0.x.1 10.0.9.2
[SWA]dhcp server ip-pool wlan
[SWA-dhcp-pool-wlan]network 10.0.x.0 mask 255.255.255.0
[SWA-dhcp-pool-wlan]gateway-list 10.0.x.1

(3) 配置 Fat AP,使终端主机 PC1～PC5 可以通过 AP1 连接到网络中,其中 SSID 为 network-x,x 为具体的实验台席号,要求进行 WPA2-PSK 认证和加密,密钥采用 ASCII 码字符,密钥值为 12345678。其参考配置命令如下。

[AP1]port-security enable
[AP1]interface WLAN-BSS 1
[AP1-WLAN-BSS1]port-security port-mode psk
[AP1-WLAN-BSS1]port-security tx-key-type 11key
[AP1-WLAN-BSS1]port-security preshared-key pass-phrase simple 12345678
[AP1-WLAN-BSS1]quit
[AP1]wlan service-template 1 crypto
[AP1-wlan-st-1]authentication-method open-system
[AP1-wlan-st-1]ssid network-x
[AP1-wlan-st-1]security-ie rsn
[AP1-wlan-st-1]cipher-suite ccmp
[AP1-wlan-st-1]service-template enable
[AP1-wlan-st-1]quit
[AP1]interface WLAN-Radio 1/0/1
[AP1-WLAN-Radio1/0/1]service-template 1 interface WLAN-BSS 1
[AP1-WLAN-Radio1/0/1]radio-type dot11g
[AP1-WLAN-Radio1/0/1]channel 6

配置完成后,在 PC1～PC5 上安装无线网卡,并搜索可用无线网络,应该可以看到启用了 WPA2 安全防护的无线网络 network-x,连接该网络并输入密钥 12345678,即可连接到该无线网络中。在 PC1～PC5 的"命令提示符"窗口下用 ipconfig 命令可以看到主机通过 DHCP 获得了 10.0.x.0/24 网段的 IP 地址。在交换机 SWA 上执行 display dhcp server ip-in-use all 命令可以看到 DHCP 地址池中的已分配的 IP 地址情况,在 AP1 上执行 display wlan client 命令可以看到无线终端的基本信息。

5. 实验报告

填写如表 6-2 所示实验报告。

表 6-2　实训 6.11 实验报告

SWA 上 DHCP 的配置		
SWA 是否必须要配置 IP 地址，为什么？		
SWA 是否可以不进行 DHCP 的配置，如果在 SWA 上未配置 DHCP，可以用什么方法确保无线终端连接到网络中？		
Fat AP 的配置		
display wlan client 命令结果	MAC Address	BSSID

第 7 章

企业网络设备管理与维护

对于学院网络而言,在各种配置完成后,网络即可投入运行。但在网络的运行过程中,一方面网络可能会出现故障,需要进行维护;另一方面在用户的需求产生变化或者网络的某一部分需要优化时,同样需要进行网络设备的管理与维护。网络设备的管理与维护贯穿于网络的整个运行过程中,是一项长期的工作。

7.1 企业网络设备管理与维护项目介绍

对于已经投入运行的学员网络,网络设备管理与维护涉及的内容如下。

(1) 配置文件的管理与维护。在网络设备上,所有的配置均保存在一个独立的配置文件中,一旦网络设备上的配置文件丢失或被破坏,将对网络造成灾难性的后果,因此需要对网络中所有的网络设备的配置文件进行备份以备需要时恢复配置文件。另外,对于同一级别的多台网络设备也可以通过将一台设备上的配置文件恢复到多台设备上,然后进行简单的修改,以减轻网络配置和维护的工作量。

(2) 操作系统的管理与维护。与 PC 类似,网络设备作为一台专用的计算机也有自己的操作系统,同样也会涉及操作系统的安装和维护。在网络设备使用前,一般首先对其操作系统进行备份,以备系统崩溃时进行恢复。另外,还需要定期对操作系统进行升级,以使其能够对最新的网络协议提供支持。

(3) 网络设备远程配置管理。无论是网络出现故障还是用户需求发生变化,都需要对网络设备进行调试以及配置的修改。而网络管理员不可能 24 小时守候在网络设备旁边,因此很多时候就需要网络管理员能够远程的连接到网络中对网络设备进行配置管理,这就需要配置网络设备,使其支持 Telnet 或 SSH 的认证登录。

7.2 H3C 设备基础

网络设备在启动顺序上与 PC 类似,同样要经过加电硬件自检、加载 BootRom 程序、加载操作系统(Comware)映像和加载启动配置文件等步骤。但在具体设备运行和管理方面与 PC 存在较大的差异,下面对网络设备的一些特性进行简要的介绍。

7.2.1 H3C 命令行级别

为保障设备的运行安全,Comware 对命令行采用了分级保护的方式,并将命令划分为 4 个不同的级别,具体如下。

1. 访问级(VISIT-0 级)

该级别可执行包括网络诊断工具命令(如 ping、tracert)、从本设备出发访问外部设备的命令(如 telnet)等。该级别命令不允许进行配置文件保存的操作。

2. 监控级(MONITOR-1 级)

该级别用于系统维护、业务故障诊断等,可执行 display、debugging 等命令。该级别命令不允许进行配置文件保存的操作。

3. 系统级(SYSTEM-2 级)

该级别用于执行业务配置命令,包括各个层次网络协议的配置命令等。

4. 管理级(MANAGE-3 级)

该级别可执行关系到系统基本运行、系统支撑模块的命令。其包括文件系统、FTP、TFTP、配置文件切换命令、电源控制命令、背板控制命令、用户管理命令、级别设置命令、系统内部参数设置命令等。

7.2.2 H3C 的文件系统

H3C 的文件系统中主要的文件类型如下。

1. Bootware 程序文件

Bootware 程序文件又称为 BootROM 程序文件,是设备启动时用来引导应用程序的文件。Bootware 程序文件存放在只读存储器 ROM 中,其会在应用程序文件或配置文件出现故障时提供一种恢复的手段。

2. 应用程序文件

应用程序文件即操作系统文件,H3C 的操作系统称为 Comware,文件的扩展名为.bin。在 H3C 的部分设备上,系统默认定义了 3 个用于启动的应用程序文件:主程序文件、备份程序文件和安全程序文件。系统会首先尝试引导并启动主程序文件,如果主程序文件启动失败,则系统以备份程序文件启动;如果备份程序文件启动也失败,则系统以安全程序文件启动;如果安全文件启动失败,系统将提示无法找到应用程序文件,并进入 BootROM 模式。

3. 配置文件

配置文件以文本格式保存了非默认的配置命令,文件的扩展名为.cfg。一般默认名称为 config.cfg 或 startup.cfg,也可对其进行手工命名。配置文件中命令的组织以命令视图为基本框架,而且同一命令视图的命令组织在一起形成一节,节与节之间一般用注释行(#)隔开,整个文件以 return 结束。配置文件可以通过 more 命令进行查看。

在 H3C 设备上,系统一般默认定义了两个用于启动的配置文件:主配置文件和备份配置文件,在部分设备上还存在一个默认配置文件(config.def)。系统首先尝试加载主配置文件,如果加载主配置文件失败,则尝试加载备份配置文件;如果加载备份配置文件也失败,则在不存在默认配置文件的情况下以空配置启动,在存在默认配置文件的情况下以默认配置文件启动;如果加载默认配置文件也失败,则以空配置启动。

值得注意的是,H3C 路由器不存在 NVRAM,因此无论是路由器还是交换机,配置文件均存放在 Flash 中。

4. 日志文件

日志文件是用来存储系统在运行中产生的文本日志的文件,文件的扩展名为.log。日志文件可以通过 more 命令进行查看。

7.3 配置文件管理

作为网络管理员,可以通过命令行对网络设备进行配置和管理,但这些配置被暂时存放在 RAM 中作为当前生效的配置文件,在设备断电或重启后配置丢失。如果要使当前配置在设备断电重启后依然有效,则需要将当前配置保存到 Flash 中成为启动配置文件。而通过上一节的内容可以知道在网络设备中可能存在多个配置文件,此时就需要指定设备启动时加载配置文件的顺序,在某些时候可能还需要删除当前配置(如在实验室环境中)或将配置文件进行备份。本节将分别对配置文件管理的常用命令和配置文件的备份和恢复进行介绍。

7.3.1 配置文件管理常用命令

1. display current-configuration

display current-configuration 命令用于显示当前生效的系统配置,该命令可在任何视图下运行,具体显示如下。

```
[RTA]display current-configuration
#
 version 5.20, Release 1809P01, Basic
#
 sysname RTA
#
 domain default enable system
#
 dar p2p signature-file cfa0:/p2p_default.mtd
#
 port-security enable
#
vlan 1
#
domain system
 access-limit disable
 state active
 idle-cut disable
 self-service-url disable
```

```
#
user-group system
#
local-user admin
 password cipher .]@USE=B,53Q=^QMAF4<1!!
 authorization-attribute level 3
 service-type telnet
#
interface Aux0
 async mode flow
 link-protocol ppp
#
interface Cellular 0/0
 async mode protocol
 link-protocol ppp
#
interface Ethernet 0/0
 port link-mode route
 ip address 192.168.1.1 255.255.255.0
#
interface Ethernet 0/1
 port link-mode route
#
interface Serial 1/0
 link-protocol ppp
#
interface Serial 2/0
 link-protocol ppp
#
interface NULL0
#
 load xml-configuration
#
user-interface con 0
user-interface tty 13
user-interface aux 0
user-interface vty 0 4
#
Return
```

2. display saved-configuration

display saved-configuration 用于查看系统保存的配置文件,该命令可在任何视图下运行。在设备出厂时 Flash 中没有启动配置文件,因此此时执行该命令系统会提示配置文件不存在,具体显示如下。

[RTA]display saved-configuration
The config file does not exist!

此时,要想使当前配置保存到 Flash 中成为启动配置,则需要执行 save 命令,显示结果如下。

[RTA]save
The current configuration will be written to the device. Are you sure?[Y/N]:y
Please input the file name(*.cfg)[cfa0:/startup.cfg]
(To leave the existing filename unchanged, press the enter key):
Validating file. Please wait...
Configuration is saved to device successfully

在执行 save 命令的过程中，系统会提示为启动配置文件进行命名，如果直接输入 Enter，则使用系统默认的文件名 startup.cfg。

保存完成后，执行 display saved-configuration 命令可以看到启动配置文件的内容，显示结果如下。

[RTA]display saved-configuration
#
 version 5.20, Release 1809P01, Basic
#
 sysname RTA
#
 domain default enable system
--------output omitted--------

在用户视图下，使用 dir 命令可以看到 Flash 中存在启动配置文件 startup.cfg，显示结果如下。

<RTA>dir
Directory of cfa0:/
　　0　　drw-　　　　　-　　Jan 08 2010 23:57:14　　logfile
　　1　　-rw-　　　16256　　Jan 08 2010 23:57:38　　p2p_default.mtd
　　2　　-rw-　　　　936　　Aug 11 2010 08:59:14　　startup.cfg
　　3　　-rw-　　　　 33　　Aug 11 2010 08:59:12　　system.xml
　　4　　-rw-　　13399480　Sep 09 2009 15:02:10　　main.bin
252900 KB total (239748 KB free)
File system type of cfa0: FAT16

3. reset saved-configuration

reset saved-configuration 命令用于清空保存配置，即将 Flash 中的启动配置文件删除，该命令只能在用户视图下执行，显示结果如下。

<RTA>reset saved-configuration
The saved configuration file will be erased. Are you sure?[Y/N]:y
Configuration file in cfa0 is being cleared
Please wait ...
⋮
Configuration file is cleared

执行完该命令后，使用 dir 命令查看 Flash 中的内容显示结果如下。

```
<RTA>dir
Directory of cfa0:/
  0    drw-           -      Jan 08 2010 23:57:14    logfile
  1    -rw-       16256      Jan 08 2010 23:57:38    p2p_default.mtd
  2    -rw-          33      Aug 11 2010 08:59:12    system.xml
  3    -rw-    13399480      Sep 09 2009 15:02:10    main.bin
252900 KB total (239752 KB free)
File system type of cfa0: FAT16
```

从上面的显示结果可以看出,启动配置文件 startup.cfg 已经被删除。

4. startup saved-configuration

在有些时候人们会在网络设备中保存多个配置文件,以实现设备角色的快速切换,这就涉及指定哪一个配置文件作为下次启动配置文件的问题。例如,在路由器 RTA 中保存有两个配置文件 startup.cfg 和 abc.cfg,如下所示。

```
<RTA>dir
Directory of cfa0:/
  0    drw-           -      Jan 08 2010 23:57:14    logfile
  1    -rw-       16256      Jan 08 2010 23:57:38    p2p_default.mtd
  2    -rw-         936      Aug 11 2010 09:26:28    startup.cfg
  3    -rw-          33      Aug 11 2010 09:31:52    system.xml
  4    -rw-         936      Aug 11 2010 09:31:52    abc.cfg
  5    -rw-    13399480      Sep 09 2009 15:02:10    main.bin
252900 KB total (239736 KB free)
File system type of cfa0: FAT16
```

执行 display startup 命令,显示结果如下。

```
[RTA]display startup
 Current startup saved-configuration file: cfa0:/startup.cfg
 Next main startup saved-configuration file: cfa0:/abc.cfg
 Next backup startup saved-configuration file:
```

从上面的显示结果可以看出,本次启动加载的配置文件是 startup.cfg,下次启动加载的主配置文件是 abc.cfg。实际上,在系统存在多个配置文件时,系统下次启动时会自动加载最后保存的那个配置文件。

通过 startup saved-configuration 命令可以指定系统下次启动时加载的配置文件。例如,指定 startup.cfg 为下次启动时的主配置文件,而 abc.cfg 为下次启动时的备份配置文件,具体命令如下。

```
<RTA>startup saved-configuration startup.cfg main
Please wait ...
... Done!
<RTA>startup saved-configuration abc.cfg backup
Please wait ...
... Done!
```

执行完成后,使用 display startup 命令查看系统启动配置文件,显示结果如下。

```
<RTA>display startup
Current startup saved-configuration file: cfa0:/startup.cfg
Next main startup saved-configuration file: cfa0:/startup.cfg
Next backup startup saved-configuration file: cfa0:/abc.cfg
```

从上面的显示结果可以看出,下次启动的主配置文件为 startup.cfg,备份配置文件为 abc.cfg。

需要注意的是,startup saved-configuration 命令如果不使用 main|backup 参数,则默认为 main。另外,该命令只能在用户视图下执行。

7.3.2 配置文件的备份和恢复

为防止因设备出现配置文件的损坏或因误操作导致的丢失,一般要求对配置文件进行外部备份,即将配置文件保存到某一台主机中,以备在必要的时候将配置文件恢复到网络设备中。一般可以通过 FTP 和 TFTP 两种不同的方式进行配置文件的备份和恢复。

路由器和交换机的配置文件的备份和恢复方法完全相同,在此以路由器为例进行介绍。

1. 使用 FTP 进行配置文件的备份和恢复

网络设备可以作为 FTP 的客户端,也可以作为 FTP 的服务器端。在进行配置文件的备份和恢复时,一般人们会将网络设备作为 FTP 的服务器端,因为网络设备作为 FTP 服务器端的配置相对简单,而且不需要第三方软件的支持。

在图 7-1 所示的网络中,要求为路由器备份配置文件。

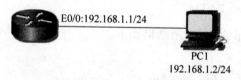

图 7-1 基于 FTP 的配置文件的备份和恢复

将路由器作为 FTP 服务器端时,具体的配置如下。

```
[RTA]ftp server enable
[RTA]local-user zhangsf
New local user added
[RTA-luser-zhangsf]password simple sunhf
[RTA-luser-zhangsf]authorization-attribute level 3
[RTA-luser-zhangsf]service-type ftp
```

首先,通过 ftp server enable 命令启用路由器的 FTP 服务;然后需要为客户端登录 FTP 服务器创建一个用户,为其创建密码并指定其服务类型为 FTP。特别需要注意的是命令"authorization-attribute level 3",因为在默认情况下用户的运行级别为访问级(0级),而在该级别下执行 PUT 操作(即配置文件的恢复)时将会被设备拒绝,所以需要通过命令 authorization-attribute level 3(在部分设备上是 level 3)将用户的运行级别设定为管理级(3级)。

在路由器上配置完成后,就可以在 FTP 客户端主机上登录路由器并进行备份操作了,显示结果如下所示。

```
D:\>ftp 192.168.1.1
Connected to 192.168.1.1.
220 FTP service ready.
User (192.168.1.1:(none)): zhangsf
331 Password required for zhangsf.
Password:
230 User logged in.
ftp> dir
200 Port command okay.
150 Opening ASCII mode data connection for /*.
drwxrwxrwx   1 noone    nogroup         0 Jan 08 23:57 logfile
-rwxrwxrwx   1 noone    nogroup     16256 Jan 08 23:57 p2p_default.mtd
-rwxrwxrwx   1 noone    nogroup       936 Aug 11 09:26 startup.cfg
-rwxrwxrwx   1 noone    nogroup        33 Aug 11 09:31 system.xml
-rwxrwxrwx   1 noone    nogroup  13399480 Sep 09  2009 main.bin
226 Transfer complete.
ftp:收到 336 字节,用时 0.00Seconds 336000.00Kbytes/sec.
ftp> get startup.cfg
200 Port command okay.
150 Opening ASCII mode data connection for /startup.cfg.
226 Transfer complete.
ftp:收到 936 字节,用时 0.00Seconds 936000.00Kbytes/sec.
```

备份完成后,在 FTP 客户端主机的相应目录下就可以找到 startup.cfg 文件,可以通过写字板工具查看并修改配置文件的内容。

在进行配置文件的恢复时,使用 PUT 命令即可,显示结果如下。

```
ftp> put startup.cfg
200 Port command okay.
150 Opening ASCII mode data connection for /startup.cfg.
226 Transfer complete.
ftp:发送 936 字节,用时 0.00Seconds 936000.00Kbytes/sec.
```

2. 使用 TFTP 进行配置文件的备份和恢复

在使用 TFTP 进行配置文件的备份和恢复时,网络设备扮演的角色是 TFTP 客户端,此时需要有一台主机通过安装 TFTP 服务器软件来作为 TFTP 服务器。在进行备份和恢复时,在网络设备上执行的命令如下。

<H3C> tftp *server-address* {get | put | sget} *source-filename* [*destination-filename*] [source {interface *interface-type interface-number* | ip *source-ip-address*}]

该命令必须运行在用户视图下。其中,get 操作为将配置文件从 TFTP 服务器下载到网络设备;put 操作为将配置文件从网络设备上传到 TFTP 服务器;sget 为安全的下载方式,在该方式下,设备将从 TFTP 服务器上获取的文件先保存到内存中,然后等配置文件全部接收完毕后才将其写入到 Flash 中,从而确保即使配置文件下载失败,原有的配置文件也不会被覆盖，设备仍可以以原有配置启动。sget 方法安全系数较高，但相对需要较大的内存空间。*destination-filename* 可以不指定，如果不指定则目的文件名与源文件名相同。另外，当网络设备和 TFTP 服务器之间存在多条可达路由时，可以通过 source 参数配置客户端 TFTP 报文的源地址，以选择最佳路由。

在图 7-2 所示的网络中，要求为路由器备份配置文件。

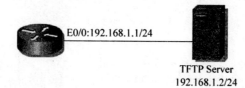

图 7-2 基于 TFTP 的配置文件的备份和恢复

具体配置如下。

<RTA>tftp 192.168.1.2 put startup.cfg

  File will be transferred in binary mode
  Sending file to remote TFTP server. Please wait … \
  TFTP: 936 bytes sent in 1 second(s).
  File uploaded successfully.

此时，在 TFTP 服务器端相应的目录下就可以找到 startup.cfg 文件。

在进行配置文件恢复时的具体配置如下。

<RTA>tftp 192.168.1.2 get startup.cfg
The file startup.cfg exists. Overwrite it? [Y/N]:y
  Verifying server file...
  Deleting the old file, please wait...

  File will be transferred in binary mode
  Downloading file from remote TFTP server, please wait...
  TFTP: 936 bytes received in 0 second(s)
  File downloaded successfully.

7.4 Comware 管理

在网络设备可以正常引导到命令行模式的情况下，对操作系统进行备份和升级的方法与配置文件的备份和恢复方法完全相同，在这里不再赘述。但是在有些情况下，由于操作系统文件遭到损坏而无法引导到命令行模式，此时就需要进入到 BootROM 模式中利用 BootWare 菜单提供的功能进行 Comware 的恢复。在 BootROM 模式下进行 Comware 的恢复有两种不同的方法：一种是通过以太口采用 TFTP/FTP 协议进行恢复；另一种是通过 Console 口采用 XModem 协议进行恢复。在这里，依然使用图 7-2 所示的网络，对通过以太口采用 TFTP 协议进行 Comware 的恢复进行简要的介绍。

(1) 首先,将路由器加电,初始启动过程如下。

```
System is starting...
BootingNormal Extend BootWare...
The Extend BootWare is self-decompressing...
Done!
****************************************************
*                                                  *
*            H3C MSR20-40    BootWare, Version 3.09 *
*                                                  *
****************************************************
Copyright (c) 2004-2009 Hangzhou H3C Technologies Co., Ltd.

Compiled Date     : Jul 17 2009
CPU Type          : MPC8248
CPU L1 Cache      : 16KB
CPU Clock Speed   : 400MHz
Memory Type       : SDRAM
Memory Size       : 256MB
Memory Speed      : 100MHz
BootWare Size     : 4096KB
Flash Size        : 4MB
cfa0 Size         : 256MB
CPLD Version      : 5.0
PCB Version       : 2.0

BootWare Validating...
Press Ctrl+B to enter extended boot menu...
```

(2) 此时,输入 Ctrl+B 组合键,显示如下。

```
Please input BootWare password:
```

如果系统无法找到有效的应用程序文件,则会提示"Application program does not exist",同时显示"Please input BootWare password:"。

(3) 默认情况下 BootWare 的密码为空,直接输入 Enter 即可进入 BootWare 主菜单。

```
Note: The current operating device is cfa0
Enter < Storage Device Operation > to select device.
=============<EXTEND-BOOTWARE MENU>=============
|<1> Boot System                                 |
|<2> Enter Serial SubMenu                        |
|<3> Enter Ethernet SubMenu                      |
|<4> File Control                                |
|<5> Modify BootWare Password                    |
|<6> Skip Current System Configuration           |
|<7> BootWare Operation Menu                     |
|<8> Clear Super Password                        |
|<9> Storage Device Operation                    |
|<0> Reboot                                      |
==================================================
```

Enter your choice(0-9):

(4) 输入 3,进入到以太网接口子菜单中,显示如下。

```
===============<Enter Ethernet SubMenu>==============
|Note:the operating device is cfa0                    |
|<1> Download Application Program To SDRAM And Run    |
|<2> Update Main Application File                     |
|<3> Update Backup Application File                   |
|<4> Update Secure Application File                   |
|<5> Modify Ethernet Parameter                        |
|<0> Exit To Main Menu                                |
|<Ensure The Parameter Be Modified Before Downloading!>|
=====================================================
```

Enter your choice(0-5):

(5) 输入 5,进入到接口参数修改的子菜单中,显示如下。

```
============<ETHERNET PARAMETER SET>===========
|Note:         '.' = Clear field.                |
|              '-' = Go to previous field.       |
|           Ctrl+D = Quit.                       |
================================================
```

Protocol (FTP or TFTP) :tftp

设置使用的传输协议为 TFTP。

Load File Name   :host
                            :msr20-cmw520-r1910p09-si.bin

指定需要从 TFTP 服务器上下载的 Comware 名称。

Target File Name   :target
                            : msr20-cmw520-r1910p09-si.bin

指定存储的目标文件名。

Server IP Address   :192.168.1.1 192.168.1.2:24

指定 TFTP 服务器的 IP 地址,如需要设置掩码使用冒号":"隔开。

Local IP Address   :192.168.1.253 192.168.1.1

指定本地 IP 地址,即路由器的 IP 地址。

Gateway IP Address   :0.0.0.0

指定网关 IP 地址。当路由器与 TFTP 服务器不在同一网段时需要配置网关地址。

(6) 接口参数设定完成后,自动返回到以太网接口子菜单中,输入 2 升级主应用程序。

Loading...
....Done!

```
21079528 bytes downloaded!
Updating File cfa0:/target
Updating File
cfa0:/msr20-cmw520-r1910p09-si.bin...................................................
..................................Done!
```

(7) 升级完成后自动返回到以太网接口子菜单中,输入 0 返回 BootWare 主菜单。

(8) 在 BootWare 主菜单中输入 4,进入文件控制子菜单,如下所示。

```
===============<File CONTROL>=================
|Note:the operating device is cfa0               |
|<1> Display All File(s)                          |
|<2> Set Application File type                    |
|<3> Set Configuration File type                  |
|<4> Delete File                                  |
|<0> Exit To Main Menu                            |
==================================================
Enter your choice(0-4):
```

(9) 输入 2,设置应用程序文件的类型,如下所示。

```
'M' = MAIN        'B' = BACKUP      'S' = SECURE      'N/A' = NOT ASSIGNED
==================================================
|NO. Size(B)    Time              Type  Name                                |
|1   21079528  Aug/11/2010 16:26:36 N/A  cfa0:/target                       |
|2   21079528  Aug/11/2010 16:36:50 M    cfa0:/msr20-cmw520-r1910p0~001     |
|3   13399480  Sep/09/2009 15:02:10 N/A  cfa0:/main.bin                     |
|0   Exit                                                                   |
==================================================
Enter file No:
```

(10) 输入文件的编号,在此为 2。

```
Modify the file attribute:
====================
|<1> +Main         |
|<2> -Main         |
|<3> +Backup       |
|<4> -Backup       |
|<0> Exit          |
====================
Enter your choice(0-4):
```

(11) 输入 1,将被选定的应用程序设置为主文件,即系统默认引导文件。实际上,升级后的文件将直接替换原来的 M 类型的文件,成为主启动程序,因此步骤(8)~(11)可以省略。

(12) 设置完成后,自动返回到文件控制子菜单中,输入 0 返回 BootWare 主菜单。

(13) 在 BootWare 主菜单中输入 1,引导系统。

需要注意的是,在使用 BootROM 模式进行 Comware 的恢复时,只能使用路由器的

Ethernet 0/0 接口进行数据的传送。

如果在因为网络设备端口损坏而无法进行以太网连接或没有 TFTP/FTP 服务器软件的情况下，可以通过 Console 口采用 XModem 协议进行 Comware 的恢复。具体的方法不再赘述，感兴趣的读者可自行查阅相关资料。

在 Flash 中存在多个 Comware 软件时，可以通过命令＜H3C＞boot-loader file file-url［main｜backup］指定下次启动时加载的应用程序文件，并可通过命令＜H3C＞display boot-loader 查看下次启动时加载的应用程序文件。

7.5　网络设备的远程管理

在此，依然使用图 7-1 所示的网络，进行 Telnet 的基本配置，具体配置如下。

［RTA］telnet server enable
％ Start Telnet server
［RTA］user-interface vty 0 4
［RTA-ui-vty0-4］authentication-mode ｛none｜password｜scheme｝

在部分设备上，Telnet 服务默认处于开启状态，可不必输入命令 telnet server enable。Telnt 支持 3 种不同的验证方式，其中 none 表示不进行验证；password 表示使用密码进行验证，即登录时仅需要输入密码；scheme 表示使用用户名/密码进行验证，即登录时必须输入用户名和密码。

7.5.1　密码验证方式

如果采用密码验证方式，则需要在 VTY 视图下配置远程登录的密码。

［RTA-ui-vty0-4］set authentication password simple zhangsf

配置完成后，在客户端主机远程登录路由器，显示结果如下。

Microsoft Windows XP［版本 5.1.2600］
(C)版权所有 1985-2001 Microsoft Corp.
C:\Documents and Settings\Administrator＞telnet 192.168.1.1

****
*　Copyright (c) 2004-2010 Hangzhou H3C Tech. Co., Ltd. All rights reserved.*
*　Without the owner's prior written consent,　　　　　　　　　　　　　　*
*　no decompiling or reverse-engineering shall be allowed.　　　　　　　*
****
Login authentication
Password:
＜RTA＞system-view
　　　　　^
％ Unrecognized command found at '^' position.
＜RTA＞

从以上的显示结果可以看出，客户端主机已经可以登录到路由器上，但是却无法进入到系统视图中,这是因为远程登录默认的运行级别是访问级(0级)。但实际上更多的时候需要具有管理级(3级)的运行级别,具体的实现方式有两种。

1. 配置 super 密码

通过 super password 命令可以为不同的运行级别设置密码,从而实现低级别到高级别的切换。为使远程登录的用户可以从访问级(0级)切换到管理级(3级),可以为管理级(3级)运行级别设置密码,具体配置如下。

[RTA]super password level 3 simple sunhf

配置完成后,从客户端主机重新登录路由器,显示结果如下。

Microsoft Windows XP [版本 5.1.2600]
(C)版权所有 1985-2001 Microsoft Corp.
C:\Documents and Settings\Administrator>telnet 192.168.1.1

****
* Copyright (c) 2004-2010 Hangzhou H3C Tech. Co., Ltd. All rights reserved. *
* Without the owner's prior written consent,   *
* no decompiling or reverse-engineering shall be allowed.   *
****
Login authentication
Password:
<RTA>super 3
Password:
User privilege level is 3, and only those commands can be used
whose level is equal or less than this.
Privilege note: 0-VISIT, 1-MONITOR, 2-SYSTEM, 3-MANAGE
<RTA>system-view
System View: return to User View with Ctrl+Z.
[RTA]

从上面的显示结果可以看出,通过 super 命令将运行级别切换到管理级(3级)以后,即可进入到系统视图下进行各种配置操作。

2. 定义 VTY 登录级别

默认情况下远程登录的运行级别是访问级(0级),但可以通过命令定义其运行级别,具体配置如下。

[RTA-ui-vty0-4]user privilege level 3

配置完成后,从客户端主机重新登录路由器,显示结果如下。

Microsoft Windows XP [版本 5.1.2600]
(C)版权所有 1985-2001 Microsoft Corp.
C:\Documents and Settings\Administrator>telnet 192.168.1.1

****
* Copyright (c) 2004-2010 Hangzhou H3C Tech. Co., Ltd. All rights reserved. *

```
*  Without the owner's prior written consent                          *
*  no decompiling or reverse-engineering shall be allowed             *
***************************************************************************
Login authentication
Password:
<RTA>system-view
System View: return to User View with Ctrl+Z
[RTA]
```

从上面的显示结果可以看出，客户端登录到路由器后可以直接进入到系统视图中，而不需要运行级别的切换，这是因为远程登录的运行级别为管理级（3级）。

7.5.2 用户名/密码验证方式

如果采用用户名/密码验证方式，则系统默认采用本地用户数据库中的用户信息进行验证，因此必须为远程登录配置用户名、密码和用户级别等信息，具体配置如下。

```
[RTA]local-user zhangsf
New local user added.
[RTA-luser-zhangsf]password simple zhangzx
[RTA-luser-zhangsf]service-type telnet
[RTA-luser-zhangsf]authorization-attribute level 3
```

需要注意的是最后一条命令，该命令定义了用户 zhangsf 远程登录路由器以后的运行级别为管理级（3级）。如果不进行用户级别的定义，则默认级别为访问级（0级），需要通过 super 命令切换到管理级（3级）。

配置完成后，从客户端主机登录路由器，显示结果如下。

```
Microsoft Windows XP [版本 5.1.2600]
(C)版权所有 1985-2001 Microsoft Corp.

C:\Documents and Settings\Administrator>telnet 192.168.1.1

***************************************************************************
*  Copyright (c) 2004-2010 Hangzhou H3C Tech. Co., Ltd. All rights reserved  *
*  Without the owner's prior written consent                          *
*  no decompiling or reverse-engineering shall be allowed             *
***************************************************************************
Login authentication
Username:zhangsf
Password:
<RTA>system-view
System View: return to User View with Ctrl+Z
[RTA]
```

从上面的显示结果可以看出，需要输入用户名和密码才可以登录到路由器上。

7.6 企业网络设备管理与维护方案

在校园网络中，对所有的网络设备的操作系统和配置文件均需要进行备份，并统一保存。由于网络设备数量众多，因此必须要在备份文件的名称上对其加以区分，其中局域网内交换机的具体命名规则为建筑名称-设备层次-楼层号(接入层交换机)/设备编号(有冗余的汇聚层或核心层交换机)。后缀。建筑名称及设备层次缩写如表 7-1 所示。

表 7-1 建筑与设备层次缩写表

建筑名称	缩 写	设备层次	缩 写
教学楼	E	核心层	C
图科楼	L	汇聚层	D
绿苑大厦	G	接入层	A
体育馆	S	网络中心接入	N
鸿雁宾馆	W		

例如：绿苑大厦 10 楼的接入层交换机的操作系统文件名称为 G-A-10.bin，教学楼的两台汇聚层交换机的配置文件名称分别为 E-D-1.cfg 和 E-D-2.cfg。

AP 的命名规则为建筑名称-W-设备编号，其中 W 代表 WLAN。主校区的出口路由器名称为 M-O，M 代表 Master，O 代表 Output；两个分校区的出口路由器名称分别为 B-O-1 和 B-O-2，其中 B 代表 Branch。

为使网络管理员可以远程登录到网络设备上进行管理和维护，在所有的网络设备上开启 Telnet 功能，并且要为不同的设备配置不同的用户名和密码，以确保网络设备的安全。设备登录使用的用户名和密码要放置到一张电子表格中统一进行管理。如果有必要，可以采用 RADIUS 的方式进行集中的登录认证和授权。

7.7 小结

本章主要介绍了网络设备管理与维护的基础知识，包括路由器和交换机的运行级别，配置文件的备份和恢复方法，操作系统 Comware 的备份、升级和恢复的方法以及路由器和交换机的远程管理方法等。这些知识是作为网络管理员必须要掌握并且经常要用到的，是做好网络运行维护管理的基础。

7.8 习题

1. 简述 H3C 设备的运行级别，以及每个级别下可以执行的操作。
2. 简述 H3C 设备的文件系统类型。
3. 简述使用 FTP 方式进行配置文件备份和恢复的过程。
4. 简述使用 TFTP 方式进行配置文件备份和恢复的过程。
5. 远程登录网络设备有哪两种验证方式，分别如何实现？
6. 简述 super 命令的作用。

7.9 实训

7.9.1 网络设备系统安装实训

实验学时：2 学时；每实验组学生人数：1 人。

1. 实验目的

掌握路由器多配置文件环境下指定启动配置文件的方法；掌握路由器配置文件的备份和恢复方法；掌握路由器 Comware 备份的方法。

2. 实验环境

(1) 安装有 TCP/IP 通信协议的 Windows 系统 PC：1 台。

(2) 路由器：1 台。

(3) UTP 电缆：1 条。

(4) Console 电缆：1 条。

保持路由器为出厂配置。

3. 实验内容

(1) 指定启动配置文件。

(2) 配置文件的备份和恢复。

(3) Comware 文件的备份。

4. 实验指导

(1) 按照图 7-3 所示的网络拓扑结构搭建网络，完成网络连接，并进行基本配置。其中 x 为台席号，y 为机位号。

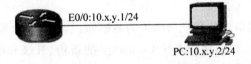

图 7-3　设备系统安装实训拓扑结构

(2) 在路由器上配置环回接口 LO 0 的 IP 地址为 1.1.1.1/32，并将配置保存为 first.cfg，参考配置如下。

```
[H3C]interface Loopback 0
[H3C-Loopback0]ip address 1.1.1.1/32
[H3C-Loopback0]quit
[H3C]save
The current configuration will be written to the device. Are you sure? [Y/N]:y
Please input the file name(*.cfg)[cfa0:/startup.cfg]
(To leave the existing filename unchanged, press the enter key):first.cfg
  Validating file. Please wait...
  Configuration is saved to device successfully
```

将环回接口 LO 0 的 IP 地址修改为 2.2.2.2/32，并将配置保存为 second.cfg，参考配置如下。

```
[H3C]interface Loopback 0
[H3C-Loopback0]ip add 2.2.2.2/32
[H3C-Loopback0]quit
[H3C]save
The current configuration will be written to the device. Are you sure? [Y/N]:y
Please input the file name( * .cfg)[cfa0:/first.cfg]
(To leave the existing filename unchanged, press the enter key):second.cfg
 Validating file. Please wait...
 Configuration is saved to device successfully
```

配置完成后,在路由器上执行 display startup 命令,查看路由器下次启动将要加载的配置文件并考虑原因。然后在用户视图下执行 reboot 命令重启路由器,重启后执行 display current-configuration 命令,对加载的配置文件进行确认。

在用户视图下,指定路由器下次启动的主配置文件为 first.cfg,备份配置文件为 second.cfg,参考配置如下。

```
<H3C>startup saved-configuration first.cfg main
Please wait ...
... Done!
<H3C>startup saved-configuration second.cfg backup
Please wait ...
... Done!
```

配置完成后,在路由器上执行 display startup 命令,查看路由器下次启动将要加载的配置文件顺序。然后在用户视图下执行 reboot 命令重启路由器,重启后执行 display current-configuration 命令,对加载的配置文件进行确认。

(3) 对配置文件进行备份和恢复。

① 使用 FTP 方式进行配置文件的备份和恢复。首先在路由器上启用 FTP 服务,参考配置如下。

```
[H3C]ftp server enable
[H3C]local-user h3c
[H3C-luser-h3c]password simple 123
[H3C-luser-h3c]authorization-attribute level 3
[H3C-luser-h3c]service-type ftp
```

路由器配置完成后,在 PC 上使用命令行进行配置文件 first.cfg 的备份,参考命令如下。

```
D:\>ftp 10.x.y.1
Connected to 10.x.y.1
220 FTP service ready
User (10.x.y.1:(none)): h3c
331 Password required for h3c
Password:
230 User logged in
```

```
ftp> get first.cfg
200 Port command okay
150 Opening ASCII mode data connection for /first.cfg
226 Transfer complete
ftp:收到 1056 字节,用时 0.01Seconds 70.40Kbytes/sec
```

备份完成后,在 PC 的相应目录下可以找到配置文件 first.cfg。此时将路由器上的配置文件 first.cfg 删除,参考命令如下。

```
<H3C>reset saved-configuration
The saved configuration file will be erased. Are you sure?[Y/N]:y
Configuration file in cfa0 is being cleared
Please wait …
        ⋮
Configuration file is cleared
```

删除后,在用户视图下执行 dir 命令,确认 first.cfg 已经不存在。然后在 PC 上进行配置文件 first.cfg 的恢复,参考命令如下。

```
ftp> put first.cfg
200 Port command okay
150 Opening ASCII mode data connection for /first.cfg
226 Transfer complete
ftp:发送 1056 字节,用时 0.00Seconds 1056000.00Kbytes/sec
```

恢复完成后,在用户视图下执行 dir 命令,确认 first.cfg 已经被恢复。

② 使用 TFTP 方式进行配置文件的备份和恢复。首先,在 PC 上安装 TFTP 服务软件 SolarWinds-TFTP-Server.exe,该软件位于 D:\soft\NetworkTools 目录下。安装完成后,运行 TFTP 服务,并将其安全级别修改为 Transmit and Receive files,如图 7-4 所示。

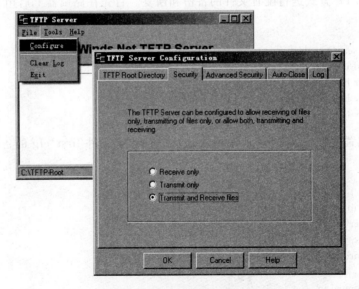

图 7-4　TFTP 服务安全级别修改

TFTP 服务安装配置完成后,在路由器的用户视图下进行配置文件 first.cfg 的备份,参考命令如下。

<H3C>tftp 10.x.y.2 put first.cfg

 File will be transferred in binary mode
 Sending file to remote TFTP server. Please wait... \
 TFTP: 1056 bytes sent in 0 second(s)
 File uploaded successfully

备份完成后,在 PC 的 C:\TFTP-Root 目录下可以看到配置文件 first.cfg。此时将路由器上的配置文件 first.cfg 删除,然后在路由器上进行配置文件 first.cfg 的恢复,参考命令如下。

<H3C>tftp 10.x.y.2 get first.cfg

 File will be transferred in binary mode
 Downloading file from remote TFTP server, please wait...
 TFTP: 1056 bytes received in 0 second(s)
 File downloaded successfully

恢复完成后,在用户视图下执行 dir 命令,确认 first.cfg 已经被恢复。

(4) 对 Comware 文件 msr20-cmw520-r1910p09-si.bin 进行备份。Comware 的备份同样分为 FTP 和 TFTP 两种方式,需要注意本部分仅仅是做 Comware 的备份,切勿进行 Comware 的恢复操作。如有任何问题必须马上与实验指导老师联系。

本次实验不需要提交实验报告。

7.9.2 网络设备远程管理实训

实验学时:2 学时;每实验组学生人数:1 人。

1. 实验目的

掌握网络设备的远程登录管理配置方法。

2. 实验环境

(1) 安装有 TCP/IP 通信协议的 Windows 系统 PC:1 台。

(2) E126A 交换机:1 台。

(3) UTP 电缆:1 条。

(4) Console 电缆:1 条。

保持交换机为出厂配置。

3. 实验内容

(1) 配置密码验证方式的远程登录。

(2) 配置用户名/密码验证方式的远程登录。

4. 实验指导

(1) 按照图 7-5 所示的网络拓扑结构搭建网络,完成网络连接,并进行基本配置。其中 x 为台席号,y 为机位号。

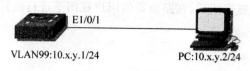

图 7-5　网络设备远程管理实训拓扑结构

（2）在路由器上配置 VLAN 99 为管理 VLAN，并为其分配 IP 地址，参考配置如下。

[H3C]vlan 99
[H3C-vlan99]port Ethernet 1/0/1
[H3C-vlan99]quit
[H3C]management-vlan 99
[H3C]interface vlan-interface 99
[H3C-vlan-interface99]ip address 10.x.y.1/24

配置完成后，通过 ping 命令测试交换机与 PC 之间的连通性。

（3）配置密码验证方式的远程登录，要求登录密码为 H3C，登录级别为访问级，管理级的密码为 network，参考配置如下。

[H3C]user-interface vty 0 4
[H3C-ui-vty0-4]authentication-mode password
[H3C-ui-vty0-4]set authentication password simple H3C
[H3C-ui-vty0-4]quit
[H3C]super password level 3 simple network

注意：在 E126A 交换机上，默认 Telnet 服务开启，不需要也不支持 telnet server enable 命令。

配置完成后，在 PC 上远程登录交换机，并切换到管理级别进行测试。然后在 PC 上打开 Wireshark 软件对流量进行监听，看是否可以捕获到相关信息，并考虑 Telnet 的安全性。

（4）配置用户名/密码验证方式的远程登录，要求用户名为 wangluo，密码为 system，用户级别为管理级，参考配置如下。

[H3C]user-interface vty 0 4
[H3C-ui-vty0-4]authentication-mode scheme
[H3C-ui-vty0-4]quit
[H3C]local-user wangluo
[H3C-luser-wangluo]password simple system
[H3C-luser-wangluo]service-type telnet
[H3C-luser-wangluo]level 3

注意：E126A 交换机与 MSR20-40 路由器的配置区别。

配置完成后，在 PC 上远程登录交换机进行测试。

本次实验不需要提交实验报告。

附录 A

习题参考答案

第 1 章

1. 典型的分层网络设计模型可以分成接入层、汇聚层和核心层共 3 层。接入层负责将终端设备,如 PC、服务器、打印机等连接到网络中;汇聚层负责汇聚接入层发送的数据,再将其传输到核心层,在汇聚层上还会定义通信控制策略来控制网络中的数据流;核心层负责汇聚所有下层设备发送的流量,并进行大量数据的快速转发。

2. 网络直径是指网络中任意两台终端之间进行通信需要经过的网络设备数目的最大值。由于数据在经过网络设备时都会产生延时,间隔的设备越多,积累的延时越大,因此在网络设计中需要尽量降低网络直径。

3. 分层网络设计具有可扩展性好、网络通信性能高、安全性高以及易于管理与维护等优点。

4. 网络设备的高度计量单位为"机架单元",即"U",网络设备的高度均为 U 的整数倍。1U 的高度大约等于 4.445cm。

5. 在进行分层网络设备选型时,一方面要考虑交换机的物理特性、端口密度、转发速率和三层功能等交换机自身的技术参数和特性;另一方面还需要考虑分层网络对交换机功能的要求以及用户群、网络流量、服务器等其他的一些因素。

6. 在分校区信息点数量较少,网络规模不大的情况下,可以考虑采用紧缩核心型的网络拓扑,参考拓扑如图 A-1 所示。

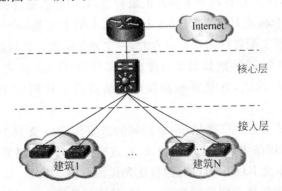

图 A-1 分校区紧缩核心型网络拓扑结构

在分校区的紧缩核心型网络拓扑结构中,各个建筑的接入层交换机直接接入到核心层交换机上。在核心层交换机上进行 VLAN 的创建,并在接入层交换机上通过将接入端口指定到相应的 VLAN 中来按部门划分广播域,由核心层交换机直接实现其下的接入层各 VLAN 之间的路由。在紧缩核心型网络中,由于不存在汇聚层,因此网络中一般不需要运行动态路由协议,在网络的设计实现以及运行管理上都较三层结构网络要简单。

第 2 章

1. 无类别域间路由的基本思想是取消 IP 地址的分类结构,使用网络前缀(位特掩码)来标识 IP 地址中的网络位部分位数,使 IP 地址的网络位部分和主机位部分不再受完整的 8 位组的限制。

2. 将多条路由进行路由聚合需要满足如下两个条件。

(1) 被覆盖的网络必须是连续的。

(2) 网络地址的数目必须是 2 的幂次数。

3. 将 172.16.0.0/24、172.16.1.0/24、172.16.2.0/24、172.16.3.0/24、172.16.4.0/24、172.16.5.0/24、172.16.6.0/24、172.16.7.0/24 共 8 条路由进行汇聚后的汇总路由为 172.16.0.0/21。

4. 对 IP 地址段 202.207.120.0/24 进行变长子网的划分,具体的部门网段分配情况如下。

财务处:202.207.120.0/25;

人事处:202.207.120.128/26;

工会:202.207.120.192/27;

另外在网络中还存在两个串行链路,分别为其分配网段 202.207.120.224/30 和 202.207.120.228/30。

5. DHCP 的运行分为 4 个步骤,分别是发现、提供、请求和确认。

6. DHCP 中继可以使路由器接收对 UDP 服务的请求广播,并将该广播以单播的方式转发给某一个具体的 IP 地址。

第 3 章

1. 在 E126A 上存在 3 种不同的汇聚种类,分别是手工汇聚、静态 LACP 汇聚和动态 LACP 汇聚。在 S3610 上存在两种不同的汇聚种类,其中静态聚合模式对应着 E126A 上的手工汇聚,动态聚合模式对应着 E126A 上的静态 LACP 汇聚。

2. 在三层交换机上配置链路带宽聚合时,一定要保证聚合逻辑端口的配置与其中物理成员端口的配置完全一致,例如如果物理成员端口为 Trunk 模式,则聚合逻辑端口一定也要配置为 Trunk 模式,并且要和物理成员端口具有相同的 PVID 和穿越同一组 VLAN。

3. 网络冗余会带来诸如广播风暴、数据帧的重复传送以及 MAC 表不稳定等问题,解决的根本方法是在网络中运行生成树协议,在逻辑上断开数据链路层的环路。

4. 在带有扩展系统 ID 的 BID 中,网桥优先级的取值必须是 4096 的倍数,这是因为扩展系统 ID 占据了网桥优先级字段的后 12 位,致使网桥优先级最低位的权值为 4096。

5. 为非根网桥选择根端口的目的是保证将所有的非根网桥连接到网络中。

第 4 章

1. 在 RIPv2 中，undo summary 用来关闭 RIPv2 的自动路由汇总功能。在 RIPv2 中，默认会将网络汇总到主类网络的边缘，因此必须要关闭其自动路由汇总的功能，才能够有效地对子网路由提供支持。

2. 抑制接口是只接收路由更新信息，但不进行路由更新信息发送的接口。如果路由器的某个接口所连接的为非三层设备，如二层交换机或终端，则需要将该接口设置为抑制接口，以避免不必要的路由更新信息的发送。

3. 环回(Loopback)接口是虚拟的接口，它默认并且总是处于开启状态。因此，环回接口一般被用作管理接口，网络管理员通过环回接口的 IP 地址进行远程登录对路由器进行管理。另外，环回接口还在某些动态路由选择协议中作为路由器 ID 出现。

4. RIPv2 的路由汇总只能将子网汇总到主类网络的边缘，无法进行超网的汇总。

5. RIPv2 支持明文认证和 MD5 认证两种认证方法，其中 MD5 认证方式更加安全，因为在明文认证中，认证密钥以明文的方式在网络中传递；而在 MD5 认证中则不会以明文的方式传递密钥。

6. OSPF 接口有 7 种状态，分别是 Down 状态、Init 状态、Two-Way 状态、Exstart 状态、Exchange 状态、Loading 状态和 Full Adjacency 状态。

在 Down 状态下收到第一个 Hello 数据包时，接口进入 Init 状态，在 Init 状态中当路由器看到自己的路由器 ID 出现在一台邻居路由器发送来的 Hello 数据包中时，则与对方进入 Two-Way 状态；在 Two-Way 状态，通过 Hello 数据包协商主从关系，进入 Exstart 状态，决定由谁发起链路状态信息的交换过程；协商确定后，进入 Exchange 状态进行 DBD 数据包的交互；在路由器发现接收的信息中有自己未知的链路信息时进入 Loading 状态，在 Loading 状态下进行 LSR、LSU 和 LSAck 等数据包的交互，一旦交互结束，进入 Full Adjacency 状态。

7. 在多路访问型网络中，可能有多台路由器连接到一个 IP 网段中，如果每一台路由器都与所有其他路由器建立毗邻关系，开销将会变得很大。而通过 DR 和 BDR 的选举，使 DROther 只需要和 DR、BDR 建立毗邻关系，有效减少了毗邻关系的数量，提高了 OSPF 的运行效率。

在点到点网络中，由于仅有两台连接的路由器，因此直接在两台连接的路由器之间建立毗邻关系即可，不需要进行 DR 和 BDR 的选举。

8. 在多区域 OSPF 中，常用的 LSA 有 6 种类型。路由器 LSA 和网络 LSA 只能在本区域内进行扩散；网络汇总 LSA 和 ASBR 汇总 LSA 均由 ABR 产生，并通过主干区域扩散到其他的区域边界路由器；自治系统外部 LSA 在非末梢的区域中进行扩散；次末梢区域外部 LSA 仅在产生这个 LSA 的次末梢区域内部进行扩散。

9. 末梢区域是指只有一个出口的区域，又称为存根区域。由于区域只有一个出口，因此去往其他区域只需要使用默认路由即可，而没有必要在区域中扩散去往其他区域网络的路由。通过引入末梢区域，阻止了类型 4、类型 5 甚至于类型 3 的 LSA，有效减少了 OSPF 路由计算的工作量，提高了 OSPF 的运行效率。

10. 引入到 OSPF 中的路由有两种类型，其中 E1 类型的度量值是外部路径开销加上数据包所经过的各链路的开销；而 E2 类型的度量值只分配了外部路径开销。默认采用 E2 类型。

11. VRRP 通过将多台路由器加入到一个备份组中，形成一台虚拟路由器，而在 VRRP 备份组内部只要有一台物理路由器能够正常运行，虚拟路由器即可正常运行，从而保障了网关设备的可靠性。

12. 在 VRRP 中选举 Master 路由器的依据是优先级，优先级的数值越大表明其优先级越高，因此可以通过为备份组中的路由器配置不同的优先级值来控制 Master 路由器的选举。

13. 在进行 VRRP 配置的网络中，在网关设备的上游设备上必须存在去往目的网络的两条或多条等价路由，即无论通过备份组中的哪一台物理路由器均可到达目的网络。

14. 在 VRRP 中，被监视的接口出现故障时，路由器主动降低自己的优先级，使得备份组内其他路由器的优先级高于该路由器，从而触发 VRRP 的重新选举，产生新的 Master 路由器负责提供路由服务，因此通过监视连接上行链路的接口可以有效避免由于上行接口故障而导致的网络通信中断。

第 5 章

1. CISCO HDLC 帧在标准 HDLC 帧结构的基础上增加了一个用于指示网络协议的字段以标识帧中封装的上层协议类型，该字段为 2 个字节。

2. HDLC 在应用上的局限性主要表现为 HDLC 只支持点到点链路，不能提供对点到多点链路的支持，而且 HDLC 不提供认证的功能，无法对对端的设备进行身份鉴别。

3. 在 PPP 协议中，LCP 用来建立、配置和测试数据链路连接；NCP 则用来对不同的网络层协议提供支持。

4. PAP 通过两次握手来对远程节点进行验证，在链路建立后，远程节点将不停地在链路上反复发送自己进行 PAP 认证的用户名和密码，直到身份验证通过或者连接被终止。

在 PAP 验证中，密码在链路上是以明文的方式进行传输，而且由于有远程节点来控制验证重试的频率和次数，因此不能够防止再生攻击和重复的尝试攻击。

5. CHAP 使用 3 次握手来启动一条链路并周期性地验证远程节点。其具体验证过程如下：在链路建立后，由中心路由器发送一个质询消息到远程节点，质询消息中包含了一个 ID、一个随机数以及中心路由器的名称。远程节点基于 ID、随机数以及通过中心路由器的名称查找到的密码计算出一个单向哈希函数，并把它放到 CHAP 回应中，回应的 ID 直接从质询消息中复制过来。质询方接收到回应后，通过 ID 找出原始的质询消息，基于 ID、原始质询消息的随机数和通过远程节点名称查找到的密码计算出一个单向哈希函数，如果计算出的结果与收到的回应中的数值一致，则验证成功。

第 6 章

1. IEEE 802.11b/g 在中国一共开放了 13 个信道，可以提供 3 个互不干扰的信道，一般建议采用 1、6 和 11 这 3 个互不干扰的信道来进行覆盖。

2. IEEE 802.11n 包含了 2.4GHz 和 5GHz 两个工作频段，使其可以向下与 IEEE 802.11a/b/g 兼容。

3. 无线关联的建立需要经过扫描（Scanning）、认证（Authentication）和关联（Association）3 个步骤。在这 3 个步骤中会涉及 3 种不同类型的帧，其中管理帧负责工作站和 AP 之间的能力级的交互，包括认证、关联等管理工作；控制帧作为控制报文用来协助数据帧的收发；而数据帧用来传输用户的业务数据。

4. AP 按照其功能的区别可以分为 Fat AP 和 Fit AP 两种，其中 Fat AP 具有完整的无线功能，可以独立工作，适合于规模较小且对管理和漫游要求都较低的无线网络的部署；Fit AP 只提供可靠的、高性能的射频功能，而由无线控制器来对其进行管理，"无线控制器+Fit AP"适合于较大规模的无线网络的部署。

5. 全向天线是指在水平方向上 360°均匀辐射的天线，它在水平面的各个方向上辐射的能量一样大。理想的全向天线称为各向同性天线，即三维立体空间中的全向，它是一个点源天线，其能量辐射是一个规则的球体，且同一球面上所有点的电磁波辐射强度均相同。而实际中的全向天线一般只是在水平方向上的全向。

6. 定向天线利用反射板把能量的辐射控制在单侧方向上，从而形成一个扇形覆盖区域，定向天线在水平方向图上表现为一定角度范围的辐射。

7. 无线网络勘测设计的总体原则是蜂窝式覆盖原则，采用该原则的目的是实现任意覆盖区域无相同信道干扰的无线部署。

8. WEP 的认证是进行无线链路的接入认证，而 WPA/WPA2 的认证是对用户接入进行基于端口的认证。

第 7 章

1. H3C 设备共有 4 个不同的运行级别，分别如下。

（1）访问级：可执行包括网络诊断工具命令（如 ping、tracert）、从本设备出发访问外部设备的命令（如 telnet）等。

（2）监控级：该级别用于系统维护、业务故障诊断等，可执行 display、debugging 等命令。

（3）系统级：该级别用于执行业务配置命令，包括各个层次网络协议的配置命令等。

（4）管理级：该级别可执行关系到系统基本运行、系统支撑模块的命令，包括文件系统、FTP、TFTP、配置文件切换命令、电源控制命令、背板控制命令、用户管理命令、级别设置命令、系统内部参数设置命令等。

2. 在 H3C 设备上存在 4 种不同的文件系统类型，分别是 BootWare 程序文件、应用程序文件、配置文件和日志文件。

3. 首先，通过 ftp server enable 命令启用路由器的 FTP 服务；然后需要为客户端登录 FTP 服务器创建一个用户，将其运行级别设定为管理级，为其创建密码并指定其服务类型为 FTP。配置完成后，在 FTP 客户端主机上登录路由器即可进行配置文件的备份和恢复。

4. 首先在一台主机上安装 TFTP 服务器软件来作为 TFTP 服务器，然后在路由器上使用 TFTP 命令登录到服务器上进行配置文件的备份和恢复。

5. 远程登录网络设备有密码验证方式和用户名/密码验证方式,其中密码验证方式在 VTP 视图下为远程登录用户配置密码即可,而用户名/密码验证方式则需要在系统视图下为远程登录用户配置用户名和密码以及其服务类型。

6. super 命令可以为不同的运行级别设置密码,从而实现用户从低级别到高级别的切换。

附录 B

BGP 协议介绍

路由选择协议根据其适用环境可以分为内部网关协议（Internal Gateway Protocol，IGP）和外部网关协议（Exterior Gateway Protocol，EGP）。内部网关协议一般运行于企业网络的内部，而外部网关协议一般用于在不同的自治系统之间，如 ISP 之间或客户自治系统和 ISP 网络之间交换路由信息。目前最常用的外部网关协议为第 4 版边界网关协议（Border Gateway Protocol，BGP）。本附录将对 BGP4 进行介绍。

B.1 自治系统

自治系统（Autonomous System，AS）是指在共同管理之下并遵守共同的路由策略的一组网络的集合。互联网络是由一些较小的、独立的网络联合起来组成的，且每一个小网络都由不同的组织机构拥有和管理，都有自己的路由和安全策略，这种小网络就构成了一个自治系统。自治系统实际上就是一组共享相同的路由策略并在单一管理域中运行的路由器。在同一个自治系统中路由器可能运行着单一的内部网关协议，也可能运行着不同的内部网关协议。但是不管哪种情况，外部世界都将整个 AS 看作是一个实体。

为唯一标识一个自治系统，Internet 地址授权委员会（IANA）为每一个自治系统分配了一个编号。AS 编号是一个 16b 的数字，取值范围是 1~65535，其中范围在 64512~65535 的 AS 编号属于私有编号，类似于私有 IP 地址。服务提供商可以为其客户组织机构分配一个私有 AS 编号，该编号只能出现在该服务提供商的网络中，而在从该网络外出时将会被服务提供商的合法 AS 编号替换，类似于 NAT。

根据自治系统的出口数量以及自治系统内传输的数据流类型可以将自治系统分为单宿主自治系统、多宿主非渡越自治系统和多宿主渡越自治系统。

B.1.1 单宿主自治系统

如果一个自治系统到外部网络只有一个出口，该自治系统即为单宿主自治系统。单宿主自治系统实际上就是一个存根网络。对于单宿主自治系统，可以使用一条默认路由来处理所有去往外部网络的数据流。

B.1.2 多宿主非渡越自治系统

多宿主非渡越自治系统拥有到达外部网络的多个出口（这多个出口可能是到达同一

个服务提供商,也可能是到达不同的服务提供商),并且不允许渡越数据流穿过。一个自治系统中的数据流可分为本地数据流和渡越数据流。本地数据流起始或终止于该自治系统,即其信源 IP 地址或信宿 IP 地址所指定的主机位于该自治系统中;渡越数据流则是信源和信宿均在该自治系统之外的数据流。

多宿主非渡越自治系统只将它自己的路由通告给它所连接的服务提供商,而不会将从某个服务提供商处学习到的路由通告给其他的服务提供商,从而确保自身不会被作为两个或多个服务提供商之间的通路。

B.1.3 多宿主渡越自治系统

多宿主渡越自治系统不但拥有到达外部网络的多个出口,而且允许渡越数据流穿过。多宿主渡越自治系统通过在内部运行 BGP 使该 AS 中的多台边界路由器能够共享 BGP 信息,从而可以转发渡越数据流。当 BGP 在一个自治系统内运行时,它被称为内部 BGP(IBGP);当 BGP 运行在自治系统之间时,它被称为外部 BGP(EBGP)。如果一台路由器用来转发 IBGP 数据流,则该路由器被称为渡越路由器。

实际在很多情况下,并不需要使用 BGP,例如在单宿主自治系统和多宿主非渡越自治系统中,通过使用静态路由和默认路由就可以实现连通性。

B.2 边界网关协议

B.2.1 BGP 简介

引入 BGP 的主要目的就是提供自治系统之间的路由信息的交换,实现自治系统间无环路的路由选择,其中 BGP4 提供了对 CIDR 和 VLSM 的支持。与 IGP 使用度量值进行路由决策不同的是,BGP 是一种基于策略的路由选择协议,其使 AS 能够根据各种 BGP 路径的属性来控制数据流的传输。

BGP 的路由更新由 TCP 协议承载,使用的端口号是 179。BGP 是唯一一个使用 TCP 作为其传输层协议的 IP 路由选择协议。OSPF、IGRP、EIGRP 都是直接工作在网络层上的,而 RIP 在传输层使用的是 UDP 协议。BGP 路由器在交换路由更新之前必须首先协商建立 TCP 连接。当两台路由器之间建立了一条基于 TCP 的 BGP 连接之后,就称它们为邻居或对等体,运行 BGP 的每台路由器都称为 BGP 发言者。在连接建立之后,BGP 对等体交换整个 BGP 路由表,在此之后,只是在网络信息发生变化时才发送增量路由更新。

在这里需要注意的是,BGP 拥有独立的 BGP 路由表,且在 BGP 路由表中保存有路由表版本号,如果路由表发生了变化,BGP 就增加路由表的版本号码,快速增长的路由表版本号通常表明网络中存在着不稳定因素或者配置有错误。

在 BGP 中,当路由器建立邻接关系之后,对等体之间交换彼此的 BGP 路由,路由器从每个与之建立邻接关系的路由器那里搜集路由,并将其加入到 BGP 路由表中。然后使用 BGP 路由选择进程从 BGP 路由表中选择前往每个网络的最佳路径,并将其提供给 IP 路由选择表。接着路由器将提供的 BGP 路由与 IP 路由表中的前往同一目的网络的其他路径进行比较,并且根据管理距离判断是否将其添加到 IP 路由表中。EBGP 路由的管理距离为 20，IBGP 路由的管理距离为 200。

1. BGP 消息类型

BGP 定义了四种消息类型，不同的消息类型在 BGP 操作中充当不同的角色，不管是哪一种消息类型，都包含了 BGP 消息报头。BGP 消息报头只含有三个字段：16 字节的标记字段，用于认证进入的 BGP 消息或检测两个 BGP 对等体之间同步的丢失；2 字节的长度字段，用于指示 BGP 消息的总长度，包括报头的长度；1 字节的类型字段，类型字段有从 1 到 4 四个可能的值，每一个值对应一种 BGP 消息类型。最小的 BGP 消息长度为 19 字节(16+2+1)，最大的 BGP 消息长度为 4096 字节。

(1) 发起连接(Open)消息

发起连接消息用于和对等体进行一些参数的协商。它含有的字段有以下几种。

BGP 版本号码：使用两台路由器都支持的最高版本号码，目前使用的最新版本为 BGP4。

AS 编号：本地路由器的 AS 编号。对端路由器验证该信息，如果不是预期的 AS 编号，BGP 会话将被拆除。

保持时间(Hold Time)：发送方成功接收两个连续的 KeepAlive 和 Update 消息之间等待的最长时间，单位为 s。在接收到发起连接消息后，路由器重新设置保持时间计时器的值，并将其设置为自己配置的保持时间和它接收到的发起连接消息中的保持时间中较小的那个。

路由器 ID：发送端的 BGP 路由器 ID。BGP 路由器 ID 的选择方法和 OSPF 的路由器 ID 的选择方法相同。

(2) 存活保持(KeepAlive)消息

存活保持消息在对等体之间周期性地发送，用于维持 BGP 连接。存活保持消息是 19 字节的 BGP 消息报头，没有数据字段，它们对于带宽和路由器 CPU 时间的占用往往可以忽略不计。建议的存活保持消息的发送周期是保持时间间隔的 1/3，如果协商的保持时间间隔的值为 0，则不再周期性地发送存活保持消息。默认情况下，BGP 每 60s 钟发送一次存活保持消息。

(3) 通知(Notification)消息

通知消息用于通告路由器的错误，当 BGP 的通知消息发送后，BGP 连接立即被关闭。通知消息中包含一个错误代码和错误的子代码，以及相关的错误数据。

(4) 更新(Update)消息

更新消息用于在对等体之间发送路由更新。BGP 的更新消息中只包含一条路径信息，而多条路径需要多个更新消息，因此更新消息中的所有属性都是关于一条路径的。更新消息包含下面的字段。

路径属性：包括 AS 路径、起源、下一跳、本地优先级等属性，用于进行 BGP 的路由决策。

网络层可达性信息(NLRI)：包含了通过该路径可达的 IP 地址前缀的列表。使用二元组<长度，前缀>来表示，其中前缀代表可以到达的目的地，长度代表子网掩码中被置位的比特数目。例如<26,202.207.122.128>代表了网络：202.207.122.128 255.255.255.192。

被撤销路由：包含了要撤销的路由的 IP 地址前缀的列表，与网络层可达性信息格式相同。如果要撤销某一条路由，需要使用一条不含有网络层可达性信息和路径属性信息的更新消息来仅仅通告将要被撤销的路由。

2. BGP 邻居关系协商

BGP 的邻居关系协商过程经历几个不同的状态或阶段，可以使用有限状态机（Finite-State Machine, FSM）来描述。有限状态机是一种抽象的机器，它定义了一组事物可能历经的状态、导致这些状态的事件以及这些状态可能产生的结果。BGP 的有限状态机如图 B-1 所示，它包含了 BGP 的状态和导致这些状态的一些消息事件。

（1）空闲（Idle）状态

空闲状态是 BGP 连接的第一个状态。在该状态，路由器拒绝所有的入方向的连接。当管理员启动或复位 BGP 进程的时候，路由器发起向所有邻居的连接，并侦听邻居所发起的连接，将状态改变成"连接（Connect）"。

若 BGP 的过程出现错误，路由器会从任何其他状态回退到空闲状态，并且路由器会试图重新发起连接并进入连接状态。当路由器因为错误回退到空闲状态时，它会起用一个连接重试（Connectretry）计时器，当该计时器由默认的 60s 减少到 0 的时候，路由器才会重新发起连

图 B-1　BGP 有限状态机

接。每次路由器因为错误回退到空闲状态，这个计时器的时间都会提高到上次时间的两倍。

（2）连接（Connect）状态

在连接状态，BGP 等待 TCP 连接完成。如果 TCP 连接成功，BGP 就清理它的连接重试计时器，发送 Open 消息给它的邻居，并进入到"Open 发送"状态。如果 TCP 连接失败，初始化连接重试计时器，进入"活动（Active）"状态，并尝试再次进行连接。如果连接重试计时器超时，BGP 将继续保持连接状态，复位连接重试计时器，并发起一条新的 TCP 连接。如果发生了错误事件，BGP 回退到空闲状态。

（3）活动（Active）状态

在活动状态，BGP 试图与邻居建立 TCP 连接，如果 TCP 连接成功，BGP 就清理它的连接重试计时器，发送 Open 消息给它的邻居，并进入到"Open 发送"状态。如果连接重试计时器超时，BGP 复位连接重试计时器，并回到连接状态。如果发生了其他事件，例如网络管理员发出了一个停止事件，BGP 回退到空闲状态。

如果一个邻居的状态总是在连接和活动状态之间不停的切换，说明 TCP 连接没有生效，可能是由于很多 TCP 重发或不能到达邻居的 IP 地址造成的。

（4）Open 发送（OpenSent）状态

在此状态，BGP 进程已经发送了 Open 消息，并等待来自邻居的 Open 消息。当收到一个 Open 消息时，所有的内容都将被检查。如果发现错误，路由器就发送一个通知消

息,并回退到空闲状态。如果没有错误发生,BGP 开始发送 KeepAlive 消息并复位 KeepAlive 计时器。在该阶段中,将协商保持时间,且在对等体间比较小的保持时间将被使用。如果所协商的保持时间间隔是 0,则保持时间计时器和 KeepAlive 计时器都不启动。

在此状态下,BGP 将通过把自己的 AS 编号与其邻居的 AS 编号相比较以确定连接类型是 IBGP 还是 EBGP,并将状态改变到"Open 确认"状态。

当检测到 TCP 连接终止时,将关闭 BGP 连接,并回退到活动状态。如果出现了任何其他错误,如保持计时器超时,则 BGP 发送相应的通知信息,并回退到空闲状态。

(5) Open 确认(OpenConfirm)状态

在 Open 确认状态,BGP 等待 KeepAlive 或通知信息。如果收到了 KeepAlive 信息,则 BGP 就进入连接建立状态,邻居关系协商完成。如果收到了通知信息,BGP 就回退到空闲状态。

(6) 连接建立(Established)状态

连接建立状态是邻居关系协商过程的最终状态。此时,BGP 与其邻居之间交换路由更新。如果收到路由更新消息或 KeepAlive 消息,保持时间计时器被复位。如果收到通知消息,BGP 就回退到空闲状态。

3. 路径属性

在 BGP 的路由更新消息中包含有路径属性,用来做路由决策。每条路由都有它自己的属性集,网络管理员用这些属性来执行路由策略。

在每条更新消息中都有一个长度可变的路径属性序列,其形式为<属性类型,属性长度,属性值>。虽然路径属性被广泛地应用于配置路由策略,但并不是所有的设备生产商对 BGP 的实施都支持相同的属性。对于路径属性可以分成如下 4 种不同的类型。

(1) 公认必遵

必须存在于 BGP 路由更新消息中的属性。它必须被所有的 BGP 实现所支持,如果缺少一个公认必遵属性,系统就会产生一条出错通知,用于确保所有的 BGP 实现都共同遵从标准的属性值。

(2) 公认自决

能被所有的 BGP 实现所识别的属性,但它可以在、也可以不在 BGP 路由更新消息中发送。

(3) 任选可传递

不一定被所有的 BGP 实现都支持的属性,但是不管 BGP 是否能识别该属性,都要接受它,并继续向下游通告该属性。

(4) 任选不可传递

不一定被所有的 BGP 实现都支持的属性,但是不管 BGP 是否能识别该属性,BGP 都不会将它传递给其他的邻居。

当前已经被定义的属性及其类型如表 B-1 所示。

表 B-1 BGP 属性及其类型

类型代码	属 性	属性类型
1	ORIGIN(起源)	公认必遵
2	AS_PATH(AS 路径)	公认必遵
3	NEXT_HOP(下一跳)	公认必遵
4	MULTI_EXIT_DISC(多出口鉴别)	任选不可传递
5	LOCAL_PREF(本地优先级)	公认自决
6	ATOMIC_AGGREGATE(原子汇总)	公认自决
7	AGGREGATOR(汇总子)	公认自决
8	COMMUNITY(团体字)	任选可传递(Cisco)
9	ORIGINATOR_ID(起源 ID)	任选可传递(Cisco)
10	CLUSTER_LIST(簇列表)	任选可传递(Cisco)
11	DPA(目的地优先级)	目的地选择(MCI)
12	ADVERTISER(通告者)	(Baynet)
13	RCID_PATH/CLUSTER_ID	(Baynet)
255	Reserved(保留用)	—

B.2.2 BGP 配置

BGP 的配置命令与 IGP 类似,但是命令的功能却大不相同,基本的配置如下。

[H3C]bgp *as-number*
[H3C-bgp]peer *ip-address* as-number *as-number*
[H3C-bgp]network *ip-address* [*mask*|*mask-length*]

首先,通过 bgp 命令启动 BGP 进程,并指定本路由器所在自治系统的编号。需要注意的是,在同一时间只允许运行一个 BGP 进程。因此,一台路由器不能属于一个以上的自治系统。

network 命令用于告诉 BGP 进程通告哪些本地所学到的网络。注意此命令的功能与 IGP 中 network 命令的区别。在 IGP 中,network 命令一方面指定发送和接收路由更新的接口;另一方面告诉路由进程通告哪些直连网络。而在 BGP 中,network 命令与 BGP 在哪些接口上运行无关,它只是指定通告哪些网络,而且被通告的网络不要求必须是直连路由,可以是静态路由或者通过 IGP 所学到的路由。实际上,通过 network 命令通告通过 IGP 所学到的路由相当于将 IGP 的路由重分布到了 BGP 中。

由于 network 命令并不指定接口,因此要让两台 BGP 路由器之间建立邻居关系就需要使用 peer 命令来实现。peer 命令指定了邻居路由器的接口 IP 地址以及邻居路由器所在的自治系统编号。需要注意的是,路由器从邻居路由器接收到的消息中的源 IP 地址必须与本路由器 peer 命令中指定的地址相同,否则两者之间就无法建立邻居关系。

假设存在如图 B-2 所示的网络,在自治系统 200 中运行 IGP 协议 RIPv2,并对 3 个路由器进行 BGP 配置,以实现自治系统间的路由。

路由器 RTA 的配置如下。

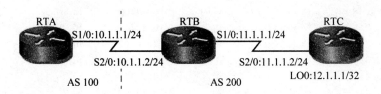

图 B-2　BGP 配置

[RTA]bgp 100
[RTA-bgp]peer 10.1.1.2 as-number 200
[RTA-bgp]network 10.1.1.0/24

路由器 RTB 的配置如下。

[RTB]rip
[RTB-rip-1]version 2
[RTB-rip-1]undo summary
[RTB-rip-1]network 11.0.0.0
[RTB-rip-1]quit
[RTB]bgp 200
[RTB-bgp]peer 10.1.1.1 as-number 100
[RTB-bgp]peer 11.1.1.2 as-number 200
[RTB-bgp]network 10.1.1.0/24
[RTB-bgp]network 11.1.1.0/24
[RTB-bgp]network 12.1.1.1/32

注意：在路由器 RTB 的 BGP 配置中，命令 network 12.1.1.1 32 通告的网络并不是由路由器 RTB 直连，而是通过内部网关协议 RIPv2 所学习到的路由。

路由器 RTC 的配置如下。

[RTC]rip
[RTC-rip-1]version 2
[RTC-rip-1]undo summary
[RTC-rip-1]network 11.0.0.0
[RTC-rip-1]network 12.0.0.0
[RTC-rip-1]quit
[RTC]bgp 200
[RTC-bgp]peer 11.1.1.1 as-number 200

在路由器 RTC 的 BGP 配置中，并没有使用 network 命令，因为相邻路由器 RTB 已经通过内部网关协议 RIPv2 学习到了去往网络 12.1.1.0/24 的路由，即使在 BGP 中进行通告，在路由器 RTB 的 IP 路由表中依然选择从 RIPv2 学习到的路由。这是由不同路由选择协议的管理距离所决定的。

配置完成后，在路由器 RTA 上执行 display ip routing-table 命令，显示结果如下。

[RTA]display ip routing-table
Routing Tables: Public
　　　　Destinations : 6　　　　Routes : 6

Destination/Mask	Proto	Pre	Cost	NextHop	Interface
10.1.1.0/24	Direct	0	0	10.1.1.1	S1/0
10.1.1.1/32	Direct	0	0	127.0.0.1	InLoop0
10.1.1.2/32	Direct	0	0	10.1.1.2	S1/0
11.1.1.0/24	BGP	255	0	10.1.1.2	S1/0
12.1.1.1/32	BGP	255	1	10.1.1.2	S1/0
127.0.0.0/8	Direct	0	0	127.0.0.1	InLoop0
127.0.0.1/32	Direct	0	0	127.0.0.1	InLoop0

从上面的显示结果可以看出，在路由器 RTA 的路由选择表中存在两条通过 BGP 学习到的路由，其优先级为 255。

在路由器 RTC 上执行 display ip routing-table 命令，显示结果如下。

[RTC]display ip routing-table
Routing Tables: Public
        Destinations : 7   Routes : 7

Destination/Mask	Proto	Pre	Cost	NextHop	Interface
10.1.1.0/24	BGP	255	0	11.1.1.1	S2/0
11.1.1.0/24	Direct	0	0	11.1.1.2	S2/0
11.1.1.1/32	Direct	0	0	11.1.1.1	S2/0
11.1.1.2/32	Direct	0	0	127.0.0.1	InLoop0
12.1.1.1/32	Direct	0	0	127.0.0.1	InLoop0
127.0.0.0/8	Direct	0	0	127.0.0.1	InLoop0
127.0.0.1/32	Direct	0	0	127.0.0.1	InLoop0

从上面的显示结果可以看到一条从 BGP 学习到的路由，其优先级为 255。

实际上，BGP 还拥有单独的路由表，查看 BGP 路由表的命令是 display bgp routing-table。在路由器 RTA 上通过 display bgp routing-table 命令查看 BGP 路由表，显示结果如下。

[RTA]display bgp routing-table

Total Number of Routes: 4

BGP Local router ID is 10.1.1.1
Status codes: * - valid, ^ - VPN best, > - best, d - damped,
              h - history, i - internal, s - suppressed, S - Stale
            Origin : i - IGP, e - EGP, ? - incomplete

	Network	NextHop	MED	LocPrf	PrefVal	Path/Ogn
*>	10.1.1.0/24	0.0.0.0	0		0	i
*		10.1.1.2	0		0	200i
*>	11.1.1.0/24	10.1.1.2	0		0	200i
*>	12.1.1.1/32	10.1.1.2	1		0	200i

在路由器 RTC 上通过 display bgp routing-table 命令查看 BGP 路由表，显示结果如下。

```
[RTC]display bgp routing-table

Total Number of Routes: 3

BGP Local router ID is 12.1.1.1
Status codes: * - valid, ^ - VPN best, > - best, d - damped,
              h - history,  i - internal, s - suppressed, S - Stale
              Origin : i - IGP, e - EGP, ? - incomplete

     Network          NextHop         MED       LocPrf     PrefVal    Path/Ogn
  *>i 10.1.1.0/24     11.1.1.1        0         100        0          i
  *  i 11.1.1.0/24    11.1.1.1        0         100        0          i
  *  i 12.1.1.1/32    11.1.1.1        1         100        0          i
```

在上面的显示结果中，*表示下一跳是合法的；>表示该路由为 BGP 选择出的前往某个网络的最佳路径，它会被提交给 IP 路由选择表。第三列如果为空，表示 BGP 是从外部对等体学到的路由；第三列如果为 i，表示该路由是由 IBGP 邻居通告的。在 Path 属性中，包含了路径中的 AS 顺序，从左至右，第一个列出的 AS 是通告该网络的邻居 AS，最后一个 AS 是该网络的始发 AS。最后一列表示路由是如何装载到始发路由器的 BGP 中的，如果是 i，表示始发路由器通过一个 network 命令将网络注入 BGP 中；如果是 e，表示始发路由器通过 EGP 学习到该网络，EGP 是 BGP 的前身；如果是?，表示 BGP 不能明确地核实网络的有效性，网络有可能是被 IGP 重分布到 BGP 中的。

B.2.3 EBGP 和 IBGP

EBGP 指在自治系统之间运行的 BGP，IBGP 指在同一个自治系统内部运行的 BGP。在 BGP 的配置过程中，如果在 bgp 命令中所配置的自治系统编号与 peer 命令中所配置的自治系统编号相同，BGP 就会发起 IBGP 会话连接；如果不同，则发起 EBGP 会话连接。

BGP 需要在对等体之间建立 TCP 连接。对于 EBGP 而言，它的邻居是一个位于当前自治系统外的路由器，在它们之间不能运行 IGP 协议，因此在 neighbor 命令中指定的邻居 IP 地址必须是无须通过 IGP 就可以到达的。通常 EBGP 邻居路由器直接相连。对于 IBGP 而言，运行 IBGP 的路由器不要求相互之间直接连接，只要它们之间能够彼此到达对方实现 TCP 握手进而建立 IBGP 邻接关系即可。可以是直接相连，也可以是通过静态路由或者 IGP 路由可以到达。

但是，为什么要在一个自治系统内部使用 BGP 呢？

BGP 的引入实际上是为了实现自治系统之间的路由，而对于自治系统内部则通过 IGP 来实现。对于渡越自治系统而言，它的路由流量从一个外部自治系统到另一个外部自治系统，这就要求该自治系统内的所有路由器必须都知道完整的外部路由信息，解决方式之一就是在边界路由器上将 BGP 路由重分布到 IGP 中，此时就涉及了同步（Synchronization）的问题。BGP 同步规则规定：BGP 路由器不能使用从 IBGP 那里学到的路由或将该路由通告给外部邻居，除非该路由是本地的或是从 IGP 学到的。也就是说，BGP 和 IGP 必须同步后才能使用从 IBGP 邻居那里学到的路由。当一个自治系统为另一个自治系统提供渡越时,只有当本地自治系统中的所有的路由器都通过 IGP 学习到该条路由信息后,BGP 才能向外发送该条路由信息。当路由器从 IBGP 收到一条路由更新信息时,在转发给其他 EBGP 对等体转之前,路由器会对同步性进行验证。只有 IGP 认识这个更新的目的时(即 IGP 路由表中有相应的条目),路由器才会将其通过 EBGP 转发;否则,路由器不会转发该更新信息。同步规则的主要目的是确保自治系统内路由信息的一致性,防止出现路由黑洞。但是随着 Internet 的增长,需要重分布到 IGP 中的 BGP 路由变得非常庞大。因此,将 BGP 重分布到 IGP 中已经不是一个可扩展的获悉网络的方式。

另一种解决方式就是在自治系统内运行全互联的 IBGP。在这种方式下,不再需要同步规则。IBGP 的目的就是在自治系统内交换 BGP 路由信息,使自治系统内所有的路由器拥有相同的关于外部自治系统的 BGP 信息,维护自治系统内部的连通性。为避免出现路由环路,BGP 规定通过 IBGP 学习到的路由不能传递给其他的 IBGP 对等体。这样一来,通过 EBGP 学习到的路由会通告给所有的 BGP 对等体,包括 EBGP 对等体和 IBGP 对等体;而通过 IBGP 学习到的路由只会传递给 EBGP 对等体(如果启用了同步,还需要首先验证同步性),不能传递给 IBGP 对等体。为使 IBGP 路由器能够学习到自治系统内的所有 BGP 路由,使之拥有一致的路由策略,就必须实现 IBGP 的全互联。在运行全互联 IBGP 的自治系统中,所有的 IBGP 路由器拥有相同的 BGP 路由表。这是因为在 BGP 看来自治系统是一个整体,路由信息在通过 IBGP 链路时不会发生改变;只有通过 EBGP 链路时才会变化。因此,在一个自治系统中所有的 IBGP 路由器运行着相同的 BGP 路由表,使用相同的路径选择机制,使穿越自治系统的路径保持一致,避免路由环路的发生。

1. IBGP 全互联

IBGP 的全互联要求运行 IBGP 的路由器与自治系统内的所有的其他 IBGP 路由器建立邻居关系。在如图 B-3 所示的网络中,路由器 RTA 不但要和路由器 RTB、RTC 建立邻居关系,而且还要和路由器 RTD 建立邻居关系。但是在路由器 RTA 上配置与路由器 RTD 之间的邻居关系的 peer 命令中,参数"邻居 IP 地址"应该使用 12.1.1.2 还是使用 13.1.1.2?

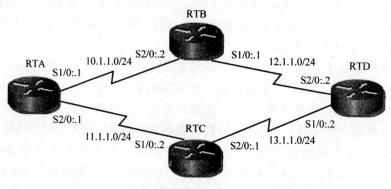

图 B-3 IBGP 全互联

假设使用 12.1.1.2,则在 RTA-RTB-RTD 链路出现问题时,路由器 RTD 发送的 BGP 消息将通过路由器 RTC 到达路由器 RTA,源 IP 地址为 13.1.1.2。当路由器 RTA 接收到 BGP 消息时,由于源地址 13.1.1.2 并没有在路由器 RTA 的 peer 命令中被指定为邻居,因此路由器 RTA 并不认可该分组。如果使用 13.1.1.2 也会存在同样的问题。因此,在路由器 RTA 和路由器 RTD 之间将无法建立稳定的 IBGP 邻居关系。

解决这一问题的方法是当 IBGP 邻居之间存在多条路径时,使用 Loopback 接口的 IP 地址建立 IBGP 会话。

在路由器 RTA 上配置 Loopback 接口地址 1.1.1.1/32,在路由器 RTD 上配置 Loopback 接口地址 4.4.4.4/32。然后进行 BGP 的配置,路由器 RTA 的配置如下。

[RTA]bgp 100
[RTA-bgp]peer 4.4.4.4 as-number 100
[RTA-bgp]peer 4.4.4.4 connect-interface Loopback 0

路由器 RTD 的配置如下。

[RTD]bgp 100
[RTD-bgp]peer 1.1.1.1 as-number 100
[RTD-bgp]peer 1.1.1.1 connect-interface Loopback 0

注意:在路由器 RTA 和 RTD 的配置中的第二条 peer 命令,connect-interface Loopback 0 用于修改发送出去的 BGP 消息的源地址为 Loopback 0 接口的地址。如果没有使用该命令,则通告到邻居的 BGP 分组使用外出接口作为源地址。另外,路由器 RTA 的 Loopback 0 接口和路由器 RTD 的 Loopback 0 接口之间必须是可达的,在本例中使用了 RIPv2 来实现它们之间的连通性,具体配置不再赘述。

配置完成后,在路由器 RTA 上通过 display bgp peer verbose 查看 BGP 连接的详细信息,显示结果如下。

[RTA]display bgp peer verbose

    Peer: 4.4.4.4   Local: 1.1.1.1
    Type: IBGP link
    BGP version 4, remote router ID 4.4.4.4
    BGP current state: Established, Up for 00h02m36s
    BGP current event: RecvKeepalive
    BGP last state: OpenConfirm
    Port: Local - 179   Remote - 3057
    Configured: Active Hold Time: 180 sec   Keepalive Time: 60 sec
    Received   : Active Hold Time: 180 sec
    Negotiated: Active Hold Time: 180 sec   Keepalive Time: 60 sec
    Peer optional capabilities:
    Peer support bgp multi-protocol extended
    Peer support bgp route refresh capability
    Peer support bgp route AS4 capability
    Address family IPv4 Unicast: advertised and received

```
Received: Total 4 messages, Update messages 0
Sent: Total 4 messages, Update messages 0
Maximum allowed prefix number: 4294967295
Threshold: 75%
Minimum time between advertisement runs is 15 seconds
Optional capabilities:
    Route refresh capability has been enabled
Connect-interface has been configured
Peer Preferred Value: 0

Routing policy configured:
No routing policy is configured
```

通过上面的显示结果可以看出,路由器 RTA 和路由器 RTB 之间处于连接已建立状态,属于内部连接,即 IBGP 连接,使用的 BGP 协议版本为 BGP4。显示结果中还包含了保持时间、KeepAlive 时间、使用端口以及消息的发送和接收等详细的信息。

一般建议在 IBGP 配置中使用 Loopback 接口来建立邻居关系,不仅仅是因为在 IBGP 邻居之间存在多条路径时作为建立邻居关系的一种解决方案,而且还因为 Loopback 接口总是处于 Up 状态。如果路由器使用另一台路由器上的某个物理接口的地址作为邻居地址,则当该接口 Shutdown 时,两台路由器之间的 BGP 会话将被中断,而使用 Loopback 接口就不会存在这种问题,从而提高了 BGP 的稳定性。

2. 多跳 EBGP

一般要求 EBGP 邻居之间必须是直连的,这是因为 EBGP 邻居处于不同的自治系统当中,在它们之间无法运行 IGP 协议。为确保 EBGP 邻居间的连通性,因此要求直连。但是在实际网络中,可能存在非直连的 EBGP 邻居,如图 B-4 所示,要求在路由器 RTA 和路由器 RTC 之间建立 EBGP 会话,中间间隔着非 BGP 路由器 RTB。

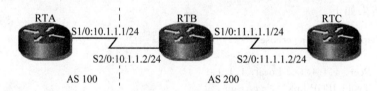

图 B-4 多跳 EBGP

要在路由器 RTA 和路由器 RTC 之间建立 EBGP 会话,首先它们之间必须是可达的,否则无法建立 TCP 连接。在本例中,通过静态路由来实现它们之间的连通性。路由器 RTA 的配置如下。

```
[RTA]ip route-static 11.1.1.0 24 10.1.1.2
[RTA]bgp 100
[RTA-bgp]peer 11.1.1.2 as-number 200
[RTA-bgp]peer 11.1.1.2 ebgp-max-hop
```

路由器 RTC 的配置如下。

```
[RTC]ip route-static 10.1.1.0 24 11.1.1.1
```

```
[RTC]bgp 200
[RTC-bgp]peer 10.1.1.1 as-number 100
[RTC-bgp]peer 10.1.1.1 ebgp-max-hop
```

注意：在路由器 RTA 和 RTC 的配置中的第二条 peer 命令。因为在默认情况下 EBGP 邻居之间是直连的，如果 EBGP 邻居之间不是直接连接的，必须要使用 ebgp-max-hop 来允许它们之间经过多跳来建立 TCP 连接。

配置完成后，在路由器 RTA 上通过 display bgp peer verbose 查看 BGP 连接的详细信息，显示结果如下。

```
[RTA]display bgp peer verbose

        Peer: 11.1.1.2    Local: 10.1.1.1
        Type: EBGP link
        BGP version 4, remote router ID 11.1.1.2
        BGP current state: Established, Up for 00h03m11s
        BGP current event: KATimerExpired
        BGP last state: OpenConfirm
        Port:  Local - 179      Remote - 3347
        Configured: Active Hold Time: 180 sec    Keepalive Time: 60 sec
        Received  : Active Hold Time: 180 sec
        Negotiated: Active Hold Time: 180 sec    Keepalive Time: 60 sec
        Peer optional capabilities:
        Peer support bgp multi-protocol extended
        Peer support bgp route refresh capability
        Peer support bgp route AS4 capability
        Address family IPv4 Unicast: advertised and received

 Received: Total 5 messages, Update messages 0
 Sent: Total 5 messages, Update messages 0
 Maximum allowed prefix number: 4294967295
 Threshold: 75%
 Minimum time between advertisement runs is 30 seconds
 Optional capabilities:
    Route refresh capability has been enabled
 Multi-hop ebgp been enabled
 Peer Preferred Value: 0

 Routing policy configured:
 No routing policy is configured
```

从上面的显示结果可以看出，路由器 RTA 和路由器 RTC 之间处于连接已建立状态，属于外部连接，即 EBGP 连接，使用的 BGP 协议版本为 BGP4，间隔的跳数为 2。

多跳 EBGP 使经济的自治系统边界路由器方案得以适应 BGP 环境。为了处理 BGP 路由选择，需要有一台具有大容量的 RAM 和强大计算能力的 CPU 的路由器，但是这台路由器不一定具有昂贵的模块和底层相关的系统。BGP 的多跳特性使支持 WAN 连接和支持 BGP 分离开。边界路由器只要能够提供足够的 WAN 接口来满足自治系统的连接需要即可，对 BGP 的支持可以使用另外一台非边界路由器来实现，从而降低了对边界路由器的性能需求。

B.2.4 BGP 路由进程模型

BGP 的实现是在一张与 IP 路由选择表相独立的 BGP 路由表中记录所有的 BGP 更新信息。如果存在到同一个目的地的多条路由，则 BGP 基于路径属性选出最佳路由。然后 BGP 将选出的最佳路由和本地产生的路由提交给路由引擎并放入 IP 路由选择表中，同时将其通告给自己的对等体。BGP 的路由进程模型如图 B-5 所示。

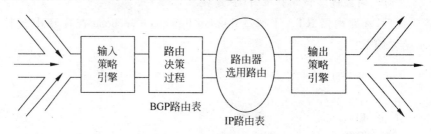

图 B-5　BGP 路由进程模型

1. 从对等体收到的路由

BGP 从外部或者内部对等体处收到的路由。这些路由会通过输入策略引擎的过滤和属性的控制修改，部分或全部进入到路由器的 BGP 路由表中。

2. 输入策略引擎

输入策略引擎用来进行路由的过滤和控制路由属性。输入策略引擎可以基于 IP 前缀、AS 路径等进行路由的过滤。另外，输入策略引擎还可以通过控制路径属性来影响 BGP 的路由决策过程。例如，如果给予某条路由的本地优先级比其他到同一目的网络路由的本地优先级高，就指示 BGP 应该优先于其他可用路由来选择这条路由。

3. 路由决策过程

通过输入策略引擎进入路由器的路由被放置到 BGP 路由表中。此时，路由决策过程查看到达同一目的地的所有可用的路由，通过比较每条路由的相关的路径属性，选择一条最佳路由。

4. 路由器选用的路由

路由决策过程确定的最佳路由以及本地产生的路由提交路由引擎并放入 IP 路由表中。然后 IP 路由表将 BGP 路由与 IP 路由表中的前往同一目的网络的其他路径进行比较，并且根据管理距离判断是否将其添加到 IP 路由表中。

5. 输出策略引擎

与输入策略引擎相同，但是应用在输出端。路由决策过程确定的最佳路由以及本地产生的路由被输入到该引擎中进行处理。例如，从 IBGP 接收到的路由不能被传递给下一个 IBGP 对等体。

6. 发送给对等体的路由

可以通过输出策略引擎的路由，被通告给内部或者外部的对等体。

附录 C

IPv6 基础知识介绍

随着互联网爆炸式的增长，IPv4 提供的地址空间正在被逐渐耗尽。为了缓解 IP 地址紧张的问题，在本书的第 2 章讨论了诸如无类别域间路由、可变长子网掩码以及动态主机配置协议等解决方案。但这些方案都只能是暂时缓解而并不能从根本上解决 IP 地址紧张的问题。而要从根本上解决问题，就必须扩大 IP 地址空间，即扩充 IP 地址的位数。IPv6 协议使用 128 位的地址来取代 32 位的 IPv4 地址，从而极大地扩充了 IP 地址的数量。IPv6 可以提供大约 3.4×10^{38}（即 340 万亿亿亿亿）个可用的地址，它所形成的巨大的地址空间能够为未来所有可以想象出的网络设备提供全球唯一的地址，而且基本上没有被耗尽的可能。

C.1 IPv6 编址

C.1.1 IPv6 地址表示方法

已知 IPv4 的地址采用点分十进制的方法来表示，而 IPv6 采用了冒号分隔的十六进制的表示方法。具体为将 IPv6 的 128 位地址分成 8 个 16 位的分组，每个分组用 4 位十六进制数来表示，且在 16 位的分组之间用冒号隔开，如 2001:0DB3:0100:2400:0000:0000:0540:9A6B 为一个完整的 IPv6 地址表示形式。可以看出，IPv6 的地址表示要比 IPv4 复杂的多，想要记住若干个 IPv6 地址几乎是不可能的，而且书写起来也比较费时。为了便于进行书写和记忆，IPv6 给出了两条缩短地址的指导性规则。

(1) IPv6 地址中每个 16 位分组的前导零可以省略，但每个分组至少要保留一位数字。

如 IPv6 地址 2001:0DB3:0100:2400:0000:0000:0540:9A6B 可以写成

2001:DB3:100:2400:0:0:540:9A6B

需要注意的是，只有前导零才可以省略，16 位分组中末尾的零不可以省略。如果省略掉末尾的零将会使 16 位分组的值变得不确定，因为无法确切地判断被省略的零的位置。

(2) 一个或多个全零的 16 位分组可以用双冒号"::"来表示，但在一个地址中只能出现一次。

同样是 IPv6 地址 2001:0DB3:0100:2400:0000:0000:0540:9A6B,还可以被简写成

2001:DB3:100:2400::540:9A6B

但是双冒号"::"绝对不能够在一个地址中出现多次,否则将会造成 IPv6 地址的指代不唯一。如 IPv6 地址 2001:0A05:0000:0000:0026:0000:0000:6A70,可以被表示为 2001:A05::26:0:0:6A70,也可以被表示为 2001:A05:0:0:26::6A70。但是绝对不能表示为 2001:A05::26::6A70,因为 2001:A05::26::6A70 可以表示成以下任何一个可能的 IPv6 地址:

2001:0A05:0000:0026:0000:0000:0000:6A70
2001:0A05:0000:0000:0026:0000:0000:6A70
2001:0A05:0000:0000:0000:0026:0000:6A70

另外,在 IPv6 和 IPv4 混合环境中,IPv6 地址经常采用将低 32 位使用点分十进制的表示方法,如 IPv6 地址 2001:DB3:100:2400::540:9A6B 可以写成

2001:DB3:100:2400::5.64.154.107

C.1.2 IPv6 报头格式

IPv6 的报头格式要比 IPv4 的报头格式简单很多,在 IPv4 的报头中共有 12 个基本报头字段,加上选项字段,长度为 20～60 字节(根据选项字段的扩展应用不同,长度有所区别,最短为 20 字节)。而在 IPv6 的报头中,去掉了 IPv4 报头中一些不常用的字段,并将其放到了扩展报头中。IPv6 的报头共有 8 个报头字段,长度固定为 40 字节,具体如图 C-1 所示。

	8	16	24	32
版本	流量类别	流标签		
有效载荷长度		下一报头	跳数限制	
源地址				
目的地址				

图 C-1 IPv6 报头格式

(1) 报头:与 IPv4 中的"版本"字段相同,用来表示 IP 协议的版本。长度为 4b,取值为 0110,表示 IP 协议的版本为 6。

(2) 流量类别:相当于 IPv4 协议报头中的"服务类型"字段,该字段用区分业务编码点标记一个 IPv6 数据包,以指出数据包应如何处理,长度为 8b。

(3) 流标签:IPv6 协议独有的字段,长度为 20b。该字段通过为特定的业务流打上

标签来区分不同的流,从而为不同的数据流提供相应的服务质量需求,或在负载均衡的应用中确保属于同一个流的数据包总能被转发到相同的路径上去。目前,关于该字段仍然存在争论,因此在路由器上该字段目前被忽略。

（4）有效载荷长度:用来指定IPv6数据包所封装的有效载荷的长度,长度为16b,以字节进行计数。在IPv4中,由于其报头长度是可变的,因此要想得到IPv4数据包的有效载荷长度,必须用总长度字段的值减去报头长度字段的值。而IPv6的报头长度固定为40字节,因此单从有效载荷长度字段就可以得到有效载荷的起始和结尾。

（5）下一报头:跟在该IPv6数据报头后面的报头,长度为8b。与IPv4协议报头中的"协议"字段类似,但在IPv6中下一报头字段并不一定是上层协议报头(如TCP、ICMP等),还有可能是一个扩展的头部(如提供分段、源路由选择、认证等功能)。

（6）跳数限制:与IPv4协议报头中的TTL字段完全相同,长度为8b。其定义了IPv6数据包在网络中所能经过的最大跳数。如果跳数限制的值减少为0,则该数据包将被丢弃。

（7）源地址:标识发送方的IPv6地址,长度为128b。

（8）目的地址:标识接收方的IPv6地址,长度为128b。

需要注意的是,由于上层协议通常携带有错误校验和恢复机制,因此在IPv6报头中,不再包含校验相关字段。

C.1.3 IPv6 地址类型

IPv6地址存在3种不同的类型:单播(Unicast)地址、任意播(Anycast)地址和多播(Multicast)地址。与IPv4的地址分类方法类似,IPv6也使用起始的一些二进制位的取值来区分不同的地址类型,具体如表C-1所示。

表 C-1 IPv6 地址类型

地 址 类 型	高位数字（二进制表示）	高位数字（十六进制表示）
不确定地址	00…0	::/128
环回地址	00…1	::1/128
多播地址	11111111	FF00::/8
本地链路地址	1111111010	FE80::/10
本地站点地址	1111111011	FEC0::/10
全球单播地址	001	2000::/3
保留地址（尚未分配）	其他所有地址	

需要注意的是,在IPv6中不再有广播地址,而是通过一个包含了"全部节点"的多播地址来实现类似IPv4中广播地址的功能。

1. 单播地址

单播地址用来表示单台设备。在IPv6中,单播地址可以分为以下几种。

（1）全球单播地址

全球单播地址是指该地址在全球范围内唯一。它一般可以通过向上聚合,最终到达

ISP。全球单播地址的格式如图 C-2 所示。

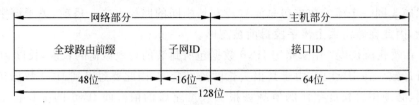

图 C-2　全球单播地址格式

全球单播地址通常由 48 位全球路由前缀、16 位子网 ID 和 64 位的接口 ID 组成。全球单播地址由 Internet 地址授权委员会（Internet Assigned Numbers Authority,IANA）进行分配,使用的地址段为 2000::/3,它占全部 IPv6 地址空间的 1/8,是最大的一块分配地址。实际上,目前 IANA 将 2001::/16 范围内的 IPv6 地址空间分配给了五家地区 Internet 注册机构（Regional Internet Registries,RIR）,而 RIR 通常会把长度为 /32 或 /35 的 IPv6 前缀分配给本地 Internet 注册机构（Local Internet Registries,LIR）,然后 LIR 再把更长的前缀（通常是 /48）分配给自己的客户。

IPv6 地址中的子网 ID 部分位于网络部分,而不像 IPv4 将子网 ID 放到主机部分中,这样可以使所有的 IPv6 地址的主机部分长度保持一致,从而简化了地址解析的复杂度。子网 ID 部分长度固定为 16 位,可以提供 65536 个不同的子网。使用固定长度的子网 ID 虽然会对地址造成一定的浪费,但是考虑到 IPv6 的地址空间的大小,这个浪费是可以接受的。

IPv6 地址中的主机部分称为接口 ID,如果一台主机拥有多个接口,则可以为每一个接口配置一个 IPv6 地址。事实上,一个接口也可以配置多个 IPv6 地址,而且接口 ID 部分长度固定为 64 位。

（2）本地单播地址

与全球单播地址相对应,本地单播地址只是对特定的链路或站点具有本地意义。本地单播地址根据其应用范围可以被分成两类。

① 本地站点地址。本地站点地址又称为地区本地单播地址,它的使用范围限定在一个地区或组织内部,仅保证在一个给定的地区或组织内部唯一,而在其他的地区或组织内的设备可以使用相同的地址。因此,本地站点地址仅在本区域内可路由,且其功能与 IPv4 中定义的私有 IP 地址类似使用的地址段是 FEC0::/10。

本地站点地址对于那些希望使用 NAT 技术维持自己网络独立于 ISP 的组织来说是非常有用的,但是由于本地站点地址在实际应用中存在一些问题,因此在 RFC3879 中已经明确不再赞成使用本地站点地址。

② 本地链路地址。本地链路地址又称为链路本地单播地址,它的使用范围限定在特定的物理链路上,仅保证在所在链路上唯一,而在其他链路上可以使用相同的地址。因此,本地链路地址离开其所在的链路是不可路由的。本地链路地址只是用于特定物理网段上的本地通信,如邻居发现等。使用的地址段是 FE80::/10。

当在一个节点上启用 IPv6 协议栈时,该节点的每个接口将自动配置一个本地链路地址。采用的方法是 MAC-to-EUI64 转换机制。在 MAC-to-EUI64 转换中,将在 48 位的 MAC 地址中间插入一个保留的 16 位数值 0xFFFE,并把其高字节的第七位,即全局/本地(Universal/Local,U/L)位设置为 1,从而获得一个 64 位的接口 ID,如图 C-3 所示。

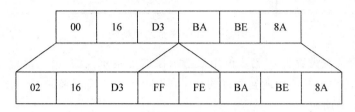

图 C-3　MAC-to-EUI64 转换

将 48 位的 MAC 地址 00-16-D3-BA-BE-8A 通过 MAC-to-EUI64 转换得到 64 位的接口 ID 为 0216:D3FF:FEBA:BE8A。然后将转换得到的接口 ID 加上本地链路地址的通用前缀 FE80::/64 就构成了一个完整的本地链路地址:FE80::0216:D3FF:FEBA:BE8A/64。

（3）环回地址

与 IPv4 的环回地址类似,用来向自身发送 IPv6 数据包来进行测试,且不能分配给任何物理接口。但与 IPv4 分配了一个地址块不同,在 IPv6 中,环回地址仅有一个,为单播地址 0:0:0:0:0:0:0:1/128,即::1/128。

（4）不确定地址

不确定地址用来标识一个还未确定的实际 IPv6 地址。如在初始化主机时,在主机尚未获得自己的地址以前,在主机发送的 IPv6 数据包源地址字段需要使用不确定地址。不确定地址为 0:0:0:0:0:0:0:0/128,即::/128。

2. 任意播地址

任意播地址又称为泛播地址。任意播是一种一到最近点的通信。一个任意播地址被分配给不同节点上的多个接口。目的地址为任意播地址的数据包被路由器从代价最低的路由送出,并到达任意播地址标识的接口之一。

任意播地址是根据其提供的服务功能来进行定义的,而不是根据它们的格式。从理论上说,任何一个 IPv6 单播地址都可以作为任意播地址来进行使用。要区分单播地址和任意播地址是不可能的。但实际上为了特定的用途,在每一个网段都保留了一个任意播地址,它由本网段的 64 位的单播前缀和全 0 的接口 ID 组成。该保留任意播地址也称为子网-路由器任意播地址。

3. 多播地址

多播地址用来标识一组接口(即一个多播组)。目的地址为多播地址的数据包将会被发送到该多播地址标识的所有接口,是一种一对多的通信。一个多播组可能只有一个接口,也可能包含该网络上的所有接口。当包含所有接口时,实际上就是广播。IPv6 多播地址使用的地址段是 FF00::/8,具体的地址格式如图 C-4 所示。

多播地址的最高 8 位是多播前缀,其取值为 8 位全 1,即 0xFF。多播前缀后跟的 4 位

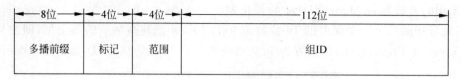

图 C-4　IPv6 多播地址格式

称为标记位,前 3 位设置为 0,第 4 位用来指示该地址是永久的、公认的地址(取值为 0),而且还是一个管理分配使用的暂时性的地址(取值为 1)。接下来的 4 位表示该地址的范围,具体如表 C-2 所示。

表 C-2　IPv6 多播地址的范围

范围字段的值	范围类型	范围字段的值	范围类型
0x0	保留	0x5	本地站点范围
0x1	本地接口范围	0x8	组织机构范围
0x2	本地链路范围	0xE	全球范围
0x3	本地子网范围	0xF	保留
0x4	本地管理范围		

最后的 112 位作为组 ID,用来标识不同的多播组。目前前面的 80 位为 0,只使用后面的 32 位。常用的多播地址如表 C-3 所示。

表 C-3　IPv6 常用多播地址

多播地址	多播组	多播地址	多播组
FF02::1	所有的节点	FF02::A	EIGRP 路由器
FF02::2	所有的路由器	FF02::B	移动代理
FF02::5	OSPFv3 路由器	FF02::C	DHCP 服务器/中继代理
FF02::6	OSPFv3 指定路由器	FF02::D	所有的 PIM 路由器
FF02::9	RIPng 路由器		

C.2　IPv6 配置

默认情况下,路由器的 Comware 禁止 IPv6 流量的转发。因此在作关于 IPv6 的配置之前,需要首先启用 IPv6 流量的转发功能,具体命令如下。

[H3C]ipv6

在启用了 IPv6 流量转发后,就可以作具体的接口和路由协议的配置了。

C.2.1　IPv6 地址配置

IPv6 地址可以静态的指定,也可以动态的获得。动态获得的方法包括无状态自动配置和基于 DHCPv6 的全状态自动配置,具体的实现方法在此不再讨论。静态指定的方法包括手动指定接口 ID 和 EUI-64 指定接口 ID。

1. 手动指定接口 ID

手动指定接口 ID 的方法是需要手动指定 IPv6 地址的前缀(网络部分)和接口 ID(主机部分),命令格式如下。

[H3C-Ethernet0/0]ipv6 address {*ipv6-address prefix-length*|*ipv6-address/prefix-length*}

例如,要给路由器的接口 Ethernet 0/0 配置 IPv6 地址 2001::1/64,具体配置命令如下。

[H3C]interface Ethernet 0/0
[H3C-Ethernet0/0]ipv6 address 2001::1/64

配置完成后,在路由器上运行 display ipv6 interface Ethernet 0/0 verbose 命令查看接口状态,显示结果如下。

[H3C]display ipv6 interface Ethernet 0/0 verbose
Ethernet 0/0 current state : UP
Line protocol current state : UP
IPv6 is enabled, link-local address is FE80::3EE5:A6FF:FE13:54B6
　Global unicast address(es):
　　2001::1, subnet is 2001::/64
　Joined group address(es):
　　FF02::1:FF00:0
　　FF02::1:FF00:1
　　FF02::1:FF13:54B6
　　FF02::2
　　FF02::1
　MTU is 1500 bytes
　ND DAD is enabled, number of DAD attempts: 1
　ND reachable time is 30000 milliseconds
　ND retransmit interval is 1000 milliseconds
　Hosts use stateless autoconfig for addresses
IPv6 Packet statistics:
　InReceives:　　　　　　　　　0
　InTooShorts:　　　　　　　　0
　InTruncatedPkts:　　　　　　0
--------output omitted--------

从上面的显示结果可以看出,在接口 FastEthernet 0/0 上配置了全球单播地址 2001::1/64,且系统自动配置本地链路地址 FE80::3EE5:A6FF:FE13:54B6。另外,在接口上会自动加入几个多播地址,包括表示本地链路所有节点的 FF02::1 和被请求节点多播地址 FF02::1:FF00:1 和 FF02::1:FF13:54B6 等。

2. EUI-64 指定接口 ID

EUI-64 指定接口 ID 的方法是手动指定 IPv6 地址的前缀(网络部分),并从设备的第二层 MAC 地址提取接口 ID(主机部分),命令格式如下。

[H3C-Ethernet0/0]ipv6 address *ipv6-address/prefix-length* eui-64

例如，要给路由器的接口 Ethernet 0/1 配置 IPv6 地址前缀为 2002::/64，通过 EUI-64 获得接口 ID，具体配置命令如下。

　　[H3C]interface Ethernet 0/1
　　[H3C-Ethernet0/1]ipv6 address 2002::/64 eui-64

配置完成后，在路由器上运行 display ipv6 interface Ethernet 0/0 verbose 命令查看接口状态，显示结果如下。

```
[H3C]display ipv6 interface Ethernet 0/1 verbose
Ethernet0/1 current state :UP
Line protocol current state :UP
IPv6 is enabled, link-local address is FE80::3EE5:A6FF:FE13:54B7
  Global unicast address(es):
    2002::3EE5:A6FF:FE13:54B7, subnet is 2002::/64
  Joined group address(es):
    FF02::1:FF00:0
    FF02::1:FF13:54B7
    FF02::2
    FF02::1
  MTU is 1500 bytes
  ND DAD is enabled, number of DAD attempts: 1
  ND reachable time is 30000 milliseconds
  ND retransmit interval is 1000 milliseconds
  Hosts use stateless autoconfig for addresses
IPv6 Packet statistics:
  InReceives:                  0
  InTooShorts:                 0
  InTruncatedPkts:             0
--------output omitted--------
```

从上面的显示结果可以看出，在接口 Ethernet 0/1 上配置的全球单播地址为 2002::3EE5:A6FF:FE13:54B7，其中接口 ID 部分是由 MAC 地址 3ce5-a613-54b7 通过 MAC-to-EUI64 转化而来。

C.2.2　IPv6 路由协议

IPv6 路由实现与 IPv4 上类似，在这里只简要介绍 RIPng 协议的实现。RIPng 协议是基于 RIPv2 的升级版协议，其原理与 RIPv2 相似，只不过提供了对于 IPv6 的支持。RIPng 协议的主要特点如下。

（1）RIPng 是距离矢量路由选择协议，跳数限制为 15。
（2）使用多播地址 FF02::9 作为路由更新的目的地址。
（3）在 UDP 端口 521 上发送路由更新信息。
（4）采用水平分割和毒性逆转更新来防止路由环路的产生。

1. RIPng 配置

RIPng 协议的配置涉及的命令如下。

[H3C]ripng [*process-id*]
[H3C-Ethernet0/0]ripng *process-id* enable

首先，创建 RIPng 进程；在 RIPng 中不再使用 network 命令来发布网络和指定参与路由的接口，而是通过在接口配置视图下使用 ripng *process-id* enable 命令在接口上启用 RIPng。其中，ripng *process-id* enable 命令中的 process-id 参数要求必须要和 ripng [*process-id*]命令中的 process-id 参数一致。

对于图 C-5 所示的网络，要求配置 RIPng 协议以实现不同网段之间的连通性。

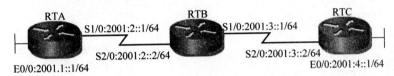

图 C-5　RIPng 配置

路由器 RTA 的配置如下。

[RTA]ipv6
[RTA]ripng 1
[RTA-ripng-1]quit
[RTA]interface Ethernet 0/0
[RTA-Ethernet0/0]ipv6 address 2001：1∷1/64
[RTA-Ethernet0/0]ripng 1 enable
[RTA-Ethernet0/0]quit
[RTA]interface Serial 1/0
[RTA-Serial1/0]ipv6 address 2001：2∷1/64
[RTA-Serial1/0]ripng 1 enable

路由器 RTB 的配置如下。

[RTB]ipv6
[RTB]ripng 1
[RTB-ripng-1]quit
[RTB]interface Serial 2/0
[RTB-Serial2/0]ipv6 address 2001：2∷2/64
[RTB-Serial2/0]ripng 1 enable
[RTB-Serial2/0]quit
[RTB]interface Serial 1/0
[RTB-Serial1/0]ipv6 address 2001：3∷1/64
[RTB-Serial1/0]ripng 1 enable

路由器 RTC 的配置如下。

[RTC]ipv6
[RTC]ripng 1
[RTC-ripng-1]quit
[RTC]interface Serial 2/0
[RTC-Serial2/0]ipv6 address 2001：3∷2/64
[RTC-Serial2/0]ripng 1 enable

```
[RTC-Serial2/0]quit
[RTC]interface Ethernet 0/0
[RTC-Ethernet0/0]ipv6 address 2001:4::1/64
[RTC-Ethernet0/0]ripng 1 enable
```

配置完成后,在路由器 RTA 上执行 display ipv6 routing-table 命令查看 IPv6 路由表显示结果如下。

```
[RTA]display ipv6 routing-table
Routing Table : Public
         Destinations : 8       Routes : 8

Destination: ::1/128                    Protocol  : Direct
NextHop    : ::1                        Preference: 0
Interface  : InLoop0                    Cost      : 0

Destination: 2001:1::/64                Protocol  : Direct
NextHop    : 2001:1::1                  Preference: 0
Interface  : Eth0/0                     Cost      : 0

Destination: 2001:1::1/128              Protocol  : Direct
NextHop    : ::1                        Preference: 0
Interface  : InLoop0                    Cost      : 0

Destination: 2001:2::/64                Protocol  : Direct
NextHop    : 2001:2::1                  Preference: 0
Interface  : S1/0                       Cost      : 0

Destination: 2001:2::1/128              Protocol  : Direct
NextHop    : ::1                        Preference: 0
Interface  : InLoop0                    Cost      : 0

Destination: 2001:3::/64                Protocol  : RIPng
NextHop    : FE80::7F75:B:3             Preference: 100
Interface  : S1/0                       Cost      : 1

Destination: 2001:4::/64                Protocol  : RIPng
NextHop    : FE80::7F75:B:3             Preference: 100
Interface  : S1/0                       Cost      : 2

Destination: FE80::/10                  Protocol  : Direct
NextHop    : ::                         Preference: 0
Interface  : NULL0                      Cost      : 0
```

从上面的显示结果可以看出,通过 RIPng 协议学习到了两条分别去往网络 2001:3::/64 和 2001:4::/64 的路由。需要注意的是学习到的动态路由的下一跳地址是路由器 RTB 的接口 Serial 2/0 的本地链路地址 FE80::7F75:B:3。

2. RIPng 验证

与 IPv4 环境下类似,在 IPv6 环境下也有一些命令用来进行配置的验证和故障排除。

(1) display ripng

使用 display ripng 命令可以查看 RIPng 协议当前的运行状态和配置信息。在路由器 RTA 上执行 display ripng 1 命令，显示结果如下。

```
[RTA]display ripng 1
 Public vpn-instance name :
   RIPng process : 1
     Preference : 100
     Checkzero : Enabled
     Default Cost : 0
     Maximum number of balanced paths : 8
     Update time    :  30 sec(s)   Timeout time         :  180 sec(s)
     Suppress time  : 120 sec(s)   Garbage-Collect time :  120 sec(s)
     Number of periodic updates sent : 41
     Number of trigger updates sent : 3
```

从上面的显示结果可以看出在路由器上运行的 RIPng 协议的优先级、路由更新周期、路由老化时间以及发送的路由更新包的数量等信息。

(2) display ripng *process-id* route

display ripng *process-id* route 命令用来查看 RIPng 的路由表。在 RTA 上执行 display ripng 1 route 命令，显示结果如下。

```
[RTA]display ripng 1 route
   Route Flags: A - Aging, S - Suppressed, G - Garbage-collect
 ----------------------------------------------------------------

 Peer FE80::7F75:B:3    on Serial 1/0
 Dest 2001:2::/64,
     via FE80::7F75:B:3, cost   1, tag 0, A, 0 Sec
 Dest 2001:3::/64,
     via FE80::7F75:B:3, cost   1, tag 0, A, 0 Sec
 Dest 2001:4::/64,
     via FE80::7F75:B:3, cost   2, tag 0, A, 0 Sec
```

从上面的显示结果可以看出通过 RIPng 进程学习到的路由。

C.3　IPv6 过渡策略

从网络发展趋势而言，IPv6 最终将取代 IPv4 成为网络层的主要协议。但是，IPv4 并不会一夜之间消失。事实上，从 IPv4 向 IPv6 的过渡将会持续很长的一段时间，在这段时间内 IPv6 将与 IPv4 共存，这就要考虑到如何在过渡期间实现 IPv6 网络与 IPv4 网络的兼容。目前为业界所接受的主要有 3 种不同的过渡策略：双协议栈、隧道封装和协议转换。

C.3.1　双协议栈(Dual Stack)

双协议栈是一种集成的方法，通过该方法，网络中的节点可以同时连接 IPv4 和 IPv6 网络。它需要将网络中的路由器、交换机以及主机等配置为同时支持 IPv4 和 IPv6 协议，并将 IPv6 作为优先协议。双协议栈节点根据数据包的目的地址选择使用的协议栈，在

IPv6 可用的时候，双协议栈节点将优先使用 IPv6，而旧的纯 IPv4 应用程序仍能像以前一样工作。

在传统的应用程序中，应用程序编程接口（API）一般仅提供对于 IPv4 协议的支持，因为应用本身调用的 API 函数只能够处理 32 位的 IPv4 地址。而在双协议栈节点上，应用程序必须被修改成能够同时支持 IPv4 和 IPv6 协议栈，使应用能够运行在 IPv4 上的同时，还能够调用具有 128 位地址处理能力的 API 函数，如图 C-6 所示。

应用程序在传输层使用 TCP 或者 UDP 进行封装，进入网络层后，可以根据需要任意选择 IPv4 或者 IPv6 协议栈来封装数据包，然后将数据包送往底层网络。需要注意的是对于使用 IPv4 协议封装的数据包，以太网帧的协议 ID 字段的值是 0x0800，而对于使用 IPv6 协议封装的数据包，以太网帧的协议 ID 字段的值是 0x86DD。

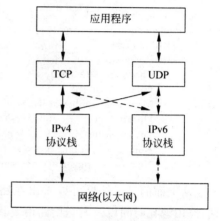

图 C-6　支持双协议栈的应用

在路由器上，如果为某个接口同时配置了 IPv4 和 IPv6 的地址，则该接口就成为双协议栈接口，将能够同时转发 IPv4 和 IPv6 的数据包。例如，对路由器的 Ethernet 0/0 接口作如下配置。

[RTA]ipv6
[RTA]interface Ethernet 0/0
[RTA-Ethernet0/0]ip address 202.207.122.187 24
[RTA-Ethernet0/0]ipv6 address 2001:abcd:1234::1/64

配置完成后，接口 Ethernet 0/0 即为双协议栈接口。通过 display current-configuration 命令可以看到该接口同时启用了 IPv4 和 IPv6 两个地址。

[RTA]display current-configuration
--------output omitted--------
interface Ethernet 0/0
port link-mode route
ipv6 address 2001:ABCD:1234::1/64
ip address 202.207.122.187 255.255.255.0
--------output omitted--------

双协议栈是推荐使用的 IPv6 过渡策略，在双协议栈无法实现的情况下，则需要考虑使用隧道封装的方法来实现。

C.3.2　隧道封装（Tunneling）

在目前的网络中，主干网络仍然是基于 IPv4 来实现的，而 IPv6 网络更多的时候是以存在于 IPv4 网络海洋中的孤岛形式来出现。要实现 IPv6 孤岛之间的通信，必然要使用现有的 IPv4 网络进行路由，而 IPv4 网络并不能识别 IPv6。解决的方法是在 IPv6 岛屿间的 IPv4 网络之上配置一条隧道，将 IPv6 数据包封装到 IPv4 数据包中进行传输，然后由 IPv6

岛屿与 IPv4 网络边缘的边界路由器来执行 IPv6 数据包的封装和解封装,如图 C-7 所示。

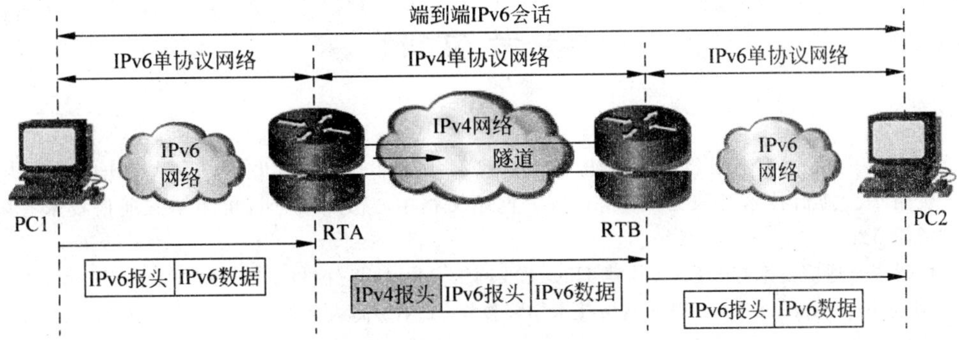

图 C-7　通过 IPv4 隧道传输 IPv6 数据包

　　PC1 和 PC2 所在的 IPv6 网络通过一个 IPv4 网络连接,在路由器 RTA 和 RTB 之间建立了一个传输 IPv6 数据包的 IPv4 隧道。在 PC1 要和 PC2 之间进行端到端的会话时,PC1 发送一个 IPv6 数据包,该数据包由 IPv6 报头和数据组成,其中 IPv6 报头封装的目的地址是 PC2 的 IPv6 地址。数据包通过 IPv6 网络被传送到作为隧道入口的边界路由器 RTA,然后 RTA 将 IPv6 数据包使用 IPv4 协议再次封装,并为其封装上一个不带选项的 20 字节 IPv4 报头,其中 IPv4 报头的协议类型字段指定为 41。IPv4 数据包通过 IPv4 网络最终发送到路由器 RTB,作为隧道的终点,RTB 对接收到的 IPv4 数据包进行解封装,并把解封装得到的 IPv6 数据包通过 IPv6 网络传送给目的主机 PC2,从而实现了 IPv6 孤岛之间的通信。从传输过程可以看出,IPv6 数据包在整个过程中没有发生任何改变。

　　隧道封装技术要求作为隧道边界的路由器 RTA 和 RTB 必须支持双协议栈。

　　隧道封装技术虽然在一定程度上解决了 IPv6 孤岛之间的通信,但它自身也存在着一些难以解决的问题。典型的问题:由于在 IPv6 数据包外封装了一个 20 字节的 IPv4 报头,导致 IPv6 的有效 MTU 也就减少了 20 字节;另外,由于 IPv4 协议和 IPv6 协议对于 MTU 大小的定义不同,IPv6 数据包在 IPv4 网络中可能会发生分段,这种分段将需要隧道边界路由器进行额外的处理并会影响网络传输性能。隧道封装的另一个重要问题是一旦出现网络故障将难以排除。这是因为在数据包传输出现问题时,IPv6 源主机需要知道出错的 IPv6 数据包中的地址字段,但 ICMPv4 差错消息仅返回数据包的 IPv4 报头之外的 8 个字节的数据。

　　尽管存在很多问题,但基于 IPv4 网络的 IPv6 隧道传输仍然是可以接受的。互联网任务工程组(Internet Engineering Task Force,IETF)针对 IPv6 协议定义了在双协议栈节点间建立隧道的协议和技术,包括配置隧道、隧道代理、隧道服务器、6to4、GRE 隧道、站内自动隧道编址协议(ISATAP)等。感兴趣的读者可以自行查阅相关资料。

　　除了双协议栈和隧道封装技术外,协议转换技术通过 NAT-PT 可以实现 IPv6 网络上的 IPv6 单协议网络节点和 IPv4 网络上的 IPv4 单协议网络节点之间的通信,但这种转换技术相对比较复杂,因此应用相对较少。

　　无论采用哪一种过渡策略,都只是在 IPv4 和 IPv6 共存阶段的暂时技术,而不是最终的解决方案。网络发展的最终目标是建立纯粹的 IPv6 网络架构。

参 考 文 献

[1] 杭州华三通信技术有限公司.路由与交换技术.第1卷(下册)[M].北京:清华大学出版社,2011.
[2] 杭州华三通信技术有限公司.H3C官方网站文档中心[M].杭州:杭州华三通信技术有限公司,2012.
[3] 杭州华三通信技术有限公司.构建H3C无线网络[M].杭州:杭州华三通信技术有限公司,2011.
[4] [美]Cisco Systems公司.思科网络技术学院教程CCNP1高级路由[M].第2版.北京:人民邮电出版社,2005.
[5] [加]Regis Desmeules.Cisco IPv6网络实现技术[M].北京:人民邮电出版社,2004.
[6] [美]Jeff Doyle.TCP/IP路由技术.第1卷[M].2版.葛建立,吴剑章译.北京:人民邮电出版社,2007.
[7] 梁广民,王隆杰.网络设备互联技术[M].北京:清华大学出版社,2006.